图像处理的多尺度分析方法

冯象初　王卫卫　贾西西　编著

科学出版社

北　京

内 容 简 介

图像是多尺度的，因此图像分析和图像处理，包括边缘提取、图像恢复等问题，都需要从多尺度分析的角度来设计数学模型和算法。本书从多尺度分析角度系统地讨论图像处理的多尺度分析方法及其相关的数学理论与前沿成果。具体内容包括：图像恢复问题的迭代正则化与逆尺度空间、分解空间、稀疏表示与低秩表示等理论、多尺度字典学习和非局部分析、基于深度学习的多尺度表示、基于合作博弈的边缘检测与图像恢复等。本书一方面能够给读者提供一个系统的图像处理的多尺度分析的体系结构，为图像处理的多尺度数学方法的进一步深入研究提供帮助；另一方面也可为应用图像处理多尺度分析的研究人员和工程技术人员提供模型和算法的支撑。

本书可供应用数学、图像处理、计算机视觉、人工智能等领域的高年级本科生和研究生使用，也可供相关领域的教师、研究人员、工程师等参考。

图书在版编目（CIP）数据

图像处理的多尺度分析方法 / 冯象初，王卫卫，贾西西编著. —北京：科学出版社，2024.6

ISBN 978-7-03-077375-3

Ⅰ. ①图… Ⅱ. ①冯… ②王… ③贾… Ⅲ. ①图像处理 Ⅳ. ①TN911.73

中国国家版本馆 CIP 数据核字（2024）第 002238 号

责任编辑：宋无汗 / 责任校对：崔向琳
责任印制：徐晓晨 / 封面设计：陈 敬

科学出版社 出版
北京东黄城根北街 16 号
邮政编码：100717
http://www.sciencep.com

三河市骏杰印刷有限公司印刷
科学出版社发行 各地新华书店经销

*

2024 年 6 月第 一 版 开本：720×1000 1/16
2025 年 1 月第二次印刷 印张：13 1/2
字数：272 000

定价：138.00 元

（如有印装质量问题，我社负责调换）

前　言

图像是人类感知自然世界的视觉基础，在信息爆炸的 21 世纪，图像已成为人类获取、表达和传递信息的重要工具。但图像在获取、存储和传输中需要经历“编码–解码”的过程，在这个过程中，图像的质量不可避免地会受到各种干扰(如成像时摄像机与物体的相对运动、系统误差、畸变、噪声等)，这不仅影响图像内容的解读，还会对图像的进一步应用(如识别、分类等)造成不良影响。因此，需要从退化图像中恢复或估计原始的清晰图像，这一过程称为图像恢复。常见的图像恢复任务有去噪、去模糊和超分辨率等。在实际应用中，图像恢复算法性能的提高降低了对硬件的要求，使得用低成本硬件获取高质量图片成为可能。因此，图像恢复技术广泛应用于医学影像、安防监控、卫星遥感成像等现实场景中。图像处理的建模经历了由解析数学模型到深度学习模型的变迁，多年来本书作者见证了这一变迁，也一直深耕于图像处理的数学建模和算法研究领域，尤其在图像处理的多尺度分析方面，积累了丰富的研究成果，这些成果成就了本书的主要内容。

不同于现有的图像处理类书籍，本书通过多尺度空间的视角阐述近二十年来图像处理的代表性方法及其进展，包括字典学习方法、稀疏表示与低秩表示和当前主流的深度学习多尺度模型。本书具有理论与应用相结合、传统与创新相结合的特点。

冯象初教授制订了本书的大纲，同时撰写第 1、2、4、5 章，王卫卫教授撰写第 6、7 章，贾西西博士撰写第 3 章。

本书的研究成果得到国家自然科学基金项目(61972264、61772389、62372359)的支持，在此向国家自然科学基金委员会表示衷心感谢。同时，感谢西安电子科技大学数学与统计学院对本书撰写和出版所给予的大力支持，感谢课题组的研究生对本书的贡献。

本书旨在给读者提供一个系统的图像多尺度分析的体系结构，为进一步深入研究提供帮助，也可为研究提供模型和算法的支撑。

由于作者水平有限，书中难免有欠妥之处，敬请读者不吝指正。

目　　录

第 1 章　变分多尺度分析

图像是多尺度的。无论是图像的边界提取，还是图像恢复等问题，从建模到算法设计都需要从多尺度分析的角度加以研究和讨论。例如，由不同的成像机理得到的初始图像中都含有大量不同性质的噪声，这些噪声的存在影响人们对图像的观察，干扰人们对图像信息的理解。噪声严重时，图像几乎变形，更使得图像失去了存储信息的本质意义。因此，对图像进行去噪处理，是正确识别图像信息的必要过程。在对有噪声图像和模糊图像进行恢复时，除了去除噪声外，一个很重要的目标是在去除噪声的同时保护图像的重要多尺度细节(包括几何形状细节，如纹理、细线、边缘和对比度变化细节等)。但是噪声的去除和细节的保护是一对矛盾关系，因为噪声和细节都属于图像信号中的高频部分，很难区分，所以在去除图像噪声的同时，会对图像的特征造成破坏，致使图像模糊。

有多种数学方法处理图像恢复问题，如基于变分的方法、基于偏微分方程(partial differential equation，PDE)的方法、基于滤波器的方法、基于变换的方法等。虽然方法不同，但它们都有多尺度分析的思想。下面以去噪问题为例，讨论基于变分的多尺度分析方法。

1.1　变分 PDE 的多尺度分析

设 $u(x)$ 是原始图像，$u_0(x)$ 是观察图像，$n(x)$ 是随机噪声。按噪声对图像的影响可分为加性噪声和乘性噪声两类模型：

(1) 加性噪声模型 $u_0(x)=u(x)+n(x)$；

(2) 乘性噪声模型 $u_0(x)=u(x)+u(x)n(x)$。

加性噪声模型的特点是噪声与原始图像无关，而与外部干扰因素有关，从模型本身来看是噪声与原始图像叠加产生噪声图像；乘性噪声模型的特点是原始图像的每个像素值与噪声值相乘，噪声的影响随原始图像的强度变化而变化。乘性噪声多与图像系统有关，随图像信号的增大而增大。图像信号变化很小时，可用加性噪声模型来处理。

本章主要考虑加性噪声模型，噪声是均值为零、方差为 σ^2 的高斯白噪声，且假定图像信号和噪声是相互独立的。

基于变分的去噪模型中，最著名的是吉洪诺夫(Tikhonov)正则模型[1]：

$$\min_u F(u) = \int_\Omega |u_0 - Ju|^2 \,\mathrm{d}x + \mu \int_\Omega |\nabla u|^2 \mathrm{d}x \tag{1-1}$$

这里考虑更一般的图像恢复问题，其中 J 是确定性图像退化算子。相应的欧拉方程为

$$J^* Ju - J^* u_0 - \mu \Delta u = 0 \tag{1-2}$$

模型(1-1)等号右边第一项是数据拟合项；第二项是吉洪诺夫正则项，该正则项能很好地去除噪声，但其光滑性过强，导致恢复图像的边缘过于光滑或模糊。为此，Rudin、Osher 和 Fatemi 提出以梯度模的 L^1 范数代替 L^2 范数，即全变差(total variation，TV)正则项，建立了 TV-L^2 模型[2]：

$$\min_u F(u) = \int_\Omega |u_0 - Ju|^2 \,\mathrm{d}x + \mu \int_\Omega |\nabla u| \,\mathrm{d}x$$

令 $\lambda = \dfrac{2}{\mu}$，则 TV-L^2 模型变为

$$\min_u E(u) = \frac{\lambda}{2} \int_\Omega |u_0 - Ju|^2 \,\mathrm{d}x + \int_\Omega |\nabla u| \,\mathrm{d}x \tag{1-3}$$

相应的欧拉方程为

$$\lambda J^*(Ju - u_0) - \mathrm{div}\left(\frac{\nabla u}{|\nabla u|}\right) = 0 \tag{1-4}$$

当 J 是恒等算子 I 时，模型(1-3)称为 ROF(Rudin-Osher-Fatemi)去噪模型。正则化参数 λ 对扩散项和保真项起平衡作用：正则化参数 λ 越大，拟合项的作用越大，算法的解也就越接近观察图像；正则化参数 λ 越小，正则项的作用就越大，图像越平滑。因此，正则化参数 λ 起多尺度分析的作用。那么，如何确定最合适的正则化参数 λ？

实际上，模型(1-1)和模型(1-3)可看成是标准的反问题正则化算子，因此，正则化参数 λ 的确定可归类于反问题正则化参数的确定[3,4]。

1.1.1　反问题正则化参数的确定

1. 度量空间中的正则化问题

设 F 和 U 均为度量空间，ρ_F、ρ_U 分别为度量空间 F 和 U 的度量。设 A 是度量空间 F 到 U 的算子，记作 $A: F \to U$，定义第一类算子方程为

$$Az = u, \quad z \in F, u \in U \tag{1-5}$$

定义 1-1　称方程(1-5)为适定的，如果它同时满足下述三个条件：

(1) $\forall u \in U$，$\exists z \in F$ 满足方程(1-5)(解的存在性)。

(2) 设 z_1、z_2 分别是对应于 $u_1,u_2 \in U$ 的解，若 $u_1 \neq u_2$，则 $z_1 \neq z_2$ (解的唯一性)。

(3) 设 z_1、z_2 分别是对应于 $u_1,u_2 \in U$ 的解，$\forall \varepsilon > 0, \exists \delta(\varepsilon) > 0$，只要 $\rho_U(u_1,u_2) \leqslant \delta(\varepsilon)$，就有 $\rho_F(z_1,z_2) \leqslant \varepsilon$ (解的稳定性)。

若定义 1-1 中条件至少有一个不能满足，则称方程(1-5)为不适定的。

例 1-1　线性方程组 $Ax = y, x \in X = R^n, y \in Y = R^n$，$A$ 为奇异的或病态的 n 阶方阵，则其拟解是不稳定的。

拟解 x_T，满足 $\|x_T\| = \min\limits_{u \in U} \|u\|$，这里 $U = \{u \,|\, \|Au - y\| = \inf\limits_{v \in R^n} \|Av - y\|\}$。实际上，$A^{\mathrm{T}}Ax = A^{\mathrm{T}}y$，而 $A^{\mathrm{T}}A = PDP^{\mathrm{T}}$，$D = \mathrm{diag}(\lambda_1, \lambda_2, \cdots, \lambda_n)$，$\lambda_i \geqslant 0$，$P$ 为正交矩阵。令 $z = P^{\mathrm{T}}x$，得 $Dz = P^{\mathrm{T}}A^{\mathrm{T}}y = F$，从而有 $z_i = \begin{cases} F_i / \lambda_i, \lambda_i \neq 0 \\ 0, \quad\quad \lambda_i = 0 \end{cases}$，则 $x_T = Pz$。但假如只有 A、y 的近似 $\tilde{A}$、$\tilde{y}$，$\|A - \tilde{A}\| \leqslant \delta$，$\|y - \tilde{y}\| \leqslant \delta$，$\delta > 0$。这时，对于线性方程组 $\tilde{A}x = \tilde{y}$，$x \in X = R^n$，$\tilde{y} \in Y = R^n$，解为 $\tilde{z}_i = \begin{cases} F_i / \tilde{\lambda}_i, \tilde{\lambda}_i \neq 0 \\ 0, \quad\quad \tilde{\lambda}_i = 0 \end{cases}$。由于特征值的扰动，$\tilde{x}_T = P\tilde{z}$ 是不稳定的。

设方程为 $Az = u, z \in F, u \in U$，对于真实右端项 u_T，对应真解为 z_T，即 $Az_T = u_T$。

定义 1-2　称一个由度量空间 U 到度量空间 F，且依赖于参数 $\alpha > 0$ 的算子 $R(u,\alpha)$ 为方程(1-5)在 u_T 邻域内的正则算子，若算子 $R(u,\alpha)$ 满足下述两个条件：

(1) 存在 $\delta_1 > 0$，当 $\rho_U(u,u_T) = \delta \leqslant \delta_1$ 时，对于所有的 $\alpha > 0$，$R(u,\alpha)$ 有定义；

(2) 存在 δ 的函数 $\alpha(\delta)$，对于任给的 $\varepsilon > 0$，存在 $\delta(\varepsilon) \leqslant \delta_1$，使得对任给的 u_δ 若满足 $\rho_U(u_\delta,u_T) = \delta \leqslant \delta(\varepsilon)$，则有 $\rho_F(z_\alpha,z_T) \leqslant \varepsilon$，其中 $z_\alpha = R(u_\delta,\alpha(\delta))$。

可以通过单参数泛函 $M^\alpha(z,u) = \rho_U^2(Az,u) + \alpha\Omega(z)$ 的极小化来构造正则算子 $R(u,\alpha)$，其中，

$$M^\alpha(z,u) = \rho_U^2(Az,u) + \alpha\Omega(z), \quad u \in U, z \in F_1 \subset F \tag{1-6}$$

满足下述条件：

(1) $\Omega(z)$ 定义在 F 的稠密子集 F_1 上；

(2) 待求的 $z_T \in F_1$；

(3) $\forall d > 0, M = \{z \in F_1 \,|\, \Omega(z) \leqslant d\}$ 在 F_1 中紧。

定理 1-1　设 A 是由度量空间 F 到度量空间 U 的连续算子，则 $\forall \alpha > 0, \forall u \in U, \exists z_\alpha \in F_1$ 使得泛函(1-6)在 z_α 达到其下确界，即 $M^\alpha(z_\alpha,u) = \inf\limits_{z \in F_1} M^\alpha(z,u)$，故正则算子 $R(u,\alpha)$ 满足 $\Omega(z)$ 定义在 F 的稠密子集 F_1 上。

下面讨论当误差水平 δ 已知时，正则化参数 $\alpha(\delta)$ 的选取方法。

1) Morozov 偏差原理

记 $m(\alpha)=M^{\alpha}(z_{\alpha},u),\phi(\alpha)=\rho_U^2(Az_{\alpha},u),\psi(\alpha)=\Omega(z_{\alpha})$，可证明下列结论成立。

引理 1-1 函数 $m(\alpha)$、$\phi(\alpha)$ 是 α 的非降函数，而 $\psi(\alpha)$ 是 α 的非增函数。

引理 1-2 当 $\alpha>0$ 时，函数 $m(\alpha)$、$\phi(\alpha)$、$\psi(\alpha)$ 是左半连续的。

引理 1-3 若 AF 在 U 中稠密，当 $\alpha\to 0$ 时，$m(\alpha)\to 0$。

由引理 1-1、引理 1-2 和引理 1-3，可以得到下面定理。

定理 1-2 (Morozov 偏差原理)如果 $\phi(\alpha)$ 是单值函数，记 $z_0\in\{z\mid\Omega(z)=\inf\limits_{\gamma\in F_1}\Omega(\gamma)\}$，则当 $\delta<\rho_U(Az_0,u)$ 时，存在 $\alpha=\alpha(\delta)$，使得 $\rho_U(Az_{\alpha(\delta)},u)=\delta$。

定理 1-3 若算子 $R(u_{\delta},\alpha)$ 由定理 1-1 决定，且其中的正则化参数由定理 1-2 决定，则 $R(u_{\delta},\alpha(\delta))$ 是正则算子。

Morozov 偏差方程 $\|Az_{\alpha}-u_{\delta}\|-\delta=0$ 在相当广泛的条件下有唯一解，且可用牛顿法求解。记 $\phi(\alpha)=\|Az_{\alpha}-u_{\delta}\|^2-\delta^2$，方程 $\phi(\alpha)$=0 的牛顿迭代公式为 $\alpha^{n+1}=\alpha^n-\phi(\alpha^n)/\phi'(\alpha^n)$，通常取 $\alpha_0=\|A\|^2\delta/(\|u_{\delta}\|-\delta)$ 作为初值。

2) Arcangeli 准则

Morozov 偏差方程是 $\|Az_{\alpha}-u_{\delta}\|-\delta=0$，而 Arcangeli 准则是 $\|Az_{\alpha}-u_{\delta}\|-\delta/\sqrt{\alpha}=0$。

对于每个固定的 $\delta>0$，函数 $\rho(\alpha)=\sqrt{\alpha}\,\|Az_{\alpha}^{\delta}-u_{\delta}\|$ 对 α 是连续的、单调递增的，且有 $\lim\limits_{\alpha\to 0}\rho(\alpha)=0,\lim\limits_{\alpha\to\infty}\rho(\alpha)=\infty$，故存在唯一的 α 满足 Arcangeli 准则。

2. 希尔伯特空间中的正则化问题

在希尔伯特空间中，可取 $\Omega(z)=\|z\|_F^2$，这时吉洪诺夫泛函为

$$M^{\alpha}(z,u)=\|Az-u\|_U^2+\alpha\|z\|_F^2$$

在希尔伯特空间的理论框架下，可以导出在误差水平未知情况下确定正则化参数的准则，对其他情况也具有参考意义。

1) Engl 误差极小化准则

正则解残差的上界可近似估计为 $\|z_{\alpha}-z_T\|\leqslant\dfrac{\|Az_{\alpha}-u_{\delta}\|}{\sqrt{\alpha}}+C$，所以 Engl 误差极小化准则是选择 α，使得 $\phi(\alpha)=\|Az_{\alpha}-u_{\delta}\|/\sqrt{\alpha}$ 达到极小。

2) 拟最优准则

吉洪诺夫指出，应该让正则化参数和正则解对参数 α 的变化率同时稳定在尽可能小的水平上。在误差水平未知时，可根据下面的拟最优准则来确定参数：

$\alpha_{\text{opt}}=\min\limits_{\alpha>0}\left\{\left\|\alpha\dfrac{\mathrm{d}z_\alpha}{\mathrm{d}\alpha}\right\|\right\}$。记 $\rho(\alpha)=\left\|\alpha\dfrac{\mathrm{d}z_\alpha}{\mathrm{d}\alpha}\right\|^2$，则 $\rho(\alpha)$ 易由公式 $\alpha\dfrac{\mathrm{d}z_\alpha}{\mathrm{d}\alpha}=-\alpha(A^*A+\alpha I)^{-1}z_\alpha$ 确定。

3) 广义交叉验证准则

广义交叉验证准则源于统计估计理论中选择最佳模型的预测平方和误差(prediction error of square sum，PRESS)准则。

考虑方程 $Az=u, A=(a_{i,j})_{m\times n}$，记 $A(\alpha)=A(A^*A+\alpha I)^{-1}A^*$，$a_{kk}(\alpha)$ 为 $A(\alpha)$ 的对角元素，则 $\operatorname{tr}(I-A(\alpha))=\sum\limits_{k=1}^{m}(1-a_{kk}(\alpha))$，定义 $V(\alpha)=\dfrac{\|(I-A(\alpha))u\|^2}{|\operatorname{tr}(I-A(\alpha))|^2}$。广义交叉验证准则是选取 α^*，使得 $V(\alpha^*)=\min V(\alpha)$。

4) L 曲线准则

以 log-log 尺度来描述 $\|Az_\alpha-u\|$ 和 $\|z_\alpha\|$ 的曲线对比，进而根据该对比结果来确定正则化参数，实际上基于 log-log 尺度作图时将出现一个明显的 L 曲线。Engl 指出，在相当多的情况下，L 曲线准则可通过极小化泛函 $\phi(\alpha)=\|u-Az_\alpha\|\cdot\|z_\alpha\|$ 来实现，即选取 α^*，使得

$$\phi(\alpha^*)=\inf_{\alpha>0}\phi(\alpha)$$

1.1.2 ROF 模型的多尺度分析

依据 1.1.1 小节提出的各种基本准则具体分析 ROF 模型[5]。

1. 基本性质

先给出能量泛函中正则化参数 λ 的几个基本性质：

$$\min_u E(u)=\frac{\lambda}{2}\int_\Omega |u_0-u|^2\,\mathrm{d}x+\int_\Omega \phi(|\nabla u|)\,\mathrm{d}x \tag{1-7}$$

这里假设 $u_0\in L^2(\Omega)$，且 ϕ 满足能量泛函 $E(u)$ 在空间 Ω 存在唯一解的条件[6,7]：

(1) $\phi(s)$：$R^+\to R^+$，是一个严格凸的非减函数，且 $\phi(0)=0$；

(2) $\lim\limits_{s\to+\infty}\phi(s)=+\infty$；

(3) 存在两个常数 $c>0,b>0$，使得 $cs-b\leqslant\phi(s)\leqslant cs+b, \forall s\in R^+$。

式(1-7)是 ROF 去噪模型关于正则项的一般形式，当 $\phi(s)=s$ 时，式(1-7)就退化为 ROF 模型。

设 $u(x,\lambda)$ 是能量泛函 $E(u)$ 的唯一极小解。假设 $u(\cdot,\lambda)\in W^{1,1}(\Omega)\cap L^2(\Omega)$，定义算子 $T_\lambda: L^2(\Omega)\to L^2(\Omega)$，这里 $u(\lambda)=u(x,\lambda)$。通过定义，对 $\forall v\in W^{1,1}(\Omega)\cap$

$L^2(\Omega)$，有

$$\begin{aligned}&\frac{1}{2}\int_{\Omega}|u(x,\lambda)-u_0(x)|^2\,\mathrm{d}x+\lambda\int_{\Omega}\phi(|\nabla u(x,\lambda)|)\mathrm{d}x\\ \leqslant&\frac{1}{2}\int_{\Omega}|v(x)-u_0(x)|^2\,\mathrm{d}x+\lambda\int_{\Omega}\phi(|\nabla v(x)|)\mathrm{d}x\end{aligned}$$

而且，$u(x,\lambda)$ 必定满足欧拉方程：

$$\begin{cases}\lambda(u(x,\lambda)-u_0(x))=\operatorname{div}\left(\dfrac{\varphi'(|\nabla u(x,\lambda)|)}{|\nabla u(x,\lambda)|}\nabla u(x,\lambda)\right), & \text{在}\Omega\text{里}\\ \dfrac{\varphi'(|\nabla u(x,\lambda)|)}{|\nabla u(x,\lambda)|}\dfrac{\partial u}{\partial N}(x,\lambda)=0, & \text{在}\partial\Omega\text{上}\end{cases} \tag{1-8}$$

根据 $u(x,\lambda)$ 和 $\phi(s)$ 的上述特点，得出以下性质。

性质 1：能量界定性质为 $u(x,\lambda)$ 的 L_2 范数有界，上界为一个与 λ 无关的常数，即

$$\int_{\Omega}|u(x,\lambda)|^2\,\mathrm{d}x\leqslant 2\int_{\Omega}|u_0|^2\,\mathrm{d}x \tag{1-9}$$

性质 2：保均值性质为对于任意 λ，有

$$\int_{\Omega}u(x,\lambda)\mathrm{d}x=\int_{\Omega}u_0(x)\mathrm{d}x \tag{1-10}$$

性质 3：极限性质为

$$\lim_{\lambda\to+\infty}\int_{\Omega}|u(x,\lambda)-\overline{u}_0|\,\mathrm{d}x=0 \tag{1-11}$$

2. 参数选取方法

下面给出具体的参数选取方法。

已知假设图像中噪声是均值为零、方差为 σ^2 的高斯白噪声，噪声给出了偏微分方程的 λ 约束条件：

$$\int_{\Omega}(Ju-u_0)\mathrm{d}x=0 \tag{1-12}$$

$$\int_{\Omega}(Ju-u_0)^2\mathrm{d}x=\sigma^2 \tag{1-13}$$

在去噪的问题中，算子 J 是恒等算子 I，这里把式(1-12)和式(1-13)分别称为第一约束条件和第二约束条件。

1) 选取方法一

较常用的选取方法是根据图像的噪声比确定 λ，即[8,9]

$$\lambda(t)=\frac{\int_{\Omega}(u-u_0)\mathrm{div}\left(\phi'\frac{\nabla u}{|\nabla u|}\right)\mathrm{d}x}{\sigma^2|\Omega|} \tag{1-14}$$

可以看出，λ 与噪声的方差成反比，在迭代过程中，每一步都根据噪声强度调整 λ 值，从而更好地消去噪声，尽可能地保持边缘。

实际上，用 $u-u_0$ 乘欧拉方程对应的扩散方程式的两边，得到：

$$\frac{\partial u}{\partial t}(u-u_0)=(u-u_0)\mathrm{div}\left(\phi'\frac{\nabla u}{|\nabla u|}\right)-\lambda(u-u_0)^2$$

并求积分，随着时间 t 的变化，方程达到稳定状态时为

$$\int_{\Omega}\left[(u-u_0)\mathrm{div}\left(\phi'\frac{\nabla u}{|\nabla u|}\right)-\lambda(u-u_0)^2\right]\mathrm{d}x=0$$

将方程转化一下就可计算出随时间 t 变化而变化的正则化参数：

$$\lambda(t)=\frac{\int_{\Omega}(u-u_0)\mathrm{div}\left(\phi'\frac{\nabla u}{|\nabla u|}\right)\mathrm{d}x}{\int_{\Omega}(u-u_0)^2\mathrm{d}x}=\frac{1}{\sigma^2|\Omega|}\int_{\Omega}(u-u_0)\mathrm{div}\left(\phi'\frac{\nabla u}{|\nabla u|}\right)\mathrm{d}x$$

这样，在利用有限差分法解偏微分方程时，每一步迭代都要调整正则化参数 λ，从而去除噪声，保持边缘。

2) 选取方法二

利用梯度下降法将欧拉方程转化成偏微分方程：

$$\frac{\partial u}{\partial t}=\mathrm{div}\left(\phi'\frac{\nabla u}{|\nabla u|}\right)-\lambda(u-u_0) \tag{1-15}$$

方程(1-15)满足以下条件：①初始条件为 $u(x,t)|_{t=0}=u(x,0)$；②边界条件为 $\left.\frac{\partial u}{\partial n}\right|_{\partial\Omega}=0$；③第一约束条件为 $\int_{\Omega}(u(x,t)-u_0(x))\mathrm{d}x=0$；④第二约束条件为 $\int_{\Omega}(u(x,t)-u_0(x))^2\mathrm{d}x=\sigma^2$。

(1) 满足第一约束条件。

对方程(1-15)等号两边积分得

$$\begin{aligned}\int_{\Omega}\frac{\partial u(x,t)}{\partial t}\mathrm{d}x&=\int_{\Omega}\left(\mathrm{div}\left(\frac{\nabla u}{|\nabla u|}\right)-\lambda(u(x,t)-u_0(x))\right)\mathrm{d}x \\ &=\int_{\Omega}\mathrm{div}\left(\frac{\nabla u}{|\nabla u|}\right)\mathrm{d}x-\lambda\int_{\Omega}(u(x,t)-u_0(x))\mathrm{d}x\end{aligned} \tag{1-16}$$

等号左边$=\int_{\Omega}\frac{\partial(u(x,t)-u_0(x))}{\partial t}\mathrm{d}x=\frac{\mathrm{d}}{\mathrm{d}t}\int_{\Omega}(u(x,t)-u_0(x))\mathrm{d}x$。由格林公式和边界条件知：

$$\int_{\Omega}\mathrm{div}\left(\phi'\frac{\nabla u}{|\nabla u|}\right)\mathrm{d}x=\int_{\partial\Omega}\left(\phi'\frac{\nabla u}{|\nabla u|}\right)\cdot n\mathrm{d}S=0$$

则等号右边$=-\lambda\int_{\Omega}(u(x,t)-u_0(x))\mathrm{d}x$。式(1-16)化为

$$\frac{\mathrm{d}}{\mathrm{d}t}\int_{\Omega}(u(x,t)-u_0(x))\mathrm{d}x=-\lambda\int_{\Omega}(u(x,t)-u_0(x))\mathrm{d}x \tag{1-17}$$

解此微分方程得

$$\int_{\Omega}(u(x,t)-u_0(x))\mathrm{d}x=C(x)e^{-\lambda t} \tag{1-18}$$

式中，$C(x)$是与时间t无关的常数。

当t=0时，有$\int_{\Omega}(u(x,0)-u_0(x))\mathrm{d}x=C(x)$，若$\int_{\Omega}(u(x,0)-u_0(x))\mathrm{d}x=0$成立，则$C(x)$=0，故

$$\int_{\Omega}(u(x,t)-u_0(x))\mathrm{d}x=0$$

因此，不管λ如何选择，若当t=0时，$\int_{\Omega}(u(x,0)-u_0(x))\mathrm{d}x=0$成立，则$\int_{\Omega}(u(x,t)-u_0(x))\mathrm{d}x=0$对任意$t>0$时刻都成立。

(2) 满足第二约束条件[10]。

考虑约束极小化问题：

$$\begin{cases}\min\limits_{u}\int f(u)\mathrm{d}x\\ \text{s.t.}\int g(u)\mathrm{d}x=0\end{cases} \tag{1-19}$$

选取$u(0)=V_0$，使$\int g(V_0)\mathrm{d}x=0$。

由梯度下降法得发展方程：

$$u_t=-f_u-\lambda g_u,\quad 对任意t>0 \tag{1-20}$$

$$\int g(u)\mathrm{d}x=0\Rightarrow\frac{\mathrm{d}}{\mathrm{d}t}\int g(u)\mathrm{d}x=\int g_u u_t\mathrm{d}x=0 \tag{1-21}$$

即$\int g(u)\mathrm{d}x$不随时间t改变而改变。将式(1-20)代入式(1-21)得

$$\lambda(t)=-\frac{\int f_u g_u\mathrm{d}x}{\int g_u^2\mathrm{d}x} \tag{1-22}$$

将得到的 λ 再代入式(1-20)得

$$u_t = -f_u + g_u\left(\frac{\int f_u g_u \mathrm{d}x}{\int g_u^2 \mathrm{d}x}\right) \tag{1-23}$$

因为

$$\begin{aligned}\frac{\mathrm{d}}{\mathrm{d}t}\int f(u)\mathrm{d}x &= \int f_u u_t \mathrm{d}x = -\int f_u^2 \mathrm{d}x + \frac{\left(\int f_u g_u \mathrm{d}x\right)^2}{\int g_u^2 \mathrm{d}x} \\ &= \frac{\left(\int f_u g_u \mathrm{d}x\right)^2 - \int f_u^2 \mathrm{d}x \int g_u^2 \mathrm{d}x}{\int g_u^2 \mathrm{d}x} \leqslant 0 \quad (\text{柯西-施瓦茨不等式})\end{aligned} \tag{1-24}$$

所以 $\int f(u)\mathrm{d}x$ 随 t 增大而减小，当 t 趋向无穷大时，$\int f(u)\mathrm{d}x$ 达到极小值，且此解收敛到方程 $f_u + \lambda g_u = 0$ 的解，在任意时刻 t 有 $\int g(u)\mathrm{d}x = 0$。

观察方程(1-15)和方程(1-20)，令

$$f_u = -\mathrm{div}\left(\frac{\nabla u}{|\nabla u|}\right),\quad g(u) = -(u(x,t) - u_0(x)) \tag{1-25}$$

式(1-25)中，$g(u) = (u(x,t) - u_0(x))^2 - \sigma^2$，满足 $\int g(u)\mathrm{d}x = 0$，则取：

$$\lambda(t) = -\frac{\int f_u g_u \mathrm{d}x}{\int g_u^2 \mathrm{d}x} = -\frac{\int \mathrm{div}\left(\frac{\nabla u}{|\nabla u|}\right)(u(x,t) - u_0(x))\mathrm{d}x}{\int (u(x,t) - u_0(x))^2 \mathrm{d}x} \tag{1-26}$$

使得方差估计式 $\int_\Omega (u(x,t) - u_0(x))^2 \mathrm{d}x = \sigma^2$ 在任意时刻 t 都成立，而且 t=0 时 $\int_\Omega (u(x,t) - u_0(x))^2 \mathrm{d}x = \sigma^2$ 一样成立。

例 1-2 和例 1-3 给出 ROF 模型及其参数确定的具体步骤。

例 1-2　$\min\limits_u E(u) = \frac{\lambda}{2}\iint_\Omega |u_0 - u|^2 \mathrm{d}x\mathrm{d}y + \iint_\Omega |\nabla u| \mathrm{d}x\mathrm{d}y$，相应的欧拉方程：$\mathrm{div}\left(\frac{\nabla u}{|\nabla u|}\right) - \lambda(u - u_0) = 0$。

(1) 参数：$\lambda(t) = \dfrac{\iint_\Omega \mathrm{div}\left(\frac{\nabla u}{|\nabla u|}\right)(u - u_0)\mathrm{d}x\mathrm{d}y}{\iint_\Omega (u - u_0)^2 \mathrm{d}x\mathrm{d}y}$。

如果$\phi(|\nabla u|)=|\nabla u|$，则$\phi'(|\nabla u|)=1$，$\phi''(|\nabla u|)=0$，方程(1-15)就变为

$$\begin{aligned}\frac{\partial u}{\partial t}&=\operatorname{div}\left(\frac{\nabla u}{|\nabla u|}\right)-\lambda(u-u_0)\\&=\frac{u_x^2u_{yy}-2u_xu_yu_{xy}+u_y^2u_{yy}}{(u_x^2+u_y^2+\delta)^{\frac{3}{2}}}-\lambda(u-u_0)\end{aligned}\tag{1-27}$$

式中，$\lambda=\dfrac{\iint_\Omega(u_x^2u_{yy}-2u_xu_yu_{xy}+u_y^2u_{yy})(u_x^2+u_y^2+\delta)^{-\frac{3}{2}}(u-u_0)\mathrm{d}x\mathrm{d}y}{\iint_\Omega(u-u_0)^2\mathrm{d}x\mathrm{d}y}$

(2) 差分格式。

选取适当差分格式代入式(1-27)，构造出相应的差分格式：

$$\begin{cases}\dfrac{u_{i,j}^{n+1}-u_{i,j}^n}{\Delta t}=\dfrac{\mathcal{D}_N}{\mathcal{D}_D}-\lambda(u_{i,j}^n-(u_0)_{i,j}^n)\\ \lambda(t)=\dfrac{\dfrac{1}{MN}\sum\limits_{i=1}^{M}\sum\limits_{j=1}^{N}\mathrm{Div}\cdot(u_{i,j}^n-(u_0)_{i,j}^n)}{\dfrac{1}{MN}\sum\limits_{i=1}^{M}\sum\limits_{j=1}^{N}((u_{i,j}^n-(u_0)_{i,j}^n)^2}\end{cases}\tag{1-28}$$

式中，

$$\mathrm{Div}=\mathcal{D}_n/\mathcal{D}_d$$

$$\begin{aligned}\mathcal{D}_n=&\left(\frac{u_{i+1,j}^n-u_{i-1,j}^n}{2h}\right)^2\left(\frac{u_{i,j+1}^n-2u_{i,j}^n+u_{i,j-1}^n}{2h}\right)+\left(\frac{u_{i,j+1}^n-u_{i,j-1}^n}{2h}\right)^2\left(\frac{u_{i,j+1}^n-2u_{i,j}^n+u_{i,j-1}^n}{2h}\right)\\&-2\left(\frac{u_{i+1,j}^n-u_{i-1,j}^n}{2h}\right)\left(\frac{u_{i,j+1}^n-u_{i,j-1}^n}{2h}\right)\left(\frac{u_{i+1,j+1}^n-u_{i-1,j+1}^n-u_{i+1,j-1}^n+u_{i-1,j-1}^n}{4h^2}\right)\end{aligned}$$

$$\mathcal{D}_d=\left[\left(\frac{u_{i+1,j}^n-u_{i-1,j}^n}{2h}\right)^2+\left(\frac{u_{i,j+1}^n-u_{i,j-1}^n}{2h}\right)^2+\delta\right]^{\frac{3}{2}}$$

(3) 实验结果。

当$n=0$时，将选取的初值代入式(1-28)即可进行迭代求解，迭代终止时的图像就是去噪后的图像。表 1-1 和表 1-2 分别给出了莱娜图像和芭芭拉图像去噪前后的峰值信噪比(peak signal-to-noise ratio，PSNR)和均方根误差(root-mean-square error，RMSE)。

表 1-1　莱娜图像去噪结果(例 1-2)

峰值信噪比和均方根误差	去噪前	去噪后
PSNR	20.1772	22.4021
RMSE	24.9852	19.3391

表 1-2　芭芭拉图像去噪结果(例 1-2)

峰值信噪比和均方根误差	去噪前	去噪后
PSNR	20.1772	25.3013
RMSE	24.9852	13.8508

例 1-3　$\min_{u} E(u)=\frac{\lambda}{2}\iint_{\Omega}|u_0-u|^2\,\mathrm{d}x\mathrm{d}y+\iint_{\Omega}\left(\sqrt{1+|\nabla u|^2}-1\right)\mathrm{d}x\mathrm{d}y$，欧拉方程：$\operatorname{div}\left(\frac{|\nabla u|}{\sqrt{1+|\nabla u|^2}}\cdot\frac{\nabla u}{|\nabla u|}\right)-\lambda(u-u_0)=0$。

(1) 参数：$\lambda(t)=\dfrac{\iint_{\Omega}\operatorname{div}\left(\frac{|\nabla u|}{\sqrt{1+|\nabla u|^2}}\cdot\frac{\nabla u}{|\nabla u|}\right)(u-u_0)\mathrm{d}x\mathrm{d}y}{\iint_{\Omega}(u-u_0)^2\mathrm{d}x\mathrm{d}y}$。

$\phi(|\nabla u|)=\sqrt{1+|\nabla u|^2}-1$，相应地，

$$\phi'(|\nabla u|)=\frac{|\nabla u|}{\sqrt{1+|\nabla u|^2}}$$

$$\phi''(|\nabla u|)=\frac{1}{(1+|\nabla u|^2)^{\frac{3}{2}}}$$

方程(1-15)则变为

$$\frac{\partial u}{\partial t}=\operatorname{div}\left(\frac{\nabla u}{\sqrt{1+|\nabla u|^2}}\right)-\lambda(u-u_0) \tag{1-29}$$

式中，

$$\operatorname{div}\left(\frac{\nabla u}{\sqrt{1+|\nabla u|^2}}\right)=\frac{1}{(1+u_x^2+u_y^2)^{\frac{3}{2}}}\cdot\frac{u_x^2u_{xx}+u_xu_yu_{xy}+u_xu_yu_{yy}+u_y^2u_{xx}}{u_x^2+u_y^2+\delta}$$
$$+\frac{1}{\sqrt{1+u_x^2+u_y^2}}\cdot\frac{u_x^2u_{yy}-2u_xu_yu_{xy}+u_y^2u_{yy}}{u_x^2+u_y^2+\delta}$$

(2) 差分格式。

选取适当差分格式代入式(1-29)，构造出相应的差分格式：

$$\begin{cases} \dfrac{u_{i,j}^{n+1}-u_{i,j}^{n}}{\Delta t}=\mathcal{D}_1+\mathcal{D}_2-\lambda(u_{i,j}^{n}-(u_0)_{i,j}^{n}) \\ \lambda(t)=\dfrac{\dfrac{1}{MN}\sum\limits_{i=1}^{M}\sum\limits_{j=1}^{N}\mathrm{Div}\cdot(u_{i,j}^{n}-(u_0)_{i,j}^{n})}{\dfrac{1}{MN}\sum\limits_{i=1}^{M}\sum\limits_{j=1}^{N}((u_{i,j}^{n}-(u_0)_{i,j}^{n})^2} \end{cases} \tag{1-30}$$

式中，

$$\mathrm{Div}=\mathcal{D}_1+\mathcal{D}_2,\quad \mathcal{D}_1=\mathcal{D}_{1N}/\mathcal{D}_{1D},\quad \mathcal{D}_2=\mathcal{D}_{2N}/\mathcal{D}_{2D}$$

$$\begin{aligned}\mathcal{D}_{1N}=&\left(\frac{u_{i+1,j}^{n}-u_{i-1,j}^{n}}{2h}\right)^2\left(\frac{u_{i+1,j}^{n}-2u_{i,j}^{n}+u_{i-1,j}^{n}}{2h}\right)+\left(\frac{u_{i,j+1}^{n}-u_{i,j-1}^{n}}{2h}\right)^2\left(\frac{u_{i,j+1}^{n}-2u_{i,j}^{n}+u_{i,j-1}^{n}}{2h}\right)\\&+\left(\frac{u_{i+1,j}^{n}-u_{i-1,j}^{n}}{2h}\right)\left(\frac{u_{i,j+1}^{n}-u_{i,j-1}^{n}}{2h}\right)\left(\frac{u_{i+1,j+1}^{n}-u_{i-1,j+1}^{n}-u_{i+1,j-1}^{n}+u_{i-1,j-1}^{n}}{4h^2}+\frac{u_{i,j+1}^{n}-2u_{i,j}^{n}+u_{i,j-1}^{n}}{2h}\right)\end{aligned}$$

$$\mathcal{D}_{1D}=\left(\left(\frac{u_{i+1,j}^{n}-u_{i-1,j}^{n}}{2h}\right)^2+\left(\frac{u_{i,j+1}^{n}-u_{i,j-1}^{n}}{2h}\right)^2+\delta\right)\cdot\left(1+\left(\frac{u_{i+1,j}^{n}-u_{i-1,j}^{n}}{2h}\right)^2+\left(\frac{u_{i,j+1}^{n}-u_{i,j-1}^{n}}{2h}\right)^2\right)^{\frac{3}{2}}$$

$$\begin{aligned}\mathcal{D}_{2N}=&\left(\frac{u_{i+1,j}^{n}-u_{i-1,j}^{n}}{2h}\right)^2\left(\frac{u_{i,j+1}^{n}-2u_{i,j}^{n}+u_{i,j-1}^{n}}{2h}\right)+\left(\frac{u_{i,j+1}^{n}-u_{i,j-1}^{n}}{2h}\right)^2\left(\frac{u_{i+1,j}^{n}-2u_{i,j}^{n}+u_{i-1,j}^{n}}{2h}\right)\\&-2\left(\frac{u_{i+1,j}^{n}-u_{i-1,j}^{n}}{2h}\right)\left(\frac{u_{i,j+1}^{n}-u_{i,j-1}^{n}}{2h}\right)\left(\frac{u_{i+1,j+1}^{n}-u_{i-1,j+1}^{n}-u_{i+1,j-1}^{n}+u_{i-1,j-1}^{n}}{4h^2}\right)\end{aligned}$$

$$\mathcal{D}_{2D}=\left(\left(\frac{u_{i+1,j}^{n}-u_{i-1,j}^{n}}{2h}\right)^2+\left(\frac{u_{i,j+1}^{n}-u_{i,j-1}^{n}}{2h}\right)^2+\delta\right)*\left(1+\left(\frac{u_{i+1,j}^{n}-u_{i-1,j}^{n}}{2h}\right)^2+\left(\frac{u_{i,j+1}^{n}-u_{i,j-1}^{n}}{2h}\right)^2\right)^{\frac{1}{2}}$$

(3) 实验结果。

当$n=0$时，将选取的初值代入式(1-30)即可进行迭代求解，迭代终止时的图像就是去噪后的图像。

图 1-1 和图 1-2 分别为莱娜图像和芭芭拉图像去噪前、后的比较图像。表 1-3 中的数据是以莱娜图像作为测试图像，去噪前、后的峰值信噪比和均方根误差。表 1-4 中的数据是以芭芭拉图像作为测试图像，去噪前、后的峰值信噪比和均方根误差。

(a) 原图　(b) 噪声图　(c) 去噪后图

图 1-1　莱娜图像去噪前、后的比较图像

(a) 原图　(b) 噪声图　(c) 去噪后图

图 1-2　芭芭拉图像去噪前、后的比较图像

表 1-3　莱娜图像去噪结果(例 1-3)

峰值信噪比和均方根误差	去噪前	去噪后
PSNR	20.1772	24.3336
RMSE	24.9852	15.4832

表 1-4　芭芭拉图像去噪结果(例 1-3)

峰值信噪比和均方根误差	去噪前	去噪后
PSNR	20.1772	23.4919
RMSE	24.9852	17.0587

1.1.3　TV-L^1 与几何多尺度

在 TV-L^2 模型中，将数据拟合项改为 L^1 范数，即得到 TV-L^1 模型：

$$\inf_{u\in \mathrm{BV}} \mathrm{TV}(u)+\lambda\|f-u\|_1 \tag{1-31}$$

例 1-4　设 f 是一个半径为 r，高度为 c 的圆柱，$f=cl_{B_r(0)}$。Chan 等[11]表明，对这样的 f，ROF 模型的解为 $u_\lambda^*=c'_\lambda f$，其中 c'_λ 是 $[0,1)$ 的常数，不会达到 1。对 TV-L^1 模型来说，例 1-4 问题的解为

$$u_\lambda^* = \begin{cases} 0, & \text{如果} 0 < \lambda < 2/r \\ c'_\lambda f, & \text{对任意} c'_\lambda \in [0,1), \text{如果} \lambda = 2/r \\ f, & \text{如果} \lambda > 2/r \end{cases}$$

当λ足够大时，f被完全恢复。特别值得注意的是，解的变化只和圆柱的半径有关，和圆柱的高度无关。换句话说，对给定的λ，半径小于$2/\lambda$的圆柱被置 0，而半径大于$2/\lambda$的圆柱则被原封不动地保留下来。因此，相较于 ROF 模型，TV-L^1模型有着更好的几何多尺度选择特性。

为了进一步研究 TV-L^1模型的几何多尺度性质，需要讨论有界变差(bounded variation，BV)空间及其对偶空间 G[12,13]。

定义 1-3　设$u \in L^1$，定义

$$\mathrm{TV}(u) = \sup\left\{\int u \mathrm{div}(\vec{g}) \mathrm{d}x\right\} : \vec{g} \in C_0^1\left(R^n; R^n\right),\ \left|\vec{g}\right|_{L^\infty} \leqslant 1,\ \forall x \in R^n$$

$$\|u\|_{\mathrm{BV}} = \|u\|_{L^1} + \mathrm{TV}(u)$$

式中，$C_0^1\left(R^n;R^n\right)$表示在无穷远处为 0 的连续可微的向量值函数。有界变差函数构成的巴拿赫空间记为

$$\mathrm{BV} = \left\{u \in L^1 : \|u\|_{\mathrm{BV}} < \infty\right\}$$

其中的范数为$\|u\|_{\mathrm{BV}}$，而$\mathrm{TV}(u)$则构成半范。

定义 1-4　设G表示由具有散度形式的广义函数$v(x)$构成的巴拿赫空间，即

$$v = \mathrm{div}(\vec{g}),\quad \vec{g} = [g_i]_{i=1,2,\cdots,n} \in L^\infty\left(R^n; R^n\right) \tag{1-32}$$

$\|v\|_G$定义为式(1-32)中所有$\left|\vec{g}(x)\right|_{l^2}$的$L^\infty$范数的下确界，即

$$\|v\|_G = \inf\left\{\left\|\left|\vec{g}(x)\right|_{l^2}\right\|_{L^\infty}\right\}$$

设 ROF 模型的极小点为u_λ^*和$v_\lambda^* = f - u_\lambda^*$。梅耶(Meyer)认为对去噪问题(当$J = I$时)，TV-$L^2$模型：

$$\min_u E(u) = \frac{\lambda}{2}\iint_\Omega |u_0 - u|^2 \mathrm{d}x\mathrm{d}y + \iint_\Omega |\nabla u| \mathrm{d}x\mathrm{d}y$$

的解可以利用G范数描述为如果$\|f\|_G \geqslant \dfrac{1}{2\lambda}$，则$v_\lambda^* = f - u_\lambda^*$满足$\|v_\lambda^*\|_G = \dfrac{1}{2\lambda}$；如果$\|f\|_G < \dfrac{1}{2\lambda}$，则得到退化解$u_\lambda^* = 0$，$v_\lambda^* = f$。

上面的分析表明，当λ足够小时，数据项不起作用，恢复的图像为$u_\lambda^* = 0$；当λ取较大的值时，正则项的作用很小，去除的噪声项$v_\lambda^* = f - u_\lambda^*$的$G$范数会很小。值得注意的是，即使$\lambda$取非常大的值，$v_\lambda^*$也不会为 0。这意味着，如果$u_0$没有噪声，

也不存在 λ 能够使 ROF 模型的解完全恢复为 u_0。这和例 1-4 的结论是一致的。

由于 G 范数可以表示为

$$G(\{\psi\}) = \sup_{h\in C_0^\infty:\int|\nabla h|=1} \int \psi(x)h(x)\mathrm{d}x = \|\psi\|_G$$

因此，Yin 等[12,13]类似地定义了 G 值，并用 G 值刻画了 TV-L^1 模型的多尺度性质。

定义 1-5　(G 值) 设 Ψ: $R^2 \to 2^R$ 是可测的集值函数，即对任给的开集 $S\subset R$，$\Psi^{-1}(S)$ 是勒贝格可测集。这里不区分多值函数、集值函数和可测单值函数的集合，故可设：

$$\Psi = \{\psi \mid \psi: R^2 \to R\text{可测函数}\,\psi(x)\in\Psi(x),\forall x\}$$

Ψ 的 G 值定义为

$$G(\Psi) = \sup_{h\in C_0^\infty:\int|\nabla h|=1} \inf_{\psi\in\Psi} \int \psi(x)h(x)\mathrm{d}x$$

定理 1-4　设 $\partial|f|$ 表示 $|f|$ 的次微分，即

$$\partial|f(x)| = \begin{cases} \{\mathrm{sgn}(f(x))\}, & f(x)\neq 0 \\ [-1,1], & f(x)=0 \end{cases}$$

则对 TV-L^1 问题，有

(1) 当且仅当 $\lambda \leqslant \dfrac{1}{G(\partial|f|)}$ 时，$u_\lambda^* = 0\left(v_\lambda^* = f\right)$ 是问题的最优解；

(2) 当且仅当 $\lambda \geqslant \sup\limits_{h\in\mathrm{BV}} \dfrac{\|Df\|-\|Dh\|}{\int|f-h|\,\mathrm{d}x}$ 时，$u_\lambda^* = f\left(v_\lambda^* = 0\right)$ 是问题的最优解。

基于此，可以得到 TV-L^1 的特征选择性。

假设 f 的一系列特征有不同的强度值且可以用集合 $S_1,S_2,\cdots,S_l$ 表示。设对 $i=1,2,\cdots,l$ 有

$$\lambda_i^{\min} = \frac{1}{G\left(\partial\left|1_{S_i}\right|\right)},\quad \lambda_i^{\max} = \sup_{h\in\mathrm{BV}} \frac{\left\|D1_{S_i}\right\|-\|Dh\|}{\int\left|1_{S_i}-h\right|\mathrm{d}x}$$

如果所述特征有下列尺度属性：

$$\lambda_1^{\min} \leqslant \lambda_1^{\max} < \lambda_2^{\min} \leqslant \lambda_2^{\max} < \cdots < \lambda_l^{\min} \leqslant \lambda_l^{\max}$$

那么，$u^*_{\lambda_i^{\max}+\varepsilon} - u^*_{\lambda_i^{\min}-\varepsilon}$ 能够准确地恢复第 i 个特征，$i=1,2,\cdots,l$。这是因为前一项含有 λ_1 到 λ_i 的特征，而后一项含有 λ_1 到 λ_{i-1} 的特征。

例 1-5　考虑如式(1-33)的 TV-L^1 模型：

$$\min_f \alpha_1 \| I-f \|_1 + \alpha_2 \| f \|_{\mathrm{TV}} \tag{1-33}$$

根据参数 $\lambda=\alpha_2/\alpha_1$ 的调节，可以从图像 I 中提取较大尺度的内容于 f 中，而较小尺度的内容和细节的部分则被舍去。

图 1-3 给出了模型(1-33)的示例：在一幅大小为 256 像素×256 像素的图像中有四个正方形的白色区域，其尺寸分别是 3 像素×3 像素、5 像素×5 像素、20 像素×20 像素和 80 像素×80 像素，如图 1-3(a)所示。实验结果表明，当 λ=0.01 时，所有尺寸的图形都出现在 f 中，如图 1-3(b)所示；当 λ=0.05 时，较大的三个图形出现在 f 中，而 3 像素×3 像素的正方形消失了，如图 1-3(c)所示；当 λ=0.2 时，f 中包含 20 像素×20 像素和 80 像素×80 像素两个图形，如图 1-3(d)所示；当 λ=2 时，f 中只含有 80 像素×80 像素的正方形，且其四个直角的部分被磨平，如图 1-3(e)所示。

(a) 原始图像 I　(b) $f(\lambda=0.01)$　(c) $f(\lambda=0.05)$　(d) $f(\lambda=0.2)$　(e) $f(\lambda=2)$

图 1-3　参数 λ 对模型(1-33)的影响

由实验结果可知，λ 越大，f 中保留的图形尺度越大，而其余较小尺度的部分被遗弃。在不同的参数 λ 下得到的 f 仅是包含大尺度的卡通部分，而纹理、边缘等许多代表关键特征的小尺度细节部分会丢失。

例 1-6　利用 TV-L^1 的几何多尺度特性建立一个新的多尺度分割模型[14]：

$$\min_{I_i,c_i,u}\left\{\lambda\sum_{i=1}^{N}\int_{\Omega}\left(u(x)-c_i\right)^2 I_i(x)\mathrm{d}x+\eta\int_{\Omega}\left|f-u(x)\right|\mathrm{d}x+\int_{\Omega}|\nabla u|\mathrm{d}x\right\} \tag{1-34}$$

$$\text{s.t.}\int_{\Omega}|\nabla I_i|\leqslant\tau_i,\sum_{i=1}^{N}I_i(x)=1,0\leqslant I_i(x)\leqslant 1,\quad i=1,2,\cdots,N$$

这里，模型(1-34)中的第一项是标准的分割项，第二项和第三项构成了 TV-L^1 尺度选择，η 是尺度参数。形式上，小的特征被抑制了，只有大的特征才参与分割。

利用分裂布雷格曼(Bregman)方法，模型(1-34)转化为下列迭代系统，可以交替求解：

$$\min_{I_i,h_i,c_i,u,v,g}\left\{\begin{array}{l}\lambda\sum_{i=1}^{N}\int_{\Omega}\left(g(x)-c_i\right)^2 I_i(x)\mathrm{d}x+\eta\int_{\Omega}|v(x)|\mathrm{d}x+\int_{\Omega}|\nabla u|\mathrm{d}x\\+\dfrac{\theta}{2}\int_{\Omega}\left(\left(g-u-s^{(k)}\right)^2+\dfrac{\alpha}{2}\left(v-f+g-a^{(k)}\right)^2+\dfrac{\beta}{2}\sum_{i=1}^{N}\left(h_i-I_i-d_i^{(k)}\right)^2\right)\mathrm{d}x\\+\dfrac{\gamma}{2}\int_{\Omega}\left(1-\sum_{i=1}^{N}I_i-b^{(k)}\right)^2\mathrm{d}x\end{array}\right\}$$

$$\text{s.t.}(\text{I}).\int_{\Omega}\left|\nabla h_i\right| \leqslant \tau_i,\ i=1:N,\ (\text{II}).0 \leqslant I_i(x) \leqslant 1,\ i=1,2,\cdots,N$$

$$\begin{cases} s^{(k+1)} = s^{(k)} - g^{(k+1)} + u^{(k+1)} \\ a^{(k+1)} = a^{(k)} - v^{(k+1)} + f - g^{(k+1)} \\ d_i^{(k+1)} = d_i^{(k)} - h_i^{(k+1)} + I_i^{(k+1)} \\ b^{(k+1)} = b^{(k)} - 1 + \sum\limits_{i=1}^{N} I_i^{(k+1)} \end{cases}$$

图 1-4 和图 1-5 给出了新算法的例子。由图 1-4 和图 1-5 的例子可以看到，由于尺度参数的不同，参与分割的特征也出现了明显的不同，这表明了多尺度分析的重要性。

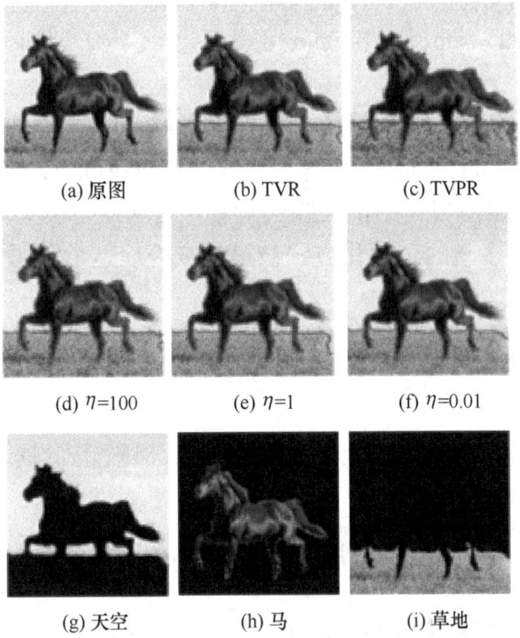

图 1-4　新算法和全变差正则化(TVR)算法、全变差先验正则化(TVPR)算法的结果

(d)、(e)、(f)是新算法的结果，分别对应尺度参数$\eta = 100$、1 和 0.01 的三种尺度选择；(g)、(h)、(i)是做三类分割的结果，$\eta = 0.01$

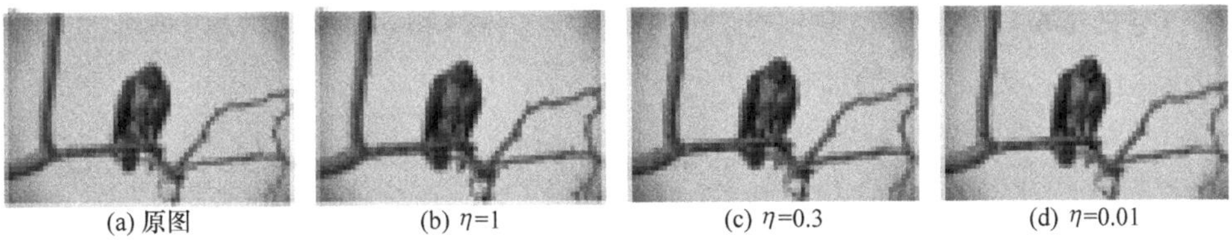

图 1-5　新算法的另一个例子

1.2　全变差新进展

ROF 模型的能量形式为

$$\min_{u\in \mathrm{BV}(\Omega)}\int_{\Omega}|\nabla u|\mathrm{d}x+\frac{\lambda}{2}\int_{\Omega}(u-u_0)^2\mathrm{d}x$$

式中，$\lambda>0$，是正则化参数；Ω 是具有利普希茨边界的有界域；$\mathrm{BV}(\Omega)$ 是有界变差函数空间，其定义为

$$\mathrm{BV}(\Omega)=\left\{u\in L_1(\Omega);\int_{\Omega}|\nabla u|\mathrm{d}x<\infty\right\} \tag{1-35}$$

式中，

$$\int_{\Omega}|\nabla u|\mathrm{d}x=\sup\left\{\int_{\Omega}u\,\mathrm{div}\varphi(x)\mathrm{d}x:\varphi(x)\in C_0^1\left(\Omega,R^2\right),|\varphi(x)|\leqslant 1\right\} \tag{1-36}$$

$$\varphi(x)=\left(\varphi_1(x),\varphi_2(x)\right)^{\mathrm{T}}\in R^2,\quad |\varphi(x)|=\sqrt{\varphi_1^2(x)+\varphi_2^2(x)}$$

有界变差函数空间允许边缘的不连续性，因此 ROF 模型能够很好地保护图像的边缘。然而，该模型在图像去噪的过程中常常会导致阶梯效应。因此，继 ROF 模型之后，许多新的正则化方法被提出来处理这个问题，最直接的就是用高阶 TV。

1.2.1　高阶 TV 与 TGV

1) 高阶 TV

Lysaker 等[15]用高阶偏微分方程来克服阶梯效应，提出了 LLT(Lysaker-Lundervold-Tai)模型，即

$$\min_{u\in W^{2,1}(\Omega)\cap L^2(\Omega)}\int_{\Omega}\left|\nabla^2 u\right|\mathrm{d}x+\frac{\beta}{2}\int_{\Omega}(u-u_0)^2\mathrm{d}x \tag{1-37}$$

式中，$W^{2,1}(\Omega)$是索伯列夫空间；$\left|\nabla^2 u\right|=\sqrt{u_{ss}^2+u_{st}^2+u_{ts}^2+u_{tt}^2},x=(s,t)$。式(1-37)中第一项称为高阶 TV，下面将它推广到张量空间中。

2) 总广义变分

定义 1-6　设$\Omega\subset R^d$是一个开区域，$u\in L_1(\Omega)$和$g(x)$都是Ω内连续的有界的正值函数，则定义u的加权 TV 为

$$\mathrm{TV}_g(u)=\int_{\Omega}g(x)|\nabla u|\mathrm{d}x=\sup_{\varphi\in\Phi_g}\left\{\int_{\Omega}u(x)\mathrm{div}\varphi(x)\mathrm{d}x\right\} \tag{1-38}$$

式中，$g(x)$为权函数；$\Phi_g:=\left\{\varphi\in C^1(\Omega,R):|\varphi(x)|\leqslant g,x\in\Omega\right\}$。

定义 1-7　若 X 是一个局部凸空间，则适定泛函 $\varphi: X \to R \cup \{\infty\}$ 的对偶定义如式(1-39)：

$$\varphi^*: X^* \to R \cup \{\infty\}, \quad \varphi^*\left(p^*\right) = \sup_{p \in X}\left\{\left\langle p^*, p\right\rangle - \varphi(p)\right\} \tag{1-39}$$

若 φ 是适定的、下半连续的闭凸函数，则 $\varphi^{**} = \varphi$。

定义 1-8　设 $\Omega \subset R^d$ 是一个开区域，$k \geqslant 1$ 且 $\alpha = \left(\alpha_0, \alpha_1, \cdots, \alpha_{k-1}\right) > 0$，则对任意的 $u \in L_{\text{loc}}^1(\Omega)$，$k$ 阶总广义变分(total generalized variation，TGV)[16, 17]定义为

$$\mathrm{TGV}_\alpha^k(u) = \sup\left\{\int_\Omega u \operatorname{div}^k v \,\mathrm{d}x \mid v \in C_c^k\left(\Omega, \operatorname{Sym}^k\left(R^d\right)\right), \ \left\|\operatorname{div}^l v\right\|_\infty \leqslant \alpha_l, l = 0,1,\cdots,k-1\right\} \tag{1-40}$$

式中，$\operatorname{Sym}^k\left(R^d\right)$ 为 k 阶对称张量空间。

从 TGV 的定义可以看出，当 $k=1$ 且 $\alpha_0 = 1$ 时，式(1-40)就变成了 TV 的对偶定义。因此，TGV 实际上是 TV 的推广。运用 Legendre-Fenchel 对偶，式(1-40)可转换成它的原始形式：

$$\mathrm{TGV}_\alpha^k(u) = \inf_{\substack{u_l \in C^{k-l}\left(\bar{\Omega}, \operatorname{Sym}^l\left(R^d\right)\right) \\ l=1,2,\cdots,k-1,\, u_0=u,\, u_k=0}} \sum_{l=1}^k \alpha_{k-l}\left\|\varepsilon\left(u_{l-1}\right) - u_l\right\|_1 \tag{1-41}$$

式中，$\varepsilon\left(u_{l-1}\right)$ 表示对称梯度算子，如下所示：

$$\varepsilon\left(u_{l-1}\right) = \frac{\nabla u_{l-1} + \left(\nabla u_{l-1}\right)^{\mathrm{T}}}{2}$$

定义 1-9　令 $\mathrm{BGV}_\alpha^k(\Omega)$ 表示 k 阶有界广义变差函数空间，其定义如式(1-42)：

$$\mathrm{BGV}_\alpha^k(\Omega) = \left\{u \in L_1(\Omega) \mid \mathrm{TGV}_\alpha^k(u) < \infty\right\} \tag{1-42}$$

该空间是一个赋范空间，其范数为

$$\|u\|_{\mathrm{BGV}_\alpha^k} = \|u\|_1 + \mathrm{TGV}_\alpha^k(u)$$

TGV 具有下面一些基本性质：

(1) TGV_α^k 是赋范空间 $\mathrm{BGV}_\alpha^k(\Omega)$ 中的半范；

(2) 对于 $u \in L_{\text{loc}}^1(\Omega)$，当且仅当 u 是一个阶数低于 k 的多项式时，$\mathrm{TGV}_\alpha^k(u) = 0$；

(3) 对于固定的 k 和 α，$\tilde{\alpha} \in R^k$，TGV_α^k 半范和 $\mathrm{TGV}_{\tilde{\alpha}}^k$ 半范是等价的；

(4) TGV_α^k 是旋转不变的；

(5) TGV_α^k 满足尺度性质，即对于 $r>0,\ u\in \mathrm{BGV}_\alpha^k(\Omega),\ \tilde{u}(x)=u(rx)$，以及 $\tilde{u}(x)\in \mathrm{BGV}_\alpha^k\left(r^{-1}\Omega\right)$，有 $\mathrm{TGV}_\alpha^k(\tilde{u})=r^{-d}\,\mathrm{TGV}_{\tilde{\alpha}}^k(u),\ \tilde{\alpha}_l=\alpha_l r^{k-l}$ 成立。

另外，在 k 阶 TGV 的定义中，如果令 k=2，则有 $\mathrm{Sym}^2\left(R^d\right)=S^{d\times d}$，其中 $S^{d\times d}$ 表示对称矩阵空间。因此，根据式(1-40)，二阶 TGV 可定义为

$$\mathrm{TGV}_\alpha^2(u)=\sup\left\{\int_\Omega u\,\mathrm{div}^2 v\,\mathrm{d}x \mid v\in C_c^2\left(\Omega,S^{d\times d}\right),\|v\|_\infty\leqslant\alpha_0,\|\mathrm{div}\,v\|_\infty\leqslant\alpha_1\right\} \tag{1-43}$$

类似于 TGV_α^k，二阶 TGV 也能转换成它的原始形式：

$$\mathrm{TGV}_\alpha^2(u)=\min_{\omega\in \mathrm{BD}(\Omega)}\alpha_1\|\nabla u-\omega\|_1+\alpha_0\|\varepsilon(\omega)\|_1 \tag{1-44}$$

式中，$\mathrm{BD}(\Omega)$表示有界扭曲的向量场空间，其满足 $\forall\omega\in\mathrm{BD}(\Omega)$；弱对称的导数 $\varepsilon(\omega)=\dfrac{1}{2}\left(\nabla\omega+\nabla\omega^{\mathrm{T}}\right)$，是一个矩阵值的拉东(Radon)度量[17]。

TGV_α^2 作为正则项在进行建模时不会导致阶梯效应，这一点 TV 是无法比拟的。由于 TGV_α^2 具有简单的表达形式(1-44)，还拥有以上所提到的优良性质，因此，目前二阶 TGV 在实际的图像处理应用中备受青睐。

针对 TV 模型在去噪过程中容易导致阶梯效应的缺陷，在 TGV 理论的基础上，可以用二阶 TGV 为正则，提出一个变分去噪模型：

$$\min_u \mathrm{TGV}_\alpha^2(u)+\frac{\beta}{2}\int_\Omega\left(u-u_0\right)^2\mathrm{d}x \tag{1-45}$$

式中，$\min\limits_u \mathrm{TGV}_\alpha^2(u)+\dfrac{\beta}{2}\displaystyle\int_\Omega\left(u-u_0\right)^2\mathrm{d}x$ 为二阶 TGV 正则项；第二项为数据拟合项；u_0 为噪声图像；u 为原图像；β 为正则化参数。

和经典的 TV 去噪模型相比，模型(1-45)将 TV 正则项换成了二阶 TGV 正则项。理论分析和实验结果表明，模型(1-45)能够克服 TV 模型的缺点，因此获得了较好的去噪结果。

例 1-7 为了在去噪的同时既能去除阶梯效应，又能对图像的边缘和小结构进行更好地保护，提出了一个基于加权二阶 TGV 的自适应去噪模型：

$$\min_u \Phi(u)+\frac{\beta}{2}\int_\Omega\left(u-u_0\right)^2\mathrm{d}x \tag{1-46}$$

式中，$\Phi(u)=\min\limits_\omega \alpha_1\displaystyle\int_\Omega g(x)|\nabla u-\omega|\mathrm{d}x+\alpha_0\int_\Omega|\varepsilon(\omega)|\mathrm{d}x,\ g(x)=\dfrac{1}{1+K\left|\nabla G_\sigma(x)*u_0\right|^2}$，为边缘指示函数，$G_\sigma(x)=\dfrac{1}{2\pi\sigma^2}\exp\left(-\dfrac{|x|^2}{2\sigma^2}\right)$，为高斯滤波函数，$K\geqslant 0$ 为尺度因

子。显然，当 $K=0$ 时，模型(1-46)就变成了模型(1-45)，因此，模型(1-46)是模型(1-45)的推广。

从模型(1-46)中可以看出，对于给定的 K 值，当 $|\nabla G_\sigma(x)*u_0|$ 较大时，即对应于图像的边缘位置，则 $g(x)$ 将变得较小，这时扩散变得较弱，因此边缘能够被较好地保持；当 $|\nabla G_\sigma(x)*u_0|$ 较小时，即对应于图像的平坦区域，则 $g(x)$ 将趋于 1，这时扩散变得较强，因此噪声能够被有效去除。总之，边缘指示函数能够根据图像不同的区域自适应地控制扩散强度，从而可以在噪声去除和边缘保持之间获得一个较好的折中。

对于模型(1-46)，定理 1-5 表明它存在唯一的极小解。

定理 1-5　假设 $u_0 \in L^2(\Omega)$，Ω 是具有利普希茨边界的有界域，模型(1-46)的解存在且唯一。

证明：根据 TGV 的基本性质[14,15]，不难推出 $\Phi(u)$ 在 $L^p(\Omega), 1\leqslant p<\infty$ 上是适定的、凸的且下半连续的。进一步，也可导出数据拟合项是严格凸的，从而，模型(1-46)也是一个严格凸的优化问题。根据凸分析理论[18]，模型(1-46)存在唯一的极小解。

选取细节丰富的结构图——莱娜图作为测试图像。假设莱娜图被均值为 0、方差为 20 的高斯白噪声所污染。本实验中取参数 $\alpha_1=5$，$\alpha_0=10$，$\beta=0.2$，$\tau=0.02$，$\delta=0.1$。图 1-6 给出了各种模型的去噪结果，其中图 1-6(a)为原图像，图 1-6(b)为噪声图，图 1-6(c)和(d)分别为 TV 模型的去噪结果及其局部放大图，图 1-6(e)和(f)分别为二阶 TGV 模型的去噪结果及其局部放大图，图 1-6(g)和(h)分别为模型(1-46)的去噪结果及其局部放大图。比较三种去噪结果，可以看出图 1-6(c)中

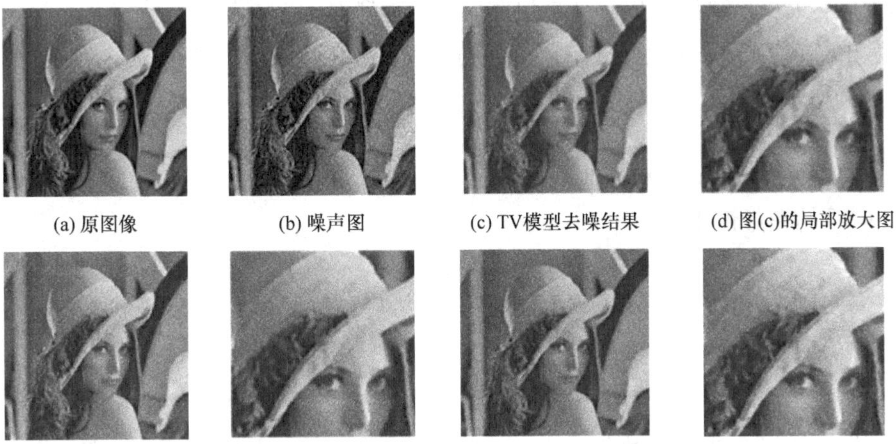

(a) 原图像　(b) 噪声图　(c) TV模型去噪结果　(d) 图(c)的局部放大图

(e) 二阶TGV模型去噪结果　(f) 图(e)的局部放大图　(g) 模型(1-46)去噪结果　(h) 图(g)的局部放大图

图 1-6　莱娜图实验结果

出现了大量的阶梯效应，如莱娜的额头、脸颊等，而图 1-6(g)看起来比较光滑、自然，并且对图像的边缘和小结构处理得也较好。表 1-5 列出了实验中不同模型的信噪比(signal-to-noise ratio，SNR)、均方误差(mean square error，MSE)和结构相似性指标(structure similarity index measure，SSIM)的比较结果。从表中数据可以看出，与其他两种模型相比，模型(1-46)的 SNR 和 SSIM 均有明显提高。

表 1-5　实验中不同模型的 SNR、MSE、SSIM 的比较结果

模型	SNR	MSE	SSIM
TV	14.9519	82.1122	0.8298
二阶 TGV	15.1733	78.3521	0.8334
模型(1-46)	15.4319	75.1720	0.8463

1.2.2　梯度的差正则

图像恢复的一般变分模型为

$$\min_u \frac{\mu}{2}\|Hu-f\|_2^2+J(u) \tag{1-47}$$

式中，$\frac{\mu}{2}\|Hu-f\|_2^2$ 为数据拟合项；$J(u)$ 为正则项。常用的正则项是各向同性的 TV 正则项[2]：

$$J_{\text{iso}}(u)=\left\||Du|_2\right\|_1=\left\|\sqrt{|D_xu|^2+|D_yu|^2}\right\|_1 \tag{1-48}$$

式中，D_x 和 D_y 分别为水平方向和垂直方向的离散的偏导算子；$D=\left[D_x,D_y\right]$，为离散的梯度算子。除此之外，还有各向异性的 TV 正则项[19,20]：

$$J_{\text{ani}}(u)=\left\||Du|_1\right\|_1=\left\||D_xu|+|D_yu|\right\|_1 \tag{1-49}$$

Lou 等[21]根据梯度的稀疏性，提出用 Du 的 $L^1-0.5L^2$ 范数作为先验正则项进行式(1-50)的图像恢复：

$$\min_u \frac{\mu}{2}\|Hu-f\|_2^2+\left\||Du|_1\right\|_1-0.5\left\||Du|_2\right\|_1 \tag{1-50}$$

式(1-50)是各向异性 TV 与各向同性 TV 的差。

研究结果表明，$L^p(p\in(0,1))$ 范数[22,23]、L^1/L^2 范数[24]和 L^1-L^2 范数等[25-29]能更好地逼近 L^0 范数。特别地，L^1-L^2 范数较其他几种范数有明显的优势。首先当感知矩阵高度相干或者明显不符合有限等距性质(restricted isometry property，RIP)

条件时，极小化 L^1-L^2 范数能更好地恢复稀疏信号，并且 L^1-L^2 范数对应的极小化问题可以用凸差分(DC)算法快速求解。然而 L^1-L^2 范数在原点附近和坐标轴上对 L^0 的近似效果并不好。从图 1-7 中不同范数的等水平线比较可知，L^1-L^2 从整体上对 L^0 逼近效果较好，但是坐标轴上的点，L^1-L^2 范数均为 0，而 L^0 范数为 1(原点除外)。当将 L^1-L^2 改进为 $L^1-0.5L^2$ 范数时，由图 1-7(d)可观察到，在原点附近和坐标轴附近能更好地逼近 L^0 范数。

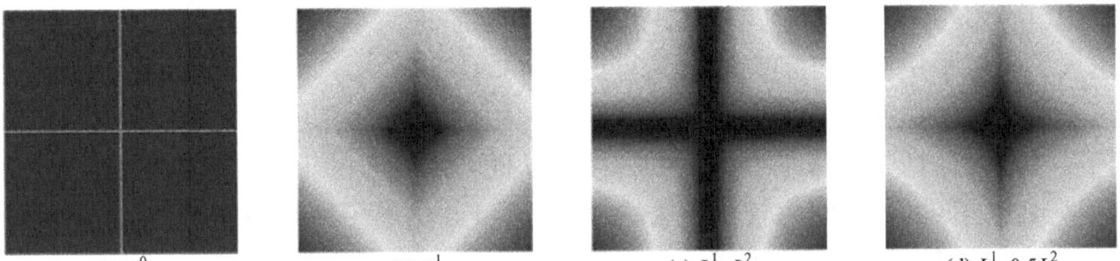

(a) L^0　　(b) L^1　　(c) L^1-L^2　　(d) $L^1-0.5L^2$

图 1-7　不同范数的等水平线比较

基于梯度图像的如上特征，提出一种新的正则项。首先在每一个像素点计算梯度的模 $|Du|_2=\sqrt{|D_x u(x,y)|^2+|D_y u(x,y)|^2}$，然后取 $|Du|_2$ 在整幅图像上的 $L^1-0.5L^2$ 范数，将其作为正则项，形成新的图像恢复模型[30]：

$$\min_u \frac{\mu}{2}\|Hu-f\|_2^2+\||Du|_2\|_1-0.5\||Du|_2\|_2 \tag{1-51}$$

模型(1-51)中的正则项是 $|Du|_2$ 的 L^1 范数和 L^2 范数之差，简记为 $\mathrm{GS}L^1-0.5L^2$。

结合 DC 算法和交替方向乘子方法(alternating direction multiplier method，ADMM)求解模型(1-51)，图 1-8 给出了三种方法去噪效果的视觉比较。

(a) 原始图像　　(b) 噪声图像　　(c) TV正则　　(d) $L^1-0.5L^2$　　(e) $\mathrm{GS}L^1-0.5L^2$

图 1-8　三种方法去噪效果的视觉比较

1.2.3　全局稀疏梯度

一般来说，自然图像分片光滑，需要对梯度 p 施加稀疏性约束。全局稀疏梯度(global sparse gradient，GSG)模型[31]对梯度 p 使用 L^1 范数作为正则项。对于数据项，GSG 模型则采用一阶泰勒展开式，利用待估计点的邻近点来估计，并用核函数对这一项进行加权，其具体形式如式(1-52)：

$$p(t,x)=\arg\min_{p=(p_1,p_2)}\left\{\frac{1}{|\Omega|}\iint_{\Omega\times\Omega}\omega_{xy}^{S}(u(t,x)-u(t,y)+p(x)\cdot(y-x))^2\mathrm{d}y\mathrm{d}x+\lambda_2\int_{\Omega}|p(x)|\mathrm{d}x\right\} \tag{1-52}$$

式中，ω_{xy}^{S}是核函数。GSG 模型选取的核函数如下:

$$\omega_{xy}^{S}=\left(-\frac{|y-x|^2}{S^2}\right)，当|y-x|\to\infty 时，\omega_{xy}^{S}\to 0；当|y-x|\to 0 时，\omega_{xy}^{S}\to 1$$

式中，S 为控制衰减速率。显然距离当前点越近的点，在估计梯度时所做的贡献越大，可以采用近端向前向后分裂算法求解式(1-52)[32]。

为了解决噪声干扰的问题，GSG 模型利用像素点周围更多的信息和自然图像梯度场的稀疏性先验来估计该点的梯度，从而抑制噪声的干扰，更加准确、鲁棒地估计出图像的梯度场，获得图像的边缘。图 1-9 给出了噪声条件下 GSG 模型和其他常用的梯度算子提取图像边界的情况(σ=20,50)。

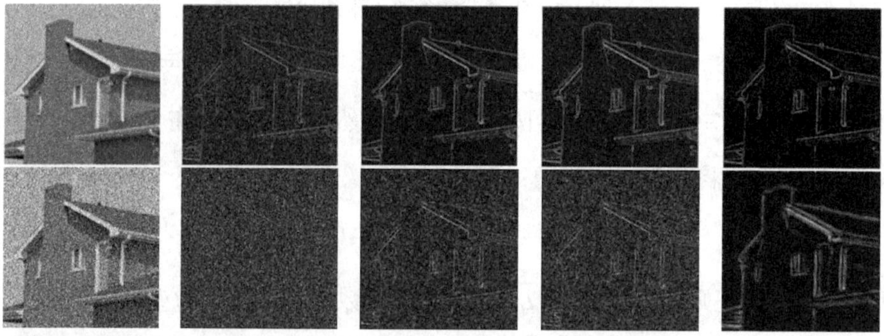

(a) 噪声图像　(b) Roberts算子　(c) Prewitt算子　(d) Sobel算子　(e) GSG模型

图 1-9　噪声条件下 GSG 模型和其他常用的梯度算子提取图像边界的情况(σ=20,50)

GSG 模型中的参数 λ 控制着边界的尺度，选取偏小的 λ 会导致较多的噪声残留；λ 取值越大，梯度场越稀疏，会丢失越多边缘细节。参数 λ 对边界尺度的控制如图 1-10 所示。

(a) λ=5　(b) λ=15　(c) λ=30

图 1-10　参数 λ 对边界尺度的控制

例 1-8　一般的图像去噪模型可以表述为

$$J(u)=\int_{\Omega}|u-f|^{2}\mathrm{d}x+\lambda\int_{\Omega}\varphi(|Du|)\mathrm{d}x \tag{1-53}$$

式中，λ 是非负的正则化参数；D 是微分算子；φ 是关于 Du 的函数。

Geman 等[33]提出半二次(half-quadratic，HQ)正则模型来改进模型(1-53)。当满足边缘保持条件时，模型(1-53)的解可以通过引入一个辅助变量 b 得到，此时能量函数由非二次能量转化为增广能量形式：

$$J(u,b)=\frac{1}{2}\int_{\Omega}|u-f|^{2}\mathrm{d}x+\lambda\int_{\Omega}\left(b|\nabla u|^{2}+\psi(b)\right)\mathrm{d}x \tag{1-54}$$

式(1-54)的解 u 可通过对应的欧拉–拉格朗日方程得到：

$$\begin{cases}u-f-\lambda\,\mathrm{div}(b(\nabla u))=0, & \text{在区域}\Omega\text{内部}\\ b\dfrac{\partial u}{\partial N}=0, & \text{在边界}\partial\Omega\text{上}\end{cases} \tag{1-55}$$

式中，$\partial\Omega$ 是 Ω 的边界；N 是边界处的外法线向量；辅助变量 b 是

$$b=\frac{\varphi'(t)}{2t} \tag{1-56}$$

辅助变量 b 可以标记图像中不连续点的位置，因此辅助变量 b 可以看作是图像轮廓的一个指标。φ 是决定图像边缘的势函数。Geman 等[33]认为，保边势函数的重要特性之一是它的有限渐近行为，文献[34]和[35]采用凸函数作为势函数，文献[36]和[37]采用非凸函数作为势函数。由于 HQ 正则模型具有有效性，如今依旧被很多学者广泛研究[38,39]。

作为经典的图像重构模型，HQ 正则模型不仅能够对图像去除噪声，而且其引入的辅助变量 b 可以提取出图像的边界，是一种具有突破性的方法。然而辅助变量 b 并不能将噪声完全去除，对于结构复杂、纹理较多的图像，b 不能很好地提取出图像的边缘。很自然地，将 GSG 模型中的梯度 p 应用到式(1-54)中，在去噪的同时，更多地获取图像的边缘信息。考虑到两个变量对于图像边缘有相反的表示，即当 b 等于 0 时表示图像边缘位置，而 p 则相反，因而用 $1/p$ 来代替 p。

由此得到一个联合 HQ 与 GSG(half-quadratic global-sparse-gradient，HQGSG)模型的博弈模型。在这个模型中，以图像去噪与边界提取作为两个参与者。图像去噪的目标函数是 HQ 模型，而边界提取的目标函数是 GSG 模型。在这两个目标函数中，均包含图像的强度信息 u 与边界信息 p。在 HQ 模型中，梯度 p 作为参数影响去噪过程；在 GSG 模型中，强度 u 作为参数影响边界提取过程。同时求解两个模型，符合合作博弈的要求。

将 HQ 模型与 GSG 模型纳入博弈模型中，则有

$$\begin{cases} J_1(u,p)=\dfrac{1}{2}\displaystyle\int_{\Omega}|u-f|^2\,\mathrm{d}x+\lambda_1\int_{\Omega}\left(\dfrac{1}{p}|\nabla u|^2+\psi\left(\dfrac{1}{p}\right)\right)\mathrm{d}x \\ J_2(u,p)=\dfrac{1}{|\Omega|}\displaystyle\iint_{\Omega\times\Omega}\omega_{xy}^S\left(u(t,x)-u(t,y)+p(x)\cdot(y-x)\right)^2\mathrm{d}y\mathrm{d}x+\lambda_2\int_{\Omega}|p(x)|\,\mathrm{d}x \end{cases} \tag{1-57}$$

解决博弈问题(1-57)就是要寻找一个纳什均衡点$\left(u^*,p^*\right)$，使两个参与者都满意。假设策略集在某些拓扑结构下是紧凑的，并且与相同拓扑结构相关的准则是下半连续的，则纳什均衡点存在且可解，而且可以把纳什均衡问题看作一个不动点迭代。HQGSG 博弈算法如下:

算法 1-1　HQGSG 博弈算法

输入： 噪声图 f 、正则化参数 λ_1 和 λ_2 、空间步长 h 和 δ 、衰减参数 S 、窗口半径 d 、收敛控制参数 eps 、迭代次数 iter 。

初始化： $u^0=0$ ； $p^0=\nabla f$ ； $k=1$ 。

迭代：

1) 给定 p^k ，通过下式更新 u^{k+1} ：

$$u^{k+1}=\arg\min_u J_1\left(u^k,p^k\right)$$

2) 给定 u^{k+1} ，由下式求出 p^{k+1} ：

$$p^{k+1}=\arg\min_p J_2\left(u^{k+1},p^k\right)$$

3) 如果 $\left\|u^{k+1}-u^k\right\|^2/\left\|u^k\right\|^2<\text{eps}$ 且 $\left\|p^{k+1}-p^k\right\|^2/\left\|p^k\right\|^2<\text{eps}$ ，那么停止迭代，否则，继续迭代。

输出： (u,p) 。

图 1-11 给出了噪声男人图像用六种不同的半二次方法处理的结果，算法分别是 GRHQ[34]、GMHQ[35]、HLHQ[37]、HSHQ[36]、GSGTD[40]和 HQGSG。图 1-12 给出了噪声男人图像的边界提取结果和局部细节，综合地评价恢复的图像和边界轮

(a) GRHQ　(b) GMHQ　(c) HLHQ　(d) HSHQ　(e) GSGTD　(f) HQGSG

图 1-11　噪声男人图像用六种不同的半二次方法处理的结果

廓。HQGSG 和经典的 GRHQ[34]、GMHQ[35]、HLHQ[37]、HSHQ[36]、GSGTD[40]相比，获得了不错的效果。

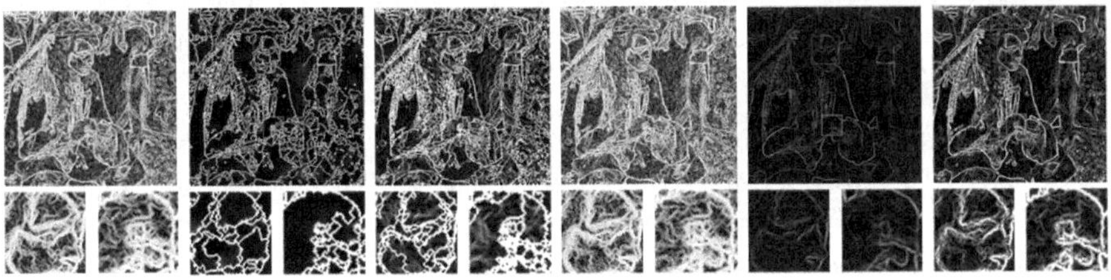

(a) GRHQ　(b) GMHQ　(c) HLHQ　(d) HSHQ　(e) GSGTD　(f) HQGSG

图 1-12　噪声男人图像的边界提取结果和局部细节

参 考 文 献

[1] TIKHONOV A, ARSENIN V. Solutions of Ill-posed Problems[M]. Washington, D. C.: Winston & Sons, 1977.

[2] RUDIN L, OSHER S, FATEMI E. Nonlinear total variation based noise removal algorithms[J]. Physica D: Nonlinear Phenomena, 1992, 60(1-4):259-268.

[3] 肖庭延, 于慎根,王彦飞. 反问题的数值解法[M]. 北京: 科学出版社, 2003.

[4] 王彦飞. 反演问题的计算方法及其应用[M]. 北京: 高等教育出版社, 2007.

[5] 焦丽. 基于变分原理的图像去噪模型的参数研究[D]. 西安:西安电子科技大学, 2009.

[6] AUBERT G, KORNPROBST P. Mathematical Problems in Image Processing[M]. New York: Springer-Verlag, Applied Mathematical Sciences, 2002.

[7] CASELLES V, CATTE F, COLL T, et al. A geometric model for active contours in image processing[J]. Numeric Mathematic, 1993,66(1):1-31.

[8] CHAN T F, OSHER S, SHEN J H. The digital TV filter and nonlinear denoising[J]. IEEE Transaction on Image Processing, 2001,10(2):231-241.

[9] RUDIN L, OSHER S. Total variation based image restoration with free local constraints[C]. Proceedings of 1st International Conference on Image Processing, Austin, 1994: 31-35.

[10] OSHER S, FEDKIW R. Level Set Methods and Dynamic Implicit Surfaces [M]. New York: Springer, 2003.

[11] CHAN T F, ESEDOGLU S.Aspects of total variation regularized L1 function approximation[J]. SIAM Journal on Applied Mathematics, 2005,65(5): 1817-1837.

[12] YIN W T, GOLDFARB D, OSHER S. Image cartoon-texture decomposition and feature selection using the total variation regularized L1 functional[C]. Proceedings of the Third International Workshop on Variational, Geometric, and Level Set Methods in Computer Vision, Heidelberg, 2005: 73-84.

[13] YIN W T, GOLDFARB D, OSHER S. The total variation regularized L1 model for multiscale decomposition[J]. SIAM Journal on Multiscale Modeling and Simulation, 2007, 6(1):190-211.

[14] LI Y F, FENG X C. A multiscale image segmentation method[J]. Pattern Recognition, 2016,52: 332-345.

[15] LYSAKER M, LUNDERVOLD A, TAI X C. Noise removal using fourth order partial differential equation with applications to medical magnetic resonance images in space and time[J]. IEEE Transactions on Image Processing, 2003, 12(12):1579-1590.

[16] BREDIES K, KUNISCH K, POCK T. Total generalized variation[J]. SIAM Journal on Imaging Sciences, 2010, 3(3):

492-526.

[17] BREDIES K, VALKONEN T. Inverse problems with second-order total generalized variation constraints[C]. Proceedings of SampTA 2011-9th International Conference on Sampling Theory and Applications, Singapore, 2011.

[18] BERTSEKAS D, NEDIĆ A, OZDAGLAR A. Convex Analysis and Optimization[M]. BeiJing:Tsinghua University Press, 2006.

[19] CHOKSI R, GENNIP Y V, OBERMAN A. Anisotropic total variation regularized L1 approximation and denoising/deblurring of 2D bar codes[J]. Inverse Problem and Imaging, 2001, 3:591-617.

[20] ESEDOGLU S, OSHER S. Decomposition of images by the anisotropic Rudin-Osher-Fatemi model[J]. Communications on Pure and Applied Mathematics, 2003, 57:1609-1626.

[21] LOU Y, ZENG T, OSHER S, et al. A weighted difference of anisotropic and isotropic total variation model for image processing[J]. SIAM Journal of Imaging Sciences, 2015, 8(3):1799-1823.

[22] CHARTRAND R. Exact reconstruction of sparse signals via nonconvex minimization[J]. IEEE Transaction on Signal Processing, 2007, 10: 707-710.

[23] KRISHNAN D, FERGUS R. Fast image deconvolution using hyper-Laplacian priors[C]. Proceedings of the 22nd International Conference on Neural Information Processing Systems, Vancouver, 2009: 1033-1041.

[24] XU Z, CHANG X, XU F, et al. L1/2 regularization: A thresholding representation theory and a fast solver[J]. IEEE Transaction on Neural networks, 2012, 23: 1013-1027.

[25] ESSER E, LOU Y, XIN J. A method for finding structured sparse solutions to nonnegative least squares problems with applications[J]. SIAM Journal on Imaging Sciences,2013, 6: 2010-2046.

[26] KRISHNAN D, TAY T, FERGUS R. Blind deconvolution using a normalized sparsity measure[C]. Proceeding of the IEEE Conference on Computer Vision and Pattern Recognition, Washington, D.C., 2011: 233-240.

[27] LOU Y, YIN P, HE Q, et al. Computing sparse representation in a highly coherent dictionary based on difference of L1 and L2[J]. Journal of Scientific Computing, 2015, 64:178-196.

[28] YIN P, ESSER E, XIN J. Ratio and difference of L1 and L2 norms and sparse representation with coherent dictionaries[J]. Communications in Information and Systems, 2014, 14(2): 87-109.

[29] YIN P, LOU Y, HE Q, et al. Minimization of L1-2 for compressed sensing[J]. SIAM Journal on Scientific Computing, 2015, 37: 536-563.

[30] 赵晨萍，冯象初，王卫卫，等. 图像恢复问题的梯度稀疏化正则方法[J]. 系统工程与电子技术，2017, 39(10):2353-2358.

[31] 张瑞, 冯象初, 王斯琪, 等. 基于稀疏梯度场的非局部图像去噪算法[J]. 自动化学报, 2015, 41(9):1542-1552.

[32] COMBETTES P L, WAJS V R. Signal recovery by proximal forward-backward splitting[J]. Multiscale Modeling and Simulation, 2005, 4(4):1168-1200.

[33] GEMAN D, REYNOLDS G. Constrained restoration and the recovery of discontinuities [J]. IEEE Transactions on Pattern Analysis and Machine Intelligence, 2002, 14(3): 367-383.

[34] GREEN P J. Bayesian reconstructions from emission tomography data using a modified EM algorithm [J]. IEEE Transactions on Medical Imaging, 1990, 9(1): 84-93.

[35] CHARBONNIER P, BLANC F L, AUBERT G, et al. Deterministic edge-preserving regularization in computed imaging [J]. IEEE Transactions on Image Processing, 1997, 6(2): 298-311.

[36] COHEN L D. Auxiliary variables and two-step iterative algorithms in computer vision problems [J]. Journal of Mathematical Imaging and Vision, 1996, 6(1): 59-83.

[37] HEBERT T, LEAHY R. A generalized EM algorithm for 3-D Bayesian reconstruction from Poisson data using Gibbs priors[J]. IEEE Transactions on Medical Imaging, 1989, 8(2):194-202.

[38] LEITERITZ R. Capital account liberalization in Latin America: The half-life of a powerful economic idea[J]. Optics and Spectroscopy, 2018, 98(3): 336-340.

[39] LI L H, PAN J S, LAI W S, et al. Learning a discriminative prior for blind image deblurring[C]. IEEE Conference on Computer Vision and Pattern Recognition, Salt Lake City, 2018:6616-6625.

[40] 张瑞, 冯象初, 杨丽霞, 等. 全局稀疏梯度耦合张量扩散的图像去噪模型[J]. 西安电子科技大学学报, 2017, 44(6): 150-155.

第 2 章　逆尺度空间理论

2.1　迭代正则化与逆尺度空间方法

将去噪问题用分解形式描述如下：

给定噪声图像 $f:\Omega \to R$，其中 Ω 是 R^2 中的有界开集，希望得到分解式为

$$f = u + v$$

式中，u 是原始图像；v 是加性噪声。第 1 章研究了 ROF 模型，它是最成功的去噪模型之一，其变分形式为

$$u(\lambda) = \arg\min_{u \in \mathrm{BV}(\Omega)} |u|_{\mathrm{TV}} + \lambda \|f - u\|_{L^2}^2 = \arg\min_{u \in \mathrm{BV}(\Omega)} J(u) + \lambda H(u, f) \tag{2-1}$$

第 1 章讨论了 $u(\lambda)$ 的多尺度空间性质：当 λ 足够小时，$u(\lambda) = 0$；当 λ 足够大时，$u(\lambda)$ 充分靠近 f。因此选择合适的参数 λ，就是选择 $u(\lambda)$ 合适的尺度，使得恢复的图像 $u(\lambda)$ 能够更好地满足人们的需求。数值实例显示，在 ROF 模型的余项 $f - u(\lambda)$ 中，仍然有许多有用的图像信息，如图 2-1 所示。在 ROF 模型结果的基础上，再次进行正则化处理，就构成了本章的迭代正则化方法[1](iterative regularization method，IRM)。

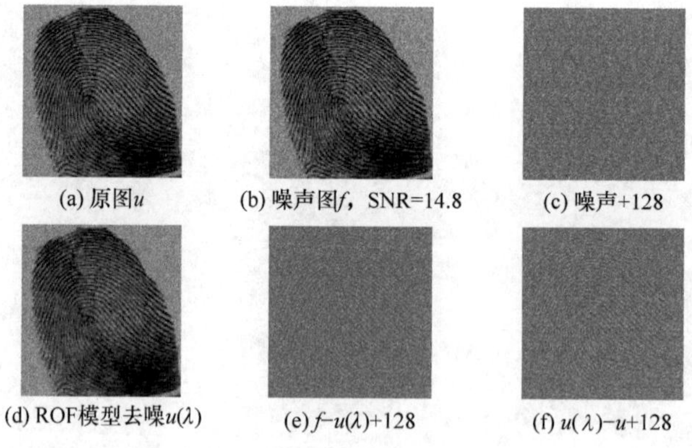

图 2-1　ROF 模型的余项 $f - u(\lambda)$

2.1.1　迭代正则化

迭代正则化[1]的基本步骤如下。

(1) 首先求解 ROF 模型得到：

$$u_1 = \arg\min_{u\in \mathrm{BV}(\Omega)} \int |\nabla u| + \lambda (f-u)^2 \mathrm{d}x$$

利用 u_1 可以定义梯度场 $n_1 = \dfrac{\nabla u_1}{|\nabla u_1|}$。

(2) 进一步，利用梯度场 n_1 对 u_1 进行校正，得到 u_2：

$$u_2 = \arg\min_{u\in \mathrm{BV}(\Omega)} \int \left[|\nabla u| - n_1 \cdot \nabla u + \lambda (f-u)^2 \right] \mathrm{d}x$$

下面推导 u_2 两种新的表示，从而建立迭代正则化序列 u_n。从下列观察开始：

$$-\int n_1 \cdot \nabla u \mathrm{d}x = \int u \nabla \cdot n_1 \mathrm{d}x = \int u \nabla \cdot \frac{\nabla u_1}{|\nabla u_1|} \mathrm{d}x$$

然而，由 ROF 模型的欧拉–拉格朗日公式，有

$$\nabla \cdot \frac{\nabla u_1}{|\nabla u_1|} = -2\lambda (f-u_1) = -2\lambda v_1$$

这里，定义 $v_1 = f - u_1$。因此，有

$$-\int n_1 \cdot \nabla u \mathrm{d}x = -2\lambda \int u v_1 \mathrm{d}x$$

利用这个公式，重写 u_2：

$$\begin{aligned} u_2 &= \arg\min_{u\in \mathrm{BV}(\Omega)} \int \left\{ |\nabla u| + \lambda \left[(f-u)^2 - 2uv_1 \right] \right\} \mathrm{d}x \\ &= \arg\min_{u\in \mathrm{BV}(\Omega)} \int \left[|\nabla u| + \lambda (f+v_1-u)^2 - \left(v_1^2 + 2v_1 f \right) \right] \mathrm{d}x \\ &= \arg\min_{u\in \mathrm{BV}(\Omega)} \int \left[|\nabla u| + \lambda (f+v_1-u)^2 \right] \mathrm{d}x \end{aligned} \tag{2-2}$$

式(2-2)的最后一个等式成立是因为第二行中被积函数第三项与 u 无关。由余项回加形式可知，u_2 就是将上一次 ROF 模型结果的余项 v_1 回加到 f 中，再做第二次 ROF 模型运算。由此可以建立一般的迭代正则化去噪算法：

算法 2-1　迭代正则化去噪算法(余项回加形式)

1) 初始化：$u_0 = 0$，$v_0 = 0$。

2) 对 $k = 0,1,\cdots$，计算 u：

$$u_{k+1} = \arg\min_{u\in \mathrm{BV}(\Omega)} \int \left[|\nabla u| + \lambda (f+v_k-u)^2 \right] \mathrm{d}x$$

3) 对 v 进行修正：

$$v_{k+1} = v_k + f - u_{k+1}$$

下面对迭代序列进一步变形，从而得到布雷格曼形式的迭代正则化方法。因为

$$\begin{aligned}\int\left(f+v_k-u\right)^2\mathrm{d}x&=\arg\min_{u\in\mathrm{BV}(\Omega)}\int\left[\left(f+v_k\right)^2+u^2-2u\left(f+v_k\right)\right]\mathrm{d}x\\&=\arg\min_{u\in\mathrm{BV}(\Omega)}\int\left[f^2+u^2-2u\left(f+v_k\right)+2u_kv_k+v_k^2+2fv_k\right]\mathrm{d}x\\&=\arg\min_{u\in\mathrm{BV}(\Omega)}\int\left[\left(f-u\right)^2-2v_k\left(u-u_k\right)-2u_kv_k+v_k^2+2fv_k\right]\mathrm{d}x\end{aligned}$$

所以

$$\begin{aligned}u_{k+1}&=\arg\min_{u\in\mathrm{BV}(\Omega)}\int\left[\left|\nabla u\right|+\lambda\left(f+v_k-u\right)^2\right]\mathrm{d}x\\&=\arg\min_{u\in\mathrm{BV}(\Omega)}\int\left|\nabla u\right|\mathrm{d}x+\lambda\int\left[\left(f-u\right)^2-2v_k\left(u-u_k\right)\right]\mathrm{d}x\\&=\arg\min_{u\in\mathrm{BV}(\Omega)}\left|u\right|_{\mathrm{TV}}-\left|u_k\right|_{\mathrm{TV}}-\int2\lambda v_k\left(u-u_k\right)\mathrm{d}x+\lambda\int\left(f-u\right)^2\mathrm{d}x\qquad(2\text{-}3)\\&=\arg\min_{u\in\mathrm{BV}(\Omega)}J(u)-J(u_k)-\left\langle p_k,u-u_k\right\rangle+\lambda\int\left(f-u\right)^2\mathrm{d}x\\&=\arg\min_{u\in\mathrm{BV}(\Omega)}D^{p_k}\left(u,u_k\right)+\lambda\int\left(f-u\right)^2\mathrm{d}x\end{aligned}$$

式中，$p_k=2\lambda v_k$；$D^{p_k}\left(u,u_k\right)=J(u)-J(u_k)-\left\langle p_k,u-u_k\right\rangle$，正好是$J(u)$在$u_k$点$p_k$方向的布雷格曼距离。

实际上，对凸正则项$J(u)$，取次梯度$p\in\partial J(v)$，则可以定义布雷格曼距离为如下的非负数：

$$D^p(u,v)=J(u)-J(v)-\langle p,u-v\rangle$$

对于连续可微的泛函J，次微分是单值的，所以布雷格曼距离是唯一的。在这种情形下布雷格曼距离就是$J(u)$和其一阶泰勒展开式在v点的值之差。进一步，如果$J(u)$是严格凸的，则$D^p(u,v)$关于v同样是严格凸的，所以对$D^p(u,v)=0$充分必要的是$u=v$。要注意的是，即使对连续可微、严格凸的泛函，布雷格曼距离$D^p(u,v)$也不是通常意义下距离空间中的距离。一般地，$D^p(u,v)\neq D^p(v,u)$，同时三角不等式也不一定成立。但$D^p(u,v)$确实是u和v近似程度的度量，换句话说，$D^p(u,v)\geqslant 0$，$D^p(u,v)=0$当且仅当$u=v$。

对非光滑、非严格凸的情形，如全变差，次微分$\partial J(v)$可能是多值的，布雷格曼距离对不同的次梯度p有不同的值。需要一定的规则，选出特定的次梯度，由此构成算法 2-2 中的基于布雷格曼距离的迭代正则化去噪算法。

算法 2-2　迭代正则化去噪算法(布雷格曼形式)

1) 初始化：$u_0 = 0$，$v_0 = 0$。

2) 对 $k = 0,1,\cdots$，计算 u：

$$u_{k+1} = \arg\min_{u \in \mathrm{BV}(\Omega)} D^{p_k}(u, u_k) + \lambda \int (f - u)^2 \mathrm{d}x$$

3) 对 p 进行修正：

$$p_{k+1} = p_k + 2\lambda(f - u_{k+1})$$

迭代正则化也可以推广到模糊图像恢复的问题。在这种情形下有 $f = Au + v$，其中 A 是给定的紧算子，如高斯卷积。ROF 模型解图像恢复问题的变分形式为

$$u(\lambda) = \arg\min_{u \in \mathrm{BV}(\Omega)} |u|_{\mathrm{TV}} + \lambda \|f - Au\|_{L^2}^2 = \arg\min_{u \in \mathrm{BV}(\Omega)} J(u) + \lambda H(u, f)$$

考虑用余项回加的迭代正则化去模糊算法，如算法 2-3 所示。

算法 2-3　迭代正则化去模糊算法(余项回加形式)

1) 初始化 $u_0 = 0$，$v_0 = 0$。

2) 对 $k = 0,1,\cdots$，计算 u：

$$u_{k+1} = \arg\min_{u \in \mathrm{BV}(\Omega)} \int |\nabla u| + \lambda (f + v_k - Au)^2 \mathrm{d}x$$

3) 对 v 进行修正：

$$v_{k+1} = v_k + f - Au_{k+1}$$

同样可以建立迭代正则化去模糊算法的布雷格曼形式，如算法 2-4 所示。

算法 2-4　迭代正则化去模糊算法(布雷格曼形式)

1) 初始化：$u_0 = 0$，$v_0 = 0$。

2) 对 $k = 0,1,\cdots$，计算 u：

$$u_{k+1} = \arg\min_{u \in \mathrm{BV}(\Omega)} D^{p_k}(u, u_k) + \lambda \int (f - Au)^2 \mathrm{d}x$$

3) 对 p 进行修正：

$$p_{k+1} = p_k + 2\lambda A^{\mathrm{T}}(f - Au_{k+1}) \in \partial J(u_{k+1})$$

收敛性分析：设g是无噪图像，$\tilde{u}$是$H(\cdot,g)$的极小值点，$H(\tilde{u},g)\leqslant\delta^2$，则有下列结论成立[1]。

定理 2-1　利用迭代正则化去噪算法 2-1 和算法 2-2 生成迭代序列u_k，对去噪问题有$\|f-u_k\|_{L^2}\leqslant o\left(\frac{1}{\sqrt{k}}\right)$；对去模糊问题有$\|f-Au_k\|_{L^2}\leqslant o\left(\frac{1}{\sqrt{k}}\right)$。

定理 2-2　当$H(u_k,g)>\delta^2$，即当余项位于噪声水平之上时，u_k和$\tilde{u}$的布雷格曼距离是单调减少的，即有

$$D^{p_k}(\tilde{u},u_k)<D^{p_{k-1}}(\tilde{u},u_{k-1})$$

上述结果自然地产生一个迭代终止准则，称为广义区分原理，即当k^*满足下述条件时迭代停止：

$$k^*=\max\left\{k\mid H(u_k,f)\geqslant\tau\delta^2\right\}$$

式中，$\tau>1$。

上面的过程可以推广到更一般的正则化泛函J和数据拟合泛函H。

首先，对正则化泛函J，不一定限制在 BV 空间的 TV 半范空间，它可以推广到其他定义在巴拿赫空间$U\subset L^2(\Omega)$上、局部有界的、凸的和非负的正则化泛函。一般来说，J需要满足下列条件：

(1) 对任给的$M\in R$，水平集$\{u\in U\mid J(u)\leqslant M\}$是$L^2(\Omega)$中的紧集。

(2) 存在M_0，对任给的$M>M_0$，水平集$\{u\in U\mid J(u)\leqslant M\}$非空。

(3) J是$L^2(\Omega)$上的弱下半连续泛函。

同时，对数据拟合泛函H的要求则精细得多。一般来说，即使对H加了较强的假定条件，泛函的水平集的紧性也很难保证，因此，算法的收敛性分析也就不能容易地推导出来。图 2-2 给出了迭代正则化的数值例子($\lambda=0.013$)。可以看到，迭代到第 4 步时(图 2-2(g))，得到了最好的结果；再往后，噪声就出现了。

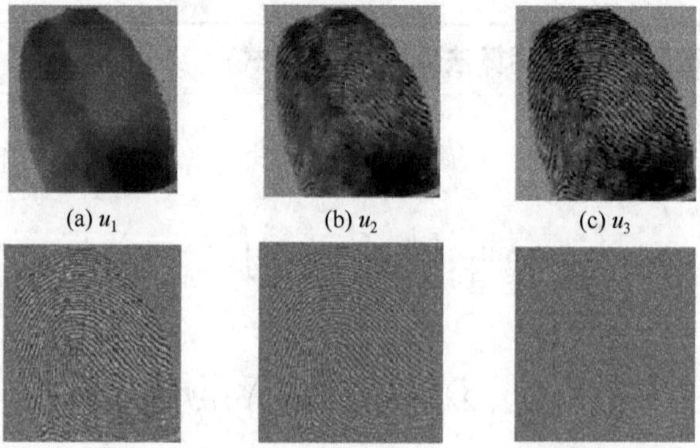

(a) u_1　(b) u_2　(c) u_3

(d) $f-u_1+128$　(e) $f-u_2+128$　(f) $f-u_3+128$

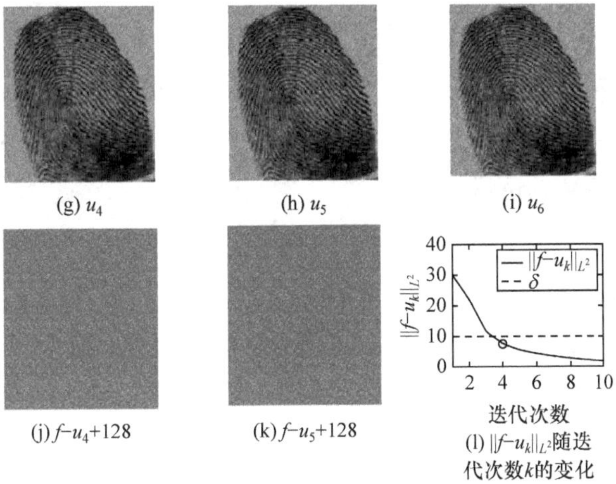

(g) u_4　(h) u_5　(i) u_6

(j) $f-u_4+128$　(k) $f-u_5+128$　(l) $\|f-u_k\|_{L^2}$随迭代次数k的变化

图 2-2　迭代正则化的数值例子($\lambda = 0.013$)

2.1.2　逆尺度空间方法

1. 逆尺度空间

在布雷格曼迭代正则化方法中，建立了原始序列$u(\lambda_k)$和对偶序列$p(\lambda_k)$：

$$\begin{cases} u(\lambda_k) = \arg\min\limits_{u\in \mathrm{BV}(\Omega)} D^{p(\lambda_{k-1})}\left(u,u(\lambda_{k-1})\right) + \dfrac{\lambda}{2}\displaystyle\int (f-u)^2\,\mathrm{d}x \\ p(\lambda_k) - p(\lambda_{k-1}) + \lambda\left(u(\lambda_k) - f\right) = 0,\ p(\lambda_k) \in \partial J(u_k) \end{cases} \tag{2-4}$$

初始值$u(\lambda_0) = 0$，$p(\lambda_0) = 0$，由此可以得到对偶更新公式：

$$\frac{p(\lambda_k) - p(\lambda_{k-1})}{\lambda} = f - u(\lambda_k)$$

令$\lambda = \Delta t$为时间步长，并将对偶更新公式的等号左端看成是连续微分的差分近似，则有

$$\frac{\partial p(t)}{\partial t} = f - u(t) \tag{2-5}$$

初始值$p(0) = 0$。方程(2-4)和方程(2-5)构成了典型的逆尺度空间(inverse scale space，ISS)[2-4]，它从$u(0) = 0$开始，逐渐地加入越来越多的细尺度成分，最终当t趋于无穷大时，ISS 收敛到原始图像f。

和迭代正则化类似，逆尺度空间有下列性质。

命题 2-1　逆尺度空间满足下列性质：

(1) $\|u(t) - f\|_{L^2} \leqslant e^{-a(t-s)}\|u(s) - f\|_{L^2} \leqslant e^{-at}\|f\|_{L^2}$。

(2) 在$\|f-g\|\leqslant\sigma$的条件下，只要$\|f-u(t)\|\geqslant\sigma$，$D(\tilde{u},u(t))$就是单调减少的。

(3) 均值守恒，如果假定$\int f\mathrm{d}x=0$，则u的均值也始终为0。

(4) 如果$\tilde{f}$是f的尺度变化，如$\tilde{f}=\alpha f$，则在J为二次泛函的情形下，有$\tilde{u}=\alpha u$；在J为TV的情形下有

$$\tilde{u}=\alpha u\left(\alpha^{-1}t\right)$$

上面的性质确保了逆尺度空间存在一个最优的时间t^*，满足$\|f-u(t)\|=\sigma$。图 2-3 是J为二次泛函时从两个不同的初始值出发的逆尺度空间。这里$J(u)=\frac{1}{2}\int|\nabla u|^2\mathrm{d}x$，有$-\Delta u=p$，因此

$$\frac{\partial(u-f)}{\partial t}=\Delta^{-1}(u-f)=-A(u-f)$$

从而$u(t)-f=w(t)=e^{-At}w(0)=e^{-At}f$随着$t\to\infty$呈指数衰减。

图 2-3　J为二次泛函时从两个不同的初始值出发的逆尺度空间

2. 松弛的逆尺度空间

考虑余项回加形式的迭代正则化，令$u_0=0$，$v_0=0$，则迭代格式为

$$\begin{cases}u_k=\arg\min\limits_{u\in\mathrm{BV}(\Omega)} J(u)+\lambda\left[H(f,u)-\langle u,v_{k-1}\rangle\right]\\ v_k=v_{k-1}-\dfrac{\partial H(f,u_k)}{\partial u}\end{cases}\tag{2-6}$$

式(2-6)的第一个式子可以利用梯度下降流求解，利用对应的欧拉–拉格朗日方程，有

$$\frac{\partial u}{\partial t}=-p+\lambda\left(\frac{\partial H(f,u)}{\partial u}+v_{k-1}\right),\quad p\in\partial J(u),u|_{t=0}=u_{k-1},u|_{t=\infty}=u_k$$

将式(2-6)的第二个式子看成下列微分方程的离散：

$$\frac{\partial v}{\partial t}=-\frac{\partial H\left(f,u_k\right)}{\partial u},\quad v|_{t=0}=v_k,u|_{t=1}=v_{k+1}$$

由此，可以得到松弛逆尺度空间(relaxed inverse scale space，RISS)：

$$\begin{cases}\dfrac{\partial u}{\partial t}=-p+\lambda\left(\dfrac{\partial H\left(f,u\right)}{\partial u}+v_{k-1}\right)\\ \dfrac{\partial v}{\partial t}=-\alpha\dfrac{\partial H\left(f,u\right)}{\partial u},\quad p\in\partial J\left(u\right)\end{cases}$$

其中，$u|_{t=0}=v|_{t=0}=0$

下面的方程(2-7)～方程(2-9)是三个松弛的逆尺度空间的例子。

线性模型：$J\left(u\right)=\frac{1}{2}\|\nabla u\|_{L^2}^2$，$H\left(f,u\right)=\frac{1}{2}\|f-u\|_{L^2}^2$，则对应的松弛逆尺度空间为

$$\begin{cases}\dfrac{\partial u}{\partial t}=\Delta u+\lambda\left(f-u+v\right)\\ \dfrac{\partial v}{\partial t}=\alpha\left(f-u\right)\end{cases}\tag{2-7}$$

ROF 模型去噪：$J\left(u\right)=\int|\nabla u|\,\mathrm{d}x$，$H\left(f,u\right)=\frac{1}{2}\|f-u\|_{L^2}^2$，则对应的松弛逆尺度空间为

$$\begin{cases}\dfrac{\partial u}{\partial t}=\operatorname{div}\left(\dfrac{\nabla u}{|\nabla u|}\right)+\lambda\left(f-u+v\right)\\ \dfrac{\partial v}{\partial t}=\alpha\left(f-u\right)\end{cases}\tag{2-8}$$

ROF 模型解卷积：$J\left(u\right)=\int|\nabla u|\,\mathrm{d}x$，$H\left(f,u\right)=\frac{1}{2}\|f-k*u\|_{L^2}^2$，其中 k 为模糊核，$*$为卷积运算，k 的共轭算子为 $\hat{k}$，满足 $\hat{k}\left(x,y\right)=k\left(-x,-y\right)$，则对应的松弛逆尺度空间为

$$\begin{cases}\dfrac{\partial u}{\partial t}=\operatorname{div}\left(\dfrac{\nabla u}{|\nabla u|}\right)+\lambda\left(\hat{k}*\left(f-k*u\right)+v\right)\\ \dfrac{\partial v}{\partial t}=\alpha\hat{k}*\left(f-k*u\right)\end{cases}\tag{2-9}$$

松弛逆尺度空间有下述收敛性。

命题 2-2 设$u(t)$和$v(t)$是上述 ROF 模型去噪对应的松弛逆尺度空间(2-8)的解，若$\lambda>0$，$\alpha>0$，则一定存在子列$t_k\to\infty$，使得$\|f-u(t_k)\|\to 0$，$D(f,u(t_k))\to 0$和$D(u(t_k),f)\to 0$。

图 2-4 给出了松弛逆尺度空间的实验结果，可以看出，RISS 的余项比 ROF 的余项具有更少的几何结构。

(a) 原图　(b) ROF: U_{ROF}　(c) RISS: U_{RISS}

(d) 噪声图　(e) $f-U_{\mathrm{ROF}}$　(f) $f-U_{\mathrm{RISS}}$

图 2-4　松弛逆尺度空间的实验结果

2.2　分解空间与逆尺度空间

2.2.1　小波与贝索夫空间

1. 贝索夫空间

贝索夫(Besov)空间$B_{p,q}^{\beta}$是一类可以度量广义光滑性和可积性的函数空间。一方面，由于它包含大量的经典函数空间，如赫尔德(Holder)空间、索伯列夫空间等，而被广泛地应用于图像底层分析，如图像去噪等；另一方面，由于贝索夫范数与小波系数范数之间存在等价性，因此小波(wavelet)分析[5]和贝索夫空间中变分问题的有机结合，成为国际上的研究热点。

本小节主要考虑R^2上的贝索夫空间，一般表示为$B_q^{\beta}\left(L^p(R^2)\right)$或$B_{p,q}^{\beta}(R^2)$，式中，指标$\beta$是度量函数光滑阶的正则性权；$p$是内尺度指标；$L^p(R^2)$表示内尺度度量(intrascale metric)；q 是具有对数测度 $\frac{\mathrm{d}l}{l}$ 的尺度空间 $l \in (R^2)^+$ 上的交互尺度度量(interscale metric)，控制所有交叉尺度上的正则性。

对于 $\beta > 0$ ，$0 < p$ ，$q < \infty$ ，阶为 β 的贝索夫空间 $B_q^\beta\left(L^p(R^2)\right)$ 是下列函数的集合：

$$B_q^\beta\left(L^p(R^2)\right) = \left\{f \in L^p(R^2) \middle\| f|_{B_q^\beta\left(L^p(R^2)\right)} < \infty\right\}$$

$B_q^\beta\left(L^p(R^2)\right)$ 相应的范数为[5]

$$\|f\|_{B_{p,q}^\beta\left(L^p(R^2)\right)} = \|f\|_{L^p(R^2)} + |f|_{B_{p,q}^\beta\left(L^p(R^2)\right)}$$

同时，函数 f 在贝索夫空间 $B_{p,q}^\beta$ 中的光滑性也可由小波系数刻画[5,6]。假设 $\varphi(x): R^2 \to R$ 是尺度函数，$\psi_i(x)(i=1,2,3)$ 是小波函数。在 R^2 上将小波函数经伸缩和平移后得

$$\psi_{i,j,k}(x) = 2^j \psi_i(2^j x - k)$$

式中，$j \in Z$；$k \in Z^2$。于是，$f \in L^2(R^2)$ 的小波展开为

$$\begin{aligned} f &= \sum_{k \in Z^2} \sum_{j \in Z} \sum_{i=1}^{3} \langle f, \psi_{i,j,k} \rangle \psi_{i,j,k} \\ &= \sum_{k \in Z^2} \langle f, \varphi_{0,k} \rangle \varphi_{0,k} + \sum_{k \in Z^2} \sum_{j=0}^{\infty} \sum_{i=1}^{3} \langle f, \psi_{i,j,k} \rangle \psi_{i,j,k} \end{aligned}$$

如果 φ 有 M 阶连续导数，ψ 有 N 阶消失矩，那么，只要 $\beta < \min(M, N)$ ，对于所有的 $f \in B_{p,q}^\beta$ ，就有

$$|f|_{B_{p,q}^\beta} \sim \left(\sum_j \left(2^{j\beta p} 2^{j(p-2)} \sum_{i,k} \left| \langle f, \psi_{i,j,k} \rangle \right|^p \right)^{\frac{q}{p}} \right)^{\frac{1}{q}} \tag{2-10}$$

和

$$\|f\|_{B_{p,q}^\beta} \sim |f|_{B_{p,q}^\beta} + \left(\sum_k \left| \langle f, \varphi_{0,k} \rangle \right|^p \right)^{\frac{1}{p}} \tag{2-11}$$

式中，$\sim$ 表示等价关系。特别地，$p = q$ 时，贝索夫半范数为

$$|f|_{B_{p,p}^\beta} \sim \left(\sum_{i,j,k} 2^{j\beta p} 2^{j(p-2)} \left| \langle f, \psi_{i,j,k} \rangle \right|^p \right)^{\frac{1}{p}} \tag{2-12}$$

另外，$\beta < 0$ 对应贝索夫对偶空间：

$$\left(B_{p,q}^{\beta}\right)^{*}=B_{p^{*},q^{*}}^{-\beta}$$

式中，$\frac{1}{p}+\frac{1}{p^{*}}=1$；$\frac{1}{q}+\frac{1}{q^{*}}=1(1\leqslant p,q\leqslant\infty)$。特别地，当$\beta>0$时，$B_{\infty,\infty}^{\beta}$为赫尔德空间$C^{\beta}$；当$\beta\in R$时，$B_{2,2}^{\beta}$等价于索伯列夫空间$W^{\beta,2}=H^{\beta}$。

引理 2-1 文献[5]和[6]对于贝索夫空间有如下结果：

(1) 对 $s>0$，$0<p$，$q\leqslant\infty$，有贝索夫半范数 $|u|_{B_{p,q}^{s}}\sim\left(\sum_{j}\left(2^{sjp}2^{j(p-2)}\sum_{i,k}|u_{\gamma}|^{p}\right)^{\frac{q}{p}}\right)^{\frac{1}{q}}$，式中$\gamma=(i,j,k),k\in J_{j},j\in Z,i=1,2,3,|\gamma|=j$；$u_{\gamma}=(u,\psi_{\gamma})$表示$u$的小波系数，$\{\psi_{\gamma}\}$表示正交小波。

(2) 对于$s\in R$，贝索夫空间$B_{2,2}^{s}(\Omega)$等价于索伯列夫空间$W^{s,2}(\Omega)$，并且有

$$|u|_{H^{s}(\Omega)}\sim|u|_{B_{2,2}^{s}}\approx\left(\sum_{\gamma}2^{2sj}|u_{\gamma}|^{2}\right)^{1/2}$$

式中，~表示等价关系。

因为$H^{-s}=B_{2,2}^{-s}$，所以根据贝索夫半范数与小波系数范数的等价性，对于给定的正参数组$(\gamma,\alpha,\beta,p,s)$，有式(2-13)所示的范数等价关系：

$$\begin{cases}\|f-u\|_{L^{2}(\Omega)}^{2}\sim\sum_{\lambda\in J}|f_{\lambda}-u_{\lambda}|^{2}\\|u|_{B_{p,p}^{\beta}(\Omega)}^{p}\sim\sum_{\lambda\in J_{j_{0}}}2^{\beta|\lambda|p}2^{|\lambda|(p-2)}|u_{\lambda}|^{p}\end{cases}\tag{2-13}$$

式(2-13)中，指标集满足：

$$J=\left\{\lambda=(i,j,k),k\in J_{j},j\in Z,i=1,2,3\right\}$$

和

$$J_{j_{0}}=\left\{\lambda=(i,j,k),k\in J_{j},j\geqslant j_{0},i=1,2,3\right\}$$

并且当$\lambda\in J_{j}$时，定义$|\lambda|=j$；f_{λ}和u_{λ}分别表示f和u所对应的第λ个小波系数。

2. 小波贝索夫空间

对去噪问题，考虑如下图像分解变分模型：

$$\inf_{u}E(u)=2\alpha|u|_{B_{1,1}^{1}(\Omega)}+\|f-u\|_{L^{2}(\Omega)}^{2}\tag{2-14}$$

范数等价关系为

$$\begin{cases} \|f-u\|_{L^2(\Omega)}^2 \approx \sum_{\lambda\in J} |f_\lambda - u_\lambda|^2 \\ |u|_{B_{1,1}^1(\Omega)} \approx \sum_{\lambda\in J_{j_0}} |u_\lambda| \end{cases} \tag{2-15}$$

式(2-15)中，指标集满足：

$$J=\left\{\lambda=(i,j,k): k\in J_j, j\in Z, i=1,2,3\right\} \tag{2-16}$$

$$J_{j_0}=\left\{\lambda=(i,j,k): k\in J_j, j\geqslant j_0, i=1,2,3\right\} \tag{2-17}$$

并且当 $\lambda\in J_j$ 时，定义 $|\lambda|=j$；f_λ 和 u_λ 分别表示 f 和 u 所对应的第 λ 个小波系数。将式(2-15)代入式(2-14)得

$$W_f(u)=\sum_{\lambda\in J}\left[2\alpha|u_\lambda|\cdot 1_{\{\lambda\in J_{j_0}\}}+|f_\lambda-u_\lambda|^2\right] \tag{2-18}$$

变分泛函(2-18)是可分的，它的极小化可以分别通过对每一项求极小来得到：

$$D_{u_\lambda}[W_f(u)]_\lambda = 2\alpha\cdot 1_{\{\lambda\in J_{j_0}\}}\cdot \mathrm{sgn}(u_\lambda)-2(f_\lambda-u_\lambda)=0 \tag{2-19}$$

解得

$$u_\lambda = f_\lambda - \alpha\cdot 1_{\{\lambda\in J_{j_0}\}}\cdot \mathrm{sgn}(u_\lambda) \tag{2-20}$$

显然，这是一个软阈值函数，其中阈值为 α 。

对去模糊问题，考虑如下泛函：

$$\min_u\left[\int |\nabla u|\,\mathrm{d}x+\frac{\mu}{2}\|Au-f\|^2\right] \tag{2-21}$$

引入辅助变量 $\vec{d}=\nabla u$ ，将问题转化为如下约束优化问题：

$$\min_u\left[\left|\vec{d}\right|_1+\frac{\alpha}{2}\|Au-f\|^2\right],\quad \text{s.t. } \vec{d}=\nabla u$$

再利用罚函数方法，问题可以变为

$$\min_u\left[\left|\vec{d}\right|_1+\frac{\alpha}{2}\|Au-f\|^2+\frac{\beta}{2}\left\|\vec{d}-\nabla u\right\|^2\right] \tag{2-22}$$

在模型(2-22)中，令 $\vec{d}=\nabla v$ ，从而有

$$\min_u\left[\int|\nabla v|\,\mathrm{d}x+\frac{\alpha}{2}\|Au-f\|^2+\frac{\beta}{2}\|\nabla v-\nabla u\|^2\right] \tag{2-23}$$

因为贝索夫空间 $B_{1,1}^1$ 包含于 BV 空间 $\left(B_{1,1}^1\subset \mathrm{BV}\right)$，所以式(2-23)中第一项可以用 $|v|_{B_{1,1}^1}$

近似替换，而第三项是$(v-u)$的H^1半范数。根据模型(2-22)可以得到如式(2-24)的近似模型：

$$\min_{u,v}\left[J(u,v)=|v|_{B_{1,1}^1}+\frac{\alpha}{2}\|Au-f\|^2+\frac{\beta}{2}|v-u|_{B_{2,2}^1}^2\right] \tag{2-24}$$

当$v=u$时，$J(u,u)=|u|_{B_{1,1}^1}+\frac{\alpha}{2}\|Au-f\|^2$。模型(2-24)变为稀疏约束的线性逆问题，可以采用迭代收缩阈值(iterative shrinkage thresholding，IST)算法求解[7,8]。

根据模型(2-24)，可以得到如下定理。

定理 2-3　$J(u,v)$关于u,v是凸的、强制的下半连续泛函。

证明：显然，泛函是下半连续的。

下面先证明关于u的凸性。利用贝索夫空间与小波的关系可以得

$$\begin{aligned}J(u,v)&=|v|_{B_{1,1}^1}+\frac{\mu}{2}\|Au-f\|^2+\frac{\alpha}{2}|v-u|_{B_{2,2}^1}^2\\&=\sum_{\lambda}|v_\lambda|+\frac{\mu}{2}\|Au-f\|^2+\frac{\alpha}{2}\sum_{\lambda}2^{2|\lambda|}|v_\lambda-u_\lambda|^2\end{aligned}$$

对于$0\leqslant\gamma\leqslant1$，任意的$u_1$和$u_2$有

$$J(\gamma u_1+(1-\gamma)u_2,v)=|v|_{B_{1,1}^1}+\frac{\alpha}{2}\|A(\gamma u_1+(1-\gamma)u_2)-f\|^2+\frac{\beta}{2}|v-(\gamma u_1+(1-\gamma)u_2)|_{B_{2,2}^1}^2$$

式中，

$$\begin{aligned}\frac{\alpha}{2}\|A(\gamma u_1+(1-\gamma)u_2)-f\|^2&=\frac{\alpha}{2}\|\gamma(Au_1-f)+(1-\gamma)(Au_2-f)\|^2\\&\leqslant\frac{\alpha}{2}\left(\|\gamma(Au_1-f)\|+\|(1-\gamma)(Au_2-f)\|\right)^2\end{aligned}$$

利用函数x^2的凸性得

$$\frac{\alpha}{2}\left(\|\gamma(Au_1-f)\|+\|(1-\gamma)(Au_2-f)\|\right)^2\leqslant\frac{\alpha}{2}\left(\gamma\|Au_1-f\|^2+(1-\gamma)\|Au_2-f\|^2\right)$$

同理有

$$\frac{\beta}{2}\sum_{\lambda}2^{2|\lambda|}|v_\lambda-(\gamma u_{1\lambda}+(1-\gamma)u_{2\lambda})|^2\leqslant\frac{\beta}{2}\left(\gamma\sum_{\lambda}2^{2|\lambda|}|v_\lambda-u_{1\lambda}|^2+(1-\gamma)\sum_{\lambda}2^{2|\lambda|}|v_\lambda-u_{2\lambda}|^2\right)$$

所以有

$$J(\gamma u_1+(1-\gamma)u_2,v)\leqslant\gamma J(u_1,v)+(1-\gamma)J(u_2,v)$$

关于v的凸性可类似证明。

再证明强制性。因为

$$J(u,v)=|v|_{B_{1,1}^1}+\frac{\alpha}{2}\|Au-f\|^2+\frac{\beta}{2}|v-u|_{B_{2,2}^1}^2 \geqslant |v|_{B_{1,1}^1}+\frac{\beta}{2}\sum_{\lambda}2^{2|\lambda|}|u_\lambda-v_\lambda|^2$$

$$\geqslant |v|_{B_{1,1}^1}+\frac{\beta}{2}C_p\|v-u\|_{l^2}^2 \geqslant |v|_{B_{1,1}^1}+C\left(\|v\|_{l^2}-\|u\|_{l^2}\right)^2$$

式中，C_p 和 C 是与 u 和 v 无关的常数。因此，当 $\|u\|_{l_2}+\|v\|_{B_{1,1}^1}\to+\infty$ 时，有 $J(u,v)\to+\infty$。强制性得证。

例 2-1　小波贝索夫空间正则化。

可利用分裂布雷格曼方法对模型(2-24)求解。固定 u，求 v^{k+1}：

$$v^{k+1}=\arg\min_v\left(F_1(u^k,v)=|v|_{B_{1,1}^1}+\frac{\beta}{2}|v-u^k|_{B_{2,2}^1}^2\right)$$

将 $F_1(u^k,v)$ 中的贝索夫模用小波系数代换得

$$F_1(u^k,v)=\sum_{\lambda}|v_\lambda|+\frac{\beta}{2}\sum_{\lambda}2^{2|\lambda|}|v_\lambda-u_\lambda^k|^2$$

再对 v_λ 求导数，令其为零得

$$\frac{\partial F_1(u,v)}{\partial v_\lambda}=\operatorname{sgn}(v_\lambda)+\beta 2^{2|\lambda|}(v_\lambda-u_\lambda^k)=0$$

所以得到：

$$v_\lambda^{k+1}=S\left(u_\lambda^k,\ \frac{1}{\beta 2^{2|\lambda|}}\right)$$

式中，S 表示软阈值算子，阈值参数是 $\frac{1}{\beta 2^{2|\lambda|}}$。

固定 v，求 u^{k+1}：

$$u^{k+1}=\arg\min_u\left[F_2\left(u,v^{k+1}\right)=\frac{\alpha}{2}\|Au-f^k\|_2^2+\frac{\beta}{2}|v^{k+1}-u|_{B_{2,2}^1}^2\right]$$

采取邻近阈值的方法[9]来求解 u^{k+1}。为了讨论方便，令 $\phi_1(u)=\frac{\beta}{2}|v^{k+1}-u|_{B_{2,2}^1}^2$，$\phi_2(u)=\frac{\mu}{2}\|Au-f^k\|^2$，再根据文献[9]的结论，求 u 问题的解 u_λ 满足：

$$u_\lambda=\operatorname{Prox}_{\gamma\phi_1}\left(u_\lambda-\alpha\left(A^*\left(Au_\lambda-f^k\right)\right)_\lambda\right)$$

式中，$\operatorname{Prox}_{\gamma\phi_1}y=\arg\min_u\left(\gamma\phi_1(u)+\frac{1}{2}\|y-u\|^2\right)$。下面来确定 $\operatorname{Prox}_{\gamma\phi_1}y$ 的具体形式，由

$$-\beta 2^{2|\lambda|}(v_\lambda-u_\lambda)-(y-u_\lambda)=0$$

整理得

$$u_\lambda = \frac{1}{1+\beta 2^{2|\lambda|}}\left(y+\beta 2^{2|\lambda|}v_\lambda^{k+1}\right)$$

内循环迭代一次，即有 $u_\lambda^{k+1} = \dfrac{1}{1+\beta 2^{2|\lambda|}}\left(u_\lambda^k - \alpha\left(A^*\left(Au-f^k\right)\right)_\lambda + \beta 2^{2|\lambda|}v_\lambda^{k+1}\right)$

实验中，对莱娜图像去高斯模糊。模糊核函数由 Matlab 中的函数 fspecial(‘gaussian’，HSIZE，SIGMA)产生，其中参数 HSIZE=6，SIGMA=5，并且增加方差为 0.05 的高斯噪声，$\text{SNR} = 13.5748\ \text{dB}$。采用‘db4’小波，对模糊图像做小波分解。图 2-5(a)是原图像；图 2-5(b)是带噪的模糊图像；图 2-5(c)是 IST 算法迭代 500 次的处理结果，SNR=25.7950 dB；图 2-5(d)是本节算法(小波贝索夫空间正则化算法)($\alpha = 10$，$\beta = 0.1$)迭代 500 次的去模糊结果，SNR=28.4878dB。本节算法恢复图像的 SNR 高于 IST 算法。

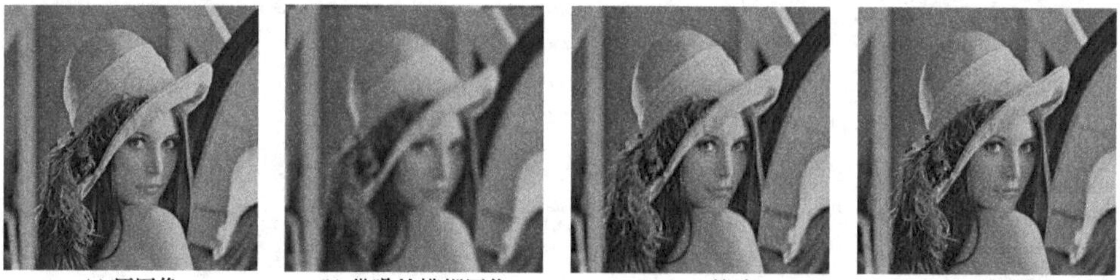

(a) 原图像　　(b) 带噪的模糊图像　　(c) IST算法　　(d) 本节算法

图 2-5　小波贝索夫空间正则化去高斯模糊

3. 小波迭代正则化与小波逆尺度空间

下面简要介绍一下小波迭代正则化方法[10-12](wavelet-iterative regularized method，W-IRM)。已知紧支撑正交小波基 $\psi = \left\{\psi^{(i)} \mid i = 1,2,3\right\}$，其中 $\psi_{j,k}^{(i)} = \psi_\lambda(\cdot) = 2^j\psi^{(i)}(2^j\cdot(-k))$，$\lambda = (i,j,k)$，$i = 1,2,3$，$j \in Z, k \in Z^2$，令 $f_\lambda = \langle f, \psi_\lambda\rangle$ 且 $\hat{f} = \{f_\lambda\}_\lambda$，提出用 $B_1^1\left(L^1\left(\Omega\right)\right)$ 来代替 $\text{BV}(\Omega)$，则小波迭代正则化方法表示如下：

$$\hat{u}^{(n)} = \arg\min_u\left\{D_J^{\hat{p}^{(n-1)}}\left(\hat{u},\hat{u}^{(n-1)}\right) + \frac{\gamma}{2}\left\|\hat{f}-\hat{u}\right\|_{L^1}^2\right\} \tag{2-25}$$

$$\hat{p}^{(n)} = \hat{p}^{(n-1)} + \gamma(\hat{f}-\hat{u}^{(n)}) \tag{2-26}$$

式中，$n \geqslant 1; \hat{u}^{(0)} = 0; \hat{p}^{(0)} = 0$；$D_J^{\hat{p}}$ 是广义布雷格曼距离，定义为 $D_J^{\hat{p}}(\hat{u},\hat{\omega}) = J(\hat{u}) - J(\hat{\omega}) - (\hat{u}-\hat{\omega},\hat{p})$；$\dfrac{\hat{p}^{(n)}}{\gamma} = \hat{v}^{(n)}$。对式(2-25)简化可以得到：

$$\hat{u}^{(n)} = \arg\min_u\left\{J(\hat{u}) + \frac{\gamma}{2}\left\|\hat{f}+\hat{v}^{(n-1)}-\hat{u}\right\|_{L^2}^2\right\} \tag{2-27}$$

对于所有的 $k \geqslant 1$，由式(2-26)得到下面的布雷格曼分解：

$$f + v^{(k-1)} = u^{(k)} + v^{(k)}$$

相应地，上述小波迭代正则化方法可以推广到时间连续的小波逆尺度空间(wavelet-inverse scale space，W-ISS)。由于在点 $u_\lambda = 0$ 处，$\partial|u_\lambda|$ 具有奇异性，因此 $\sqrt{u_\lambda^2 + \varepsilon}$ 用来逼近 $|u_\lambda|$，其中 ε 为充分小的常数。记 $p_\lambda^\varepsilon = \dfrac{u_\lambda}{\sqrt{u_\lambda^2 + \varepsilon}}$ 和 $\dfrac{\mathrm{d}p_\lambda^\varepsilon}{\mathrm{d}u_\lambda} = \dfrac{\varepsilon}{(u_\lambda^2 + \varepsilon)^{\frac{3}{2}}}$，且令 $\Delta t = \gamma, n\Delta t \to t$，则得到了关于 u_λ 的一个较为简单的逆尺度空间：

$$\frac{\mathrm{d}u_\lambda}{\mathrm{d}t} = \frac{(u_\lambda^2 + \varepsilon)^{\frac{3}{2}}}{\varepsilon}(f_\lambda - u_\lambda),\quad u_\lambda(0) = 0 \tag{2-28}$$

例 2-2　松弛的小波逆尺度空间(wavelet-relaxed inverse scale space，W-RISS)

针对图像恢复问题，时间连续的逆尺度空间方法[2-4]与通常的尺度空间方法不同的是，它不是从噪声图像出发进行逐步的光滑化，而是从初始值为零的图像 $u(x,0) = 0$ 开始，随着时间的演化逐步地逼近观察得到的图像，并且其中大尺度结构比小尺度结构收敛得更快。为了在小波空间上实现逆尺度方法，提出了松弛的小波逆尺度空间。

逆尺度空间由式(2-29)耦合方程来实现：

$$u_t = \operatorname{div}\left(\frac{\nabla u}{|\nabla u|}\right) + \lambda(f + v - u) \tag{2-29}$$

$$v_t = c(f - u) \tag{2-30}$$

式(2-30)的逆尺度空间具有停止准则，即当 $\|f - u\|_{L^2}^2 \leqslant \sigma^2$ 时，逆尺度空间的离散停止迭代。这样得到的恢复图像几乎包含了大部分的细节结构。

式(2-29)等号右边的第一项是总变分半范导出的曲率项，也就是总变分扩散流。该项能够较好地保留图像的边缘，同时能够去除振荡效应，如噪声和伪吉布斯现象。从式(2-29)来看，小尺度部分 v 下一次的离散迭代又加入到原始图像 f 进行式(2-29)的处理，所以在某种程度上，小尺度的结构部分被加强了，且其中大的结构被合并到大尺度部分中。这种思想可以看作是逆尺度空间的多尺度理论。

由于小波的多分辨分析的作用，小波重构能够保持图像的细节部分。因而，把逆尺度空间应用到小波多分辨逼近中，能够在去除小波阈值产生的边界振荡效应之外，还能较好地保持图像的细节部分。提出的小波逆尺度空间方法可以表示为

$$(\beta_{j,k})_t = \langle u, \psi_{j,k} \rangle + \lambda(\alpha_{j,k} + \gamma_{j,k} - \beta_{j,k}) \tag{2-31}$$

$$(\gamma_{j,k})_t = c(\alpha_{j,k} - \beta_{j,k}) \tag{2-32}$$

对所有的 $(j,k)\in I$, $\beta_{j,k}=\langle u,\psi_{j,k}\rangle,\gamma_{j,k}=\langle v,\psi_{j,k}\rangle$ ； $\kappa=\mathrm{div}\left(\frac{\nabla u}{|\nabla u|}\right)$ ； $\langle \kappa,\psi_{j,k}\rangle=\int_\Omega \mathrm{div}\left(\frac{\nabla u}{|\nabla u|}\right)\psi_{j,k}\mathrm{d}x$ ； 初值 $\gamma_{j,k}|_{t=0}=\beta_{j,k}|_{t=0}=0$ 。当 (j,k) 不属于 I 时，令 $\beta_{j,k}=\gamma_{j,k}=0$ ， $\beta=\{\beta_{j,k}\},\gamma=\{\gamma_{j,k}\}$ 。

假设小波基ψ是紧支撑的，并且具有有限的总变分半范，那么式 (2-31) 就可以看作是式(2-33)极小化问题的最速梯度下降法：

$$\min_{\beta_{j,k},(j,k)\in I} E(\beta)=\int_\Omega |\nabla_x u(\beta,x)|\,\mathrm{d}x+\frac{\lambda}{2}\sum_{(j,k)}(\alpha_{j,k}+\gamma_{j,k}-\beta_{j,k})^2 \tag{2-33}$$

在上面的假设下，极小化问题的最小值必定存在。

实际上，式(2-33)的欧拉–拉格朗日方程可以由下式计算，也就是对$E(\beta)$关于$\beta_{j,k}$求导数，这里$(j,k)\in I$：

$$\begin{aligned}\frac{\partial E(\beta)}{\beta_{j,k}}&=\int_\Omega \frac{\nabla u}{|\nabla u|}\cdot\frac{\partial \nabla u(\beta,x)}{\partial \beta_{j,k}}\mathrm{d}x-\lambda(\alpha_{j,k}+\gamma_{j,k}-\beta_{j,k})\\&=\int_\Omega \frac{\nabla u}{|\nabla u|}\cdot\nabla\frac{\partial u(\beta,x)}{\partial \beta_{j,k}}\mathrm{d}x-\lambda(\alpha_{j,k}+\gamma_{j,k}-\beta_{j,k})\\&=\int_\Omega \frac{\nabla u}{|\nabla u|}\cdot\nabla\psi_{j,k}\mathrm{d}x-\lambda(\alpha_{j,k}+\gamma_{j,k}-\beta_{j,k})\end{aligned}$$

由于小波基ψ是紧支撑的且是利普希茨连续的，对上面第三个式子等号右端的第一项用分部积分得到下面的结果：

$$\frac{\partial E(\beta)}{\beta_{j,k}}=-\int_\Omega \nabla\cdot\frac{\nabla u}{|\nabla u|}\psi_{j,k}\mathrm{d}x-\lambda(\alpha_{j,k}+\gamma_{j,k}-\beta_{j,k})=-\langle\kappa,\psi_{j,k}\rangle-\lambda(\alpha_{j,k}+\gamma_{j,k}-\beta_{j,k})$$

因此，式(2-31)可以由极小化问题(2-33)得到。进一步，由于极小化问题是凸的，因此存在极小值，即对任意的$\theta\in[0,1]$可以很容易地得到：

$$E(\theta\beta_1+(1-\theta)\beta_2)\leqslant\theta E(\beta_1)+(1-\theta)E(\beta_2)$$

极小化问题解的存在性就得到了证明。

图 2-6～图 2-8 给出了 W-RISS 的计算结果。

2.2.2 波原子与贝索夫空间

1. 波原子

记波原子为$\varphi_\mu(x)$，其中下标$\mu=(j,m,n)=(j,m_1,m_2,n_1,n_2)$，表示相位空间的一个点$(x_\mu,\omega_\mu)$，$x_\mu=2^{-j}n$和$\omega_\mu=\pi 2^j m$，并且$\mu$满足$C_1 2^j\leqslant\max_{i=1,2}|m_i|\leqslant C_2 2^j$，式

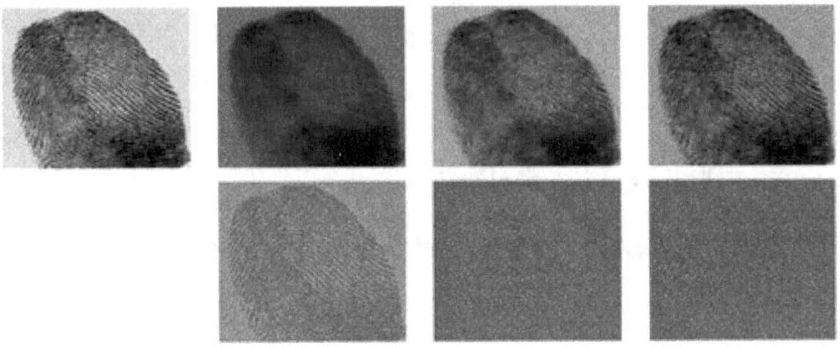

图 2-6　小波逆尺度空间迭代

从左往右：第一行为原图、迭代 100、500 和 1200 次的图像；第二行为相应的余项 $v = f - u + 140$

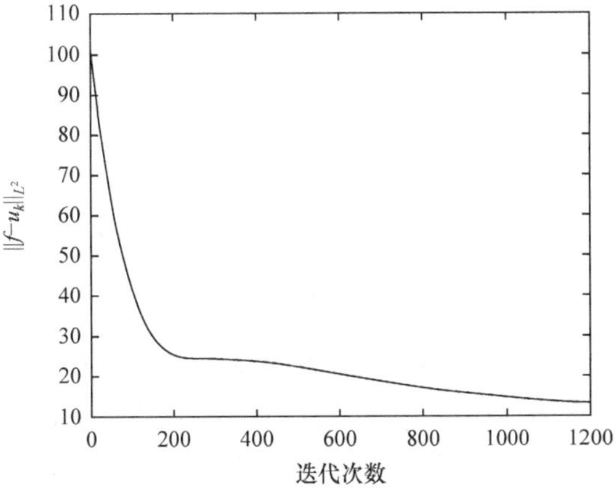

图 2-7　u_k 和 f 误差的 L^2 范数随迭代次数的变化

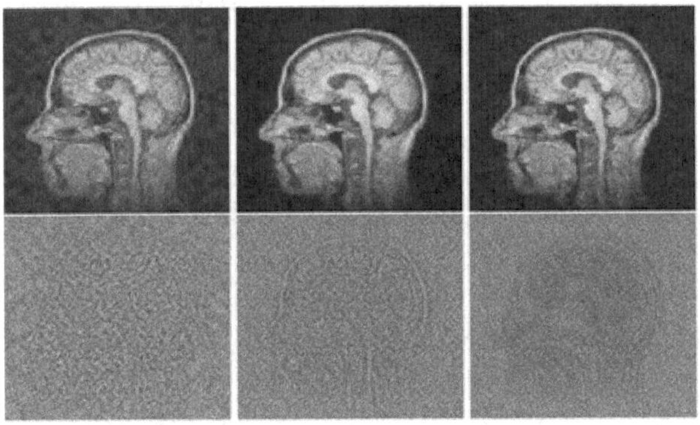

图 2-8　磁共振(MRI)图像的去噪结果

从左往右：第一行为小波硬阈值图像去噪方法(SNR=11.1221)、逆尺度空间(SNR=12.1521)、本小节提出的小波逆尺度空间方法(SNR=12.5708)的图像；第二行为相应方法的余项 $v = f - u + 140$

中 C_1 和 C_2 是两个正常数。定义 Λ 为波原子系数指标集，那么元素 $\varphi_\mu(x)$ 称为波原子[13]，如果满足：

$$|\hat{\varphi}_\mu(\omega)| \leqslant C_M 2^{-j}(1+2^{-j}|\omega-\omega_\mu|)^{-M} + C_M 2^{-j}(1+2^{-j}|\omega+\omega_\mu|)^{-M} \tag{2-34}$$

和

$$|\varphi_\mu(x)| \leqslant C_M 2^{j}(1+2^{-j}|x-x_\mu|)^{-M}, \quad M>0 \tag{2-35}$$

式中，$\hat{\varphi}$是函数φ的快速傅里叶变换(fast Fourier transform，FFT)。

假设h是一个实值的、无穷光滑的冲激函数，支撑区间为$[-7\pi/6, 5\pi/6]$。当$|\omega| \leqslant \pi/3$时，满足等式$h(\pi/2-\omega)^2 + h(\pi/2+\omega)^2 = 1$和$h(-\pi/2-2\omega) = h(\pi/2+\omega)$。定义$v = \tilde{h}$是函数$h$的逆傅里叶变换，并且假定：

$$\psi_m^0(x) = 2\,\mathrm{Re}(\mathrm{e}^{(\mathrm{i}\pi(m+1/2)x)} v((-1)^m (x-1/2))) \tag{2-36}$$

则有

$$\hat{\psi}_m^0(\omega) = \mathrm{e}^{-\mathrm{i}\omega/2}\left(\mathrm{e}^{\mathrm{i}\alpha_m} h\left(\varepsilon_m\left(\omega-\pi\left(m+1/2\right)\right)\right) + \mathrm{e}^{-\mathrm{i}\alpha_m} h\left(\varepsilon_{m+1}\left(\omega+\pi\left(m+1/2\right)\right)\right)\right) \tag{2-37}$$

式中，$\varepsilon_m = (-1)^m$；$\alpha_m = \dfrac{\pi}{2}\left(m+\dfrac{1}{2}\right)$，并且满足$\sum\limits_m |\hat{\psi}_m^0(\omega)|^2 = 1$。这个构造提供了频域坐标平面的一个一致覆盖。

引入尺度指标j，如果重新将基函数写为$\psi_{m,n}^j(x) = \psi_m^j(x-2^{-j}n) = 2^{j/2}\cdot \psi_m^0(2^j x - n)$，所得的$\{\psi_{m,n}^j(x)\}, j,n \in Z, m = 0,1,\cdots$构成了$L^2(R)$空间中的规范正交基。需要强调的是，这些基函数有一个很好的性质，即空域和频域的一致有界局部化，这是与标准的多分辨分析[14]最大的差异，并且对于波原子的构造起着至关重要的作用，称它们为波包。波包的算法可以直接在频域中离散，变换系数可以由式(2-38)得到：

$$c_{j,m,n} = \int \psi_{m,n}^j(x) u(x)\mathrm{d}x = \frac{1}{2\pi}\int \mathrm{e}^{\mathrm{i}2^{-j}n\omega} \bar{\hat{\psi}}_m^j(\omega)\hat{u}(\omega)\mathrm{d}\omega \tag{2-38}$$

假定函数μ在点$x_k = kh, h = 1/N, k = 1,2,\cdots,N$处，可以精确地离散达到很小的截断误差，则

$$c_{j,m,n} \simeq \frac{1}{2\pi} \sum_{k=2\pi(-N/2+1:1:N/2)} \mathrm{e}^{\mathrm{i}2^{-j}nk} \bar{\hat{\psi}}_m^j(k)\hat{\mu}(k) \tag{2-39}$$

上述算法可以通过以下三步来实现：①对$\mu(x_k)$进行快速傅里叶变换；②对落在区间$[-2^j\pi, 2^j\pi]$中的每个(j,m)求积$\bar{\hat{\psi}}_m^j \hat{\mu}$；③对上一步结果进行逆 FFT。

二维波包可以通过张量积的形式来构造，即

$$\varphi_\mu^+(x_1,x_2) = \psi_{m_1}^k(x_1 - 2^{-j}n_1)\psi_{m_2}^k(x_2 - 2^{-j}n_2) \tag{2-40}$$

$$\varphi_\mu^-(x_1,x_2) = H\psi_{m_1}^k(x_1 - 2^{-j}n_1)H\psi_{m_2}^k(x_2 - 2^{-j}n_2) \tag{2-41}$$

式中，H 是希尔伯特变换；$\varphi_{\mu}^{+}(x_1,x_2)$ 和 $\varphi_{\mu}^{-}(x_1,x_2)$ 是规范正交基。事实上，它们是一对波原子规范正交基，其组合 $\varphi_{\mu}^{(1)}=(\varphi_{\mu}^{+}+\varphi_{\mu}^{-})/2$ 和 $\varphi_{\mu}^{(2)}=(\varphi_{\mu}^{+}-\varphi_{\mu}^{-})/2$ 构成了 2 倍冗余的波原子紧框架，记作 $\varphi_{\mu}(x)$。波原子紧框架满足式(2-34)和式(2-35)。图 2-9 给出了某个尺度下时域与频域中的波原子[13]。

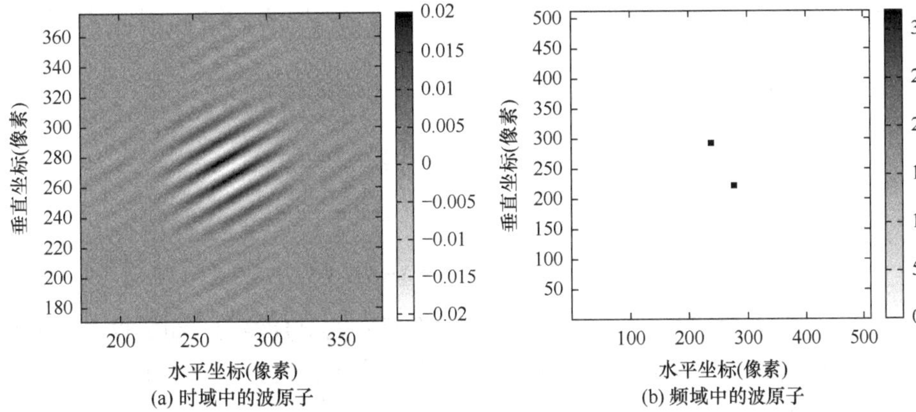

图 2-9　某个尺度下时域与频域中的波原子

波原子的取值大小由右边的图标标识

2. 波原子贝索夫空间 $B_{1,1}^{\alpha}$ 正则模型

本小节给出一个新的依赖于贝索夫光滑参数和尺度的波原子软阈值纹理图像去噪模型[15,16]。与简单的硬阈值和软阈值相比，新模型考虑了波原子的构造，以及对振荡纹理图像的稀疏表示。对于噪声图像来说，其模型通常表示为

$$f_0=g+n \tag{2-42}$$

式中，g 是原始图像；n 是图像中加入的噪声，这里假定是标准偏差为 σ 的高斯白噪声；f_0 是噪声图像。

对于波原子紧框架而言，它本质上是由两组波原子规范正交基得到的，是一种特殊的小波包，也可以简单地将波原子理解为方向小波和 Gabor 原子的插值，因此它继承了小波基的许多特性，如和贝索夫半范的关系。此外，波原子对振荡纹理图像而言，具有很好的稀疏表示。结合以上两点，本小节给出以下基于波原子的变分模型(2-43)：

$$\min_{f^{(i)}}\left\{\left\|f^{(i)}-f_0^{(i)}\right\|_{L^2(\Omega)}+2\lambda\left|f^{(i)}\right|_{B_1^{\alpha}(L^1(\Omega))}\right\} \tag{2-43}$$

式中，$i=1,2$，表示将噪声图像 f_0 对应于正交波包 $\varphi_{\mu}^{(1)}$ 和 $\varphi_{\mu}^{(2)}$ 分解成 $f_0^{(1)}$ 和 $f_0^{(2)}$ 两部分，分别处理得到 $f^{(1)}$ 和 $f^{(2)}$。$\left|f^{(i)}\right|_{B_q^{\alpha}(L^p(\Omega))}$ 表示贝索夫空间 $B_q^{\alpha}(L^p(\Omega))$

$(0<p\leqslant\infty,0<q\leqslant\infty)$的半范数。通常对于贝索夫空间而言，函数的贝索夫半范与其小波系数序列具有一定的等价性[5,6]，对于 $p=q$，有 $|f|_{B_p^\alpha(L^p(\Omega))}\approx\left(\sum_\mu 2^{|\mu|(\alpha-1)}|f_\mu|^p\right)^{1/p}$。

若取$|f|_{B_1^\alpha(L^1(\Omega))}\approx\sum_\mu 2^{|\mu|(\alpha-1)}\left|f_\mu^{(i)}\right|$，其中$|\mu|$是波原子尺度，$f_\mu^{(i)}(i=1,2)$是$f^{(1)}$和$f^{(2)}$所对应的正交波原子系数。于是式(2-43)又可近似表示为

$$\min_{f^{(i)}}\left\{\left\|f_\mu^{(i)}-f_{0\mu}^{(i)}\right\|_{L^2}+2\lambda\sum_\mu 2^{|\mu|(\alpha-1)}\left|f_\mu^{(i)}\right|\right\}\tag{2-44}$$

求解式(2-44)可得两组正交的波原子系数：

$$\left\{f_{0\mu}^{(i)}:|\mu|=0\right\}\cup\left\{S_{2^{|\mu|(\alpha-1)}\lambda}(f_{0\mu}^{(i)}):|\mu|>0\right\},\quad i=1,2\tag{2-45}$$

式中，$S_\lambda(x)$为软阈值算子。将式(2-45)中的两组系数组合得到一组波原子框架系数，记为$f_{0\mu}$。按照波原子框架重构算法可得图像f，这就构成了依赖于尺度的波原子软阈值算法。

例 2-3　波原子贝索夫空间正则化[15]。图 2-10 对指纹图像分别给出波原子硬阈值、波原子软阈值和依赖于光滑参数和尺度的软阈值方法(新方法)结果，其中取噪声量级$\sigma=20$，光滑参数$\alpha=1.5$，阈值参数k为 0～2.0，步长均为 0.1。由图 2-10 可以看出，按照上述k的选取办法，最优的信噪比对应着唯一的k。具体地说，当k为 1.8、0.8 和 0.5 时，波原子硬阈值、波原子软阈值和依赖于光滑参数和尺度的软阈值方法得到的最佳信噪比分别为 11.19dB、11.49dB 和 11.73dB。由实验结果可知，阈值$\lambda<2\sigma$，这也进一步证实了文献[13]的观点，即指纹图像应该属于振荡纹理图像，波原子对其具有稀疏表示。

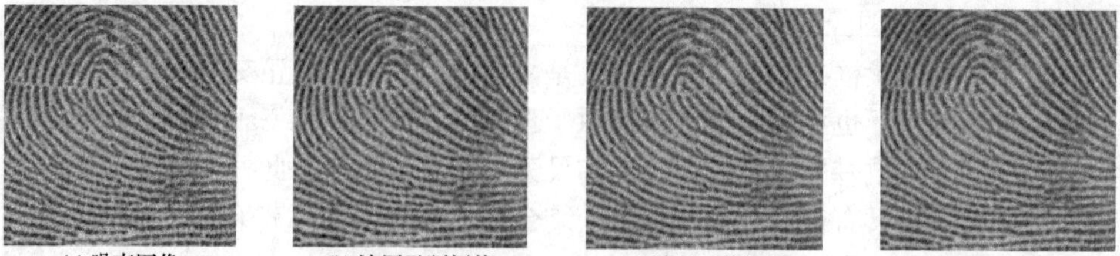

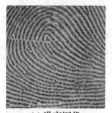

(a) 噪声图像　(b) 波原子硬阈值　(c) 波原子软阈值　(d) 新方法(α=1.5)

图 2-10　带噪的指纹图像和 3 种方法的去噪结果

3. 小波原子迭代正则化与波原子逆尺度空间

如果用$\tilde{f}$、$\tilde{g}$、$\tilde{u}^{(n)}$分别表示观测图像f、原始图像g和恢复图像$\tilde{u}^{(n)}$，则基于离散波原子的迭代正则化公式为

$$\tilde{u}^{(n)} = \arg\min_{\tilde{u}} \left\{ D_J^{p^{(n-1)}}(\tilde{u}, \tilde{u}^{(n-1)}) + \frac{\lambda}{2} \| \tilde{f} - \tilde{u} \|_{L^2}^2 \right\} \tag{2-46}$$

$$\partial J(\tilde{u}^{(n-1)}) = \left\{ \partial F(u_\mu^{(n-1)}) \right\} \tag{2-47}$$

式中，$n \geqslant 1$；$\tilde{u}^{(0)} = 0$；$\tilde{p}^{(0)} = 0$；$J(\tilde{u}) = \sum_\mu F(u_\mu)$；$F(u_\mu) = |u_\mu|$。记$\partial J(\tilde{u}^{(n-1)}) = \left\{ \partial F(u_\mu^{(n-1)}) \right\}$，$p^{(n-1)} = \left\{ p_\mu^{(n-1)} \right\}$，利用布雷格曼距离的定义，有

$$u_\mu^{(n)} = \arg\min_{u_\mu} \left\{ d_F^{p_\mu^{(n-1)}}(u_\mu, u_\mu^{(n-1)}) + \frac{\lambda}{2}(f_\mu - u_\mu)^2 \right\} \tag{2-48}$$

$$p_\mu^{(n)} = p_\mu^{(n-1)} + \lambda(f_\mu - u_\mu^{(n)}) \tag{2-49}$$

式中，$n \geqslant 1$；$u_\mu^{(0)} = 0$；$p_\mu^{(0)} = 0$；

$$d_F^{p_\mu^{(n-1)}}(u_\mu, u_\mu^{(n-1)}) = F(u_\mu) - F(u_\mu^{(n-1)}) - (u_\mu - u_\mu^{(n-1)}) p_\mu^{(n-1)} \tag{2-50}$$

对所有的$\mu \in \Lambda$，记$v_\mu^{(n)} = p_\mu^{(n)} / \lambda$，则$v_\mu^{(0)} = 0$。由式(2-49)和式(2-50)的关系：

$$\partial F(u_\mu) = \begin{cases} \operatorname{sgn}(u_\mu), & u_\mu \neq 0 \\ [-1,1], & u_\mu = 0 \end{cases} \tag{2-51}$$

可以将式(2-48)重新写为

$$u_\mu^{(n)} = \arg\min_{u_\mu} \left\{ F(u_\mu) + \frac{\lambda}{2}(f_\mu + v_\mu^{(n-1)} - u_\mu)^2 - \lambda(f_\mu v_\mu^{(n-1)} + v_\mu^{(n-1)^2}) \right\} \tag{2-52}$$

因为式(2-52)的最后一项和u_μ无关，故可以从公式中去掉，有

$$u_\mu^{(n)} = \arg\min_{u_\mu} \left\{ F(u_\mu) + \frac{\lambda}{2}(f_\mu + v_\mu^{(n-1)} - u_\mu)^2 \right\} \tag{2-53}$$

$$v_\mu^{(n)} = f_\mu + v_\mu^{(n-1)} - u_\mu^{(n)} \tag{2-54}$$

式(2-53)的解，就是式(2-55)软阈值的结果：

$$u_\mu^{(n)} = S_\tau(f_\mu + v_\mu^{(n-1)}) \tag{2-55}$$

式中，$\tau = \dfrac{1}{\lambda} > 0$，软阈值函数$S_\tau(\omega)$定义为

$$S_\tau(\omega) = \begin{cases} 0, & |\omega| \leqslant \tau \\ \omega - \tau \operatorname{sgn}(\omega), & |\omega| > \tau \end{cases} \tag{2-56}$$

式(2-55)可以进一步表述为

$$u_{\mu}^{(n)}=\begin{cases} f_{\mu}, & |f_{\mu}|>\dfrac{1}{(n-1)\lambda} \\ nf_{\mu}-\dfrac{1}{\lambda}\operatorname{sgn}(f_{\mu}), & \dfrac{1}{n\lambda}<|f_{\mu}|\leqslant\dfrac{1}{(n-1)\lambda} \\ 0, & |f_{\mu}|\leqslant\dfrac{1}{n\lambda} \end{cases} \tag{2-57}$$

如果$u_{\mu}^{(n)}\neq 0$，且$p_{\mu}^{(n)}\in\partial F(u_{\mu}^{(n)})$，则：

$$v_{\mu}^{(n)}=\begin{cases} \dfrac{1}{n\lambda}\operatorname{sgn}(f_{\mu}), & |f_{\mu}|>\dfrac{1}{n\lambda} \\ nf_{\mu}, & |f_{\mu}|\leqslant\dfrac{1}{n\lambda} \end{cases} \tag{2-58}$$

$\operatorname{sgn}(v_{\mu}^{(n)})=\operatorname{sgn}(f_{\mu})$，进一步有$p_{\mu}^{(n)}\in\partial F(u_{\mu}^{(n)})$。注意式(2-58)就是参考文献[17]中的收缩函数。

类似于 2.2.1 小节的讨论，停止准则非常重要，因此需要下面命题 2-3 的单调性质。

命题 2-3　序列$H(\tilde{u}^{(n)},\tilde{f})=\|\tilde{f}-\tilde{u}\|_{L^2}^2$单调递增且

$$H(\tilde{u}^{(n)},\tilde{f})\leqslant H(\tilde{u}^{(n-1)},\tilde{f}) \tag{2-59}$$

另外，$D_J^{p^{(n)}}(\tilde{g},\tilde{\mu}^{(n)})\geqslant 0$和

$$D_J^{p^{(n)}}(\tilde{\mu},\tilde{\mu}^{(n)})<D_J^{p^{(n-1)}}(\tilde{\mu},\tilde{\mu}^{(n-1)}) \tag{2-60}$$

在条件$\|f-\mu^{(n)}\|_{L^2}^2>\|f-\mu\|_{L^2}^2=\sigma^2$的情况下成立。

同样地，可以建立波原子逆尺度空间方法。首先，对于$\varepsilon>0$，将$F(u_{\mu})=|u_{\mu}|$近似为$F_{\varepsilon}(u_{\mu})=\sqrt{u_{\mu}^2+\varepsilon}$。后者具有唯一的次梯度：

$$\tilde{p}_{\mu}=\partial F_{\varepsilon}(u_{\mu})=\frac{u_{\mu}}{\sqrt{u_{\mu}^2+\varepsilon}} \tag{2-61}$$

式(2-54)可以近似表达为

$$\frac{\tilde{p}_{\mu}^{(n)}-\tilde{p}_{\mu}^{(n-1)}}{\lambda}=f_{\mu}-u_{\mu}^{(n)},\quad n\geqslant 1 \tag{2-62}$$

$$u_{\mu}^{(0)}=\tilde{p}_{\mu}^{(0)}=0 \tag{2-63}$$

其次，令$\lambda=\Delta t$，$n\Delta t\to t$，则式(2-62)和式(2-63)变为

$$\begin{cases} \dfrac{\mathrm{d}\tilde{p}_\mu}{\mathrm{d}t} = f_\mu - u_\mu \\ u_\mu(0) = 0 \end{cases} \tag{2-64}$$

由于 $\mathrm{d}\tilde{p}_\mu / \mathrm{d}u_\mu = \varepsilon / (u_\mu^2 + \varepsilon)^{3/2}$，最后得到了关于波原子系数 u_μ 的逆尺度空间模型：

$$\begin{cases} \dfrac{\mathrm{d}u_\mu}{\mathrm{d}t} = \dfrac{(u_\mu^2 + \varepsilon)^{3/2}}{\varepsilon}(f_\mu - u_\mu) \\ u_\mu(0) = 0 \end{cases} \tag{2-65}$$

例 2-4　小波原子迭代正则化方法(wavelet atom-iterative regularized method，WA-IRM)[18]。对于数值实验，采用半隐式的有限差分法来近似方程(2-65)：

$$\begin{cases} u_\mu^{(n)} - u_\mu^{(n-1)} = \Delta t \dfrac{\left(\left(u_\mu^{(n-1)}\right)^2 + \varepsilon\right)^{3/2}}{\varepsilon}(f_\mu - u_\mu^{(n)}) \\ u_\mu(0) = 0 \end{cases} \tag{2-66}$$

同样，类似于 WA-IRM 的讨论，方程(2-66)演化到满足 $\left\|f - u^{(n)}\right\|_{L^2}^2 > \left\|f - \mu\right\|_{L^2}^2 = \sigma^2$ 的时刻 $t = \bar{t}$ 时停止。

图 2-11 对指纹图像给出几种不同的去噪结果，包括小波硬阈值(wavelet-hard thresholding，W-H)方法、小波软阈值(wavelet-soft thresholding，W-S)方法、小波原子硬阈值(wavelet atom-hard thresholding，WA-H)方法、小波原子软阈值(wavelet atom-soft thresholding，WA-S)方法、小波迭代正则化方法(W-IRM)、小波逆尺度空间(W-ISS)方法、小波原子迭代正则化方法(WA-IRM)和小波原子逆尺度空间

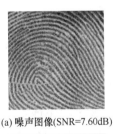

(a) 噪声图像(SNR=7.60dB)　(b) W-H(SNR=10.10dB)　(c) W-S(SNR=11.05dB)

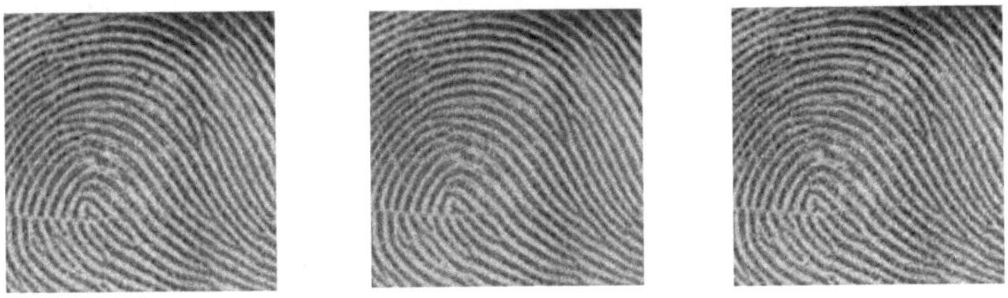

(d) WA-H(SNR=11.89dB)　(e) WA-S(SNR=12.20dB)　(f) W-IRM(SNR=10.58dB)

(g) W-ISS(SNR=11.38dB)　(h) WA-IRM(SNR=12.36dB)　(i) WA-ISS(SNR=12.43dB)

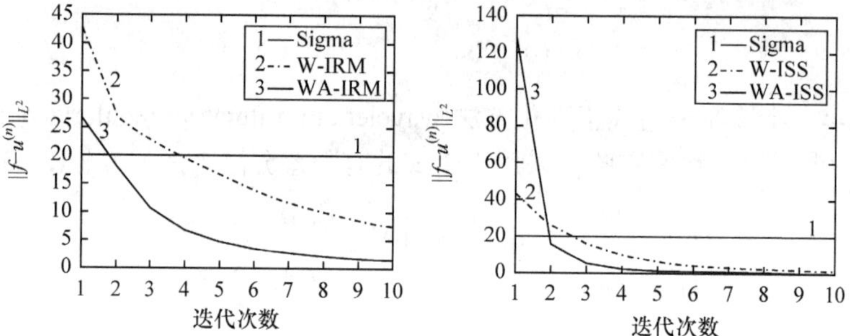

(j) 迭代正则化方法误差随迭代次数的收敛性　(k) 逆尺度空间方法误差随迭代次数的收敛性

图 2-11　指纹图像不同的去噪结果和误差收敛曲线

Sigma 为方程(2-66)演化到满足 $\|f-u^{(n)}\|_{L^2}^2 > \|f-\mu\|_{L^2}^2 = \sigma^2$ 时刻的 σ

(wavelet atom-inverse scale space，WA-ISS)方法。本小节选取正交 db5 小波进行三层分解，并且手动选取阈值参数来优化信噪比。

2.2.3　曲线波与分解空间

1. 曲线波与分解空间简介

2004 年，Candes 等[19]提出了第二代曲线波。第二代曲线波基于频域剖分的思想，完全不同于第一代曲线波[20]的构造。它不但继承了第一代曲线波各向异性抛物尺度关系，对于 C^2 光滑函数类达到了渐进最优逼近阶等优点，而且定义形式简单，参数少，计算复杂度低，冗余度约为 2.8 倍。

方便起见，后面将第二代曲线波简称为曲线波(curvelet)。下面给出曲线波具体的构造和算法。

假设 $V(t)$ 和 $W(r)$ 是光滑的窗函数，支撑区间分别为[−1, 1]和[1/2, 2]，并满足容许条件：

$$\sum_{t\in-\infty}^{\infty} V^2(t-l)=1,\ t\in R,\quad \sum_{j\in-\infty}^{\infty} W^2(2^{-j}r)=1,\ r>0 \tag{2-67}$$

例如，梅耶窗函数就满足条件(2-67)。对于函数 $f\in L^2(R^2)$，其傅里叶变换定义为

$U_j(\xi)$。对于 $j \geqslant 0$，频域窗函数 $U_j(\xi)$ 定义为

$$U_j(\xi)=2^{-3j/4}W_j(\xi)V_j(\theta)=2^{-3j/4}W(2^{-j}|\xi|)V(2^{\lfloor j/2 \rfloor}\theta),\quad \xi \in R^2 \tag{2-68}$$

式中，$(|\xi|,\theta)$ 为 ξ 的极坐标表示。$U_j(\xi)$ 的支撑集由两部分组成，即 $\operatorname{supp}W(2^{-j})=[2^{j-1},2^{j+1}]$ 和 $\operatorname{supp}V(2^{[j/2]})=[-2^{-[j/2]},2^{-[j/2]}]$。

曲线波变换需要 3 个参数：尺度参数 2^{-j}，$j \geqslant 0$；旋转角度参数 $\theta_{j,l}=2\pi l \cdot 2^{-j}$，$0 \leqslant l \leqslant 2^{[j/2]}-1$；位置参数 $x_k^{(j,l)}=R_{\theta_{j,l}}^{-1}(k_1 2^{-j},k_2 2^{-\lfloor j/2 \rfloor})^{\mathrm{T}}$，$(k_1,k_2)\in Z^2$，其中 $R_{\theta_{j,l}}$ 表示旋转角度为 $\theta_{j,l}$ 的旋转矩阵。于是曲线波定义为

$$\varphi_{j,l,k}(x)=\varphi_j\left(R_{\theta_{j,l}}(x-x_k^{(j,l)})\right),\quad x=(x_1,x_2)\in R^2 \tag{2-69}$$

式中，φ_j 的傅里叶变换是 U_j。引入一个实值、非负的低通滤波窗函数 W_0，满足：

$$W_0^2(r)+\sum_{j\geqslant 0}W^2(2^{-j}r)=1 \tag{2-70}$$

从而粗尺度上的曲线波定义为

$$\varphi_{-1,0,k}(x)=\varphi_{-1}(x-k),\quad \hat{\varphi}_{-1}(\xi)=W_0(|\xi|) \tag{2-71}$$

记 $\mu=(j,l,k)$ 为三元指标集，则 φ_μ 就构成了 $L^2(R^2)$ 上的紧框架，对于任意的函数 $f \in L^2(R^2)$，有

$$f=\sum_\mu c_\mu(f)\varphi_\mu \tag{2-72}$$

这里曲线波系数定义为

$$c_\mu(f)=\langle f,\varphi_\mu\rangle=\int_{R^2}\hat{f}(\xi)\overline{\hat{\varphi}_\mu(\xi)}\,\mathrm{d}\xi=\int_{R^2}\hat{f}(\xi)\overline{U_j(R_{\theta_{j,l}}\xi)e^{i\langle x_k^{(j,l)},\xi\rangle}}\,\mathrm{d}\xi \tag{2-73}$$

文献[21]～[23]提出了关于贝索夫空间光滑性约束的变分正则模型：

$$\arg\min_u\left\{\Phi(u)=\|f-u\|_{L^2(\Omega)}^2+2\lambda|u|_{B_{p,p}^\alpha(\Omega)}^p\right\} \tag{2-74}$$

式中，$|u|_{B_{p,p}^\alpha(\Omega)}^p$ 是贝索夫空间 $B_{p,p}^\alpha$ 上的半范；$\alpha>0$；$0<p\leqslant\infty$。利用式(2-75)的等价关系[6,24,25]：

$$|u|_{B_{p,p}^\alpha}^p \asymp \sum_{\lambda\in\Lambda}2^{j\sigma p}|\langle u,\psi_\lambda\rangle|^p \tag{2-75}$$

模型(2-74)的解等价于小波阈值，式中，$\sigma=\alpha+2\left(\dfrac{1}{2}-\dfrac{1}{p}\right)\geqslant 0$；$\Lambda=\{\lambda=(i,j,k),k\in J_j,j\in Z,\ i=1,2,3\}$，$J_j$ 是第 j 层小波尺度；$|\lambda|=j$；$\langle u,\psi_\lambda\rangle$ 是第 λ 个小波系数。

对于二维图像而言，小波不能很好地刻画线的奇异性[22-24]。曲线波[19,25]能够渐进最优地稀疏表示具有 C^2 边界奇异的 C^2 光滑函数类，而且具有针状的曲线波原子满足各向异性的抛物尺度关系和高度的方向敏感性。将曲线波用于图像去噪方面已有一些工作[26,27]，有关其详细介绍和更多应用可见综述性文章[28]。

文献[29]指出，曲线波与曲线波形分解空间的框架非常相似。在一个可量化的基础上比较两种框架表明，二者所设计的稀疏空间是相同的，都可以通过特殊的光滑分解空间来描述。因此，当函数具有稀疏的曲线波展开，一定也具有相同的稀疏的曲线波形分解框架展开，反之亦然。

此外，曲线波形分解空间 $G_{p,q}^{\alpha}(0<p\leqslant\infty,0<q<\infty)$ 和贝索夫空间 $B_{p,q}^{\alpha}(0<p\leqslant\infty,0<q\leqslant\infty)$ 满足式(2-76)的嵌入关系[1]：

$$B_{p,q}^{\alpha+\beta}(R^2)\to G_{p,q}^{\alpha}(R^2),\ \ G_{p,q}^{\alpha}(R^2)\to B_{p,q}^{\alpha-\beta'}(R^2) \tag{2-76}$$

式中，$\alpha\in R$；$\beta=K/q$，$K=\dfrac{1}{2}$；$\beta'=K\left(\max(1,1/p)-\min(1,1/q)\right)$。

2. 曲线波分解空间 $G_{p,q}^{\alpha}$ 正则化

将图像放在什么样的函数空间来描述始终是图像处理研究的难点。研究者认为，在曲线波形分解空间中利用曲线波来刻画自然图像的结构比在贝索夫空间里用小波刻画更为有效。因此，作为模型(2-74)的扩展，约束图像属于曲线波形分解空间，可以得到新的变分正则模型：

$$\arg\min_{u}\left\{\varPhi(u)=\|f-u\|_{L^2}^2+2\lambda|u|_{G_{p,p}^{\alpha}}^{p}\right\} \tag{2-77}$$

式中，$|u|_{G_{p,p}^{\alpha}}$ 是曲线波形分解空间中的半范；$\lambda>0$，是正则化参数。

文献[29]给出了曲线波形分解空间的半范和加权的曲线波系数之间的等价关系，即

$$|u|_{G_{p,p}^{\alpha}}^{p}\asymp\sum_{\mu=(j,l,k)}2^{jp\left(\alpha+\frac{3}{2}\left(\frac{1}{2}-\frac{1}{p}\right)\right)}\left|u_{\mu}\right|^{p},\ \ 0<p<\infty \tag{2-78}$$

式中，$u_{\mu}=\left\langle u,\varphi_{\mu}\right\rangle$，表示曲线波系数；$\asymp$ 表示等价关系。

由 $L^2=G_{2,2}^{0}$ 和等价关系(式(2-78))，可以得到模型(2-77)中泛函的离散表达式：

$$\varPhi(u)\asymp\sum_{\mu=(j,l,k)}\varPhi\left(u_{\mu}\right)=\sum_{\mu=(j,l,k)}\left(\left|f_{\mu}-u_{\mu}\right|^{2}+2\lambda 2^{jp\left(\alpha+\frac{3}{2}\left(\frac{1}{2}-\frac{1}{p}\right)\right)}\left|u_{\mu}\right|^{p}\right) \tag{2-79}$$

类似于文献[22]和[23]的讨论，$\varPhi\left(u_{\mu}\right)$ 具有下面的性质。

命题 2-4　令 $\lambda_\mu = \lambda 2^{jp\left(\alpha+\frac{3}{2}\left(\frac{1}{2}-\frac{1}{p}\right)\right)}$，极小化泛函 $\Phi(u_\mu)$ 的解 $\tilde{u}_\mu$ 如下：

(1) 若 $1 < p < \infty$，则 $\tilde{u}_\mu$ 是单调递增映射的逆，$u_\mu \to f_\mu + \lambda_\mu p \cdot \mathrm{sgn}(f_\mu)|f_\mu|^{p-1}$；

(2) 若 $p = 1$，则 $\tilde{u}_\mu = S_{\lambda_\mu}(f_\mu)$，$S(\cdot)$ 是软阈值函数；

(3) 若 $0 < p < 1$，令 $\lambda_{\text{eff}} = \dfrac{2-p}{2-2p}\left(2\lambda_\mu(1-p)\right)^{\frac{1}{2-p}}$，则

$$\tilde{u}_\mu = \begin{cases} 0, & |f_\mu| \leqslant \lambda_{\text{eff}} \\ y, & |f_\mu| > \lambda_{\text{eff}} \end{cases} \tag{2-80}$$

式中，y 是 $f_\mu \to f_\mu + \lambda p \cdot \mathrm{sgn}(f_\mu)|f_\mu|^{p-1}$ 逆映射最大绝对值所对应的值。

3. 曲线波迭代正则化和逆尺度空间方法

曲线波形分解空间 $G_{p,q}^{\alpha}(R^2)$ 和贝索夫空间 $B_{p,q}^{\alpha}(R^2)(\alpha > 0, 0 < p \leqslant \infty, 0 < q < \infty)$ 满足一定的嵌入关系(式(2-76))。考虑特殊情形 $p = q = 1$，$\alpha = 1$，则 $G_{1,1}^{1}(R^2) \to B_{1,1}^{1}(R^2) \to G_{1,1}^{1/2}(R^2)$。可见图像在空间 $G_{1,1}^{1/2}(R^2)$ 中应该比在空间 $B_{1,1}^{1}(R^2)$ 中具有更小的范数。因此，对应于小波模型，可以得到式(2-81)的曲线波变分正则模型：

$$u = \arg\min_{u}\left\{|u|_{G_{1,1}^{1/2}} + \frac{\lambda}{2}H(f,u)\right\} \tag{2-81}$$

利用曲线波系数和分解空间半范的等价性(式(2-78))，式(2-81)在曲线波域表示为

$$\tilde{u} = \arg\min_{u_\mu, \mu\in\Lambda}\left\{\sum_{\mu=(j,l,k)} 2^{-j/4}|u_\mu| + \frac{\lambda}{2}\sum_{\mu=(j,l,k)}(f_\mu - u_\mu)^2\right\} \tag{2-82}$$

式中，$u_\mu = \langle u, \varphi_\mu \rangle$，表示曲线波系数；$\Lambda$ 表示全体曲线波系数指标集。

迭代正则化的基本思想[11,30]是将原始的 ROF 模型或小波软阈值得到的解(记作 $u^{(1)}$)作为初始值，从而得到 $u^{(2)}$，依次类推得到 $u^{(n)}$。通过引入广义布雷格曼距离，提出新的曲线波迭代正则化方法(curvelet-iterative regularization method，C-IRM)变分模型：

$$u^{(n)} = \arg\min_{u}\left\{D_J^{p^{(n-1)}}(u, u^{(n-1)}) + \frac{\lambda}{2}\|f-u\|_2^2\right\} \tag{2-83}$$

$$p^{(n)} = p^{(n-1)} + \lambda(f - u^{(n)}) \tag{2-84}$$

式中，$n \geqslant 1$；$u^{(0)}=0$；$p^{(0)}=0$；$D_J^p(u,v)$ 是广义的布雷格曼距离[31]，定义为 $D_J^p(u,v)=J(u)-J(v)-\langle u-v,p\rangle$；$p\in\partial J(v)$ 是泛函 J 在 v 处的次梯度。

令 $v^{(n)}=p^{(n)}/\lambda$，则有 $v^{(0)}=0$。根据布雷格曼距离的定义，通过化简并去掉常数项，模型(2-83)等价于：

$$u^{(n)}=\arg\min_u\left\{J(u)+\frac{\lambda}{2}\left\|f+v^{(n-1)}-u\right\|_2^2\right\} \tag{2-85}$$

类似于式(2-85)，利用曲线波系数的可分性，可得

$$u_\mu^{(n)}=\arg\min_{u_\mu}\left\{2^{-j/4}\left|u_\mu\right|+\frac{\lambda}{2}\left(f_\mu+v_\mu^{(n-1)}-u_\mu\right)^2\right\} \tag{2-86}$$

$$v_\mu^{(n)}=f_\mu+v_\mu^{(n-1)}-u_\mu^{(n)} \tag{2-87}$$

利用变分理论[32]，组合式(2-86)和式(2-87)的解，可得

$$u_\mu^{(n)}=\begin{cases} f_\mu, & \left|f_\mu\right|\geqslant\dfrac{1}{(n-1)2^{j/4}\lambda} \\ nf_\mu-\dfrac{1}{2^{j/4}\lambda}\operatorname{sgn}(f_\mu), & \dfrac{1}{n2^{j/4}\lambda}<\left|f_\mu\right|<\dfrac{1}{(n-1)2^{j/4}\lambda} \\ 0, & \left|f_\mu\right|\leqslant\dfrac{1}{n2^{j/4}\lambda} \end{cases} \tag{2-88}$$

并且，当 $u_\mu^{(n)}\neq 0$ 时，有 $\operatorname{sgn}(u_\mu^{(n)})=\operatorname{sgn}(f_\mu)$。相应地，

$$v_\mu^{(n)}=\begin{cases} \dfrac{1}{n2^{j/4}\lambda}\operatorname{sgn}(f_\mu), & \left|f_\mu\right|>\dfrac{1}{n2^{j/4}\lambda} \\ nf_\mu, & \left|f_\mu\right|\leqslant\dfrac{1}{n2^{j/4}\lambda} \end{cases} \tag{2-89}$$

且 $\operatorname{sgn}(v_\mu^{(n)})=\operatorname{sgn}(f_\mu)$。

迭代正则化方法成功的一个重要因素在于确定恰当的迭代停止准则，因此需要下面的单调性质。

命题 2-5 记 $\tilde{f}$ 和 $\tilde{u}$ 分别表示噪声图像 f 和原始图像 u 的曲线波系数，假定 $\tilde{u}^{(n)}$ 由式(2-86)和式(2-88)得到，那么有 $H(\tilde{u}^{(n)},\tilde{f})=\left\|\tilde{f}-\tilde{u}^{(n)}\right\|_2^2$ 单调递减，并且满足：

$$H(\tilde{u}^{(n)},\tilde{f})\leqslant H(\tilde{u}^{(n-1)},\tilde{f}) \tag{2-90}$$

进一步，$D_J^{p^{(n)}}(\tilde{u},\tilde{u}^{(n)})\geqslant 0$，且有

$$D_J^{p^{(n)}}(\tilde{u},\tilde{u}^{(n)}) < D_J^{p^{(n-1)}}(\tilde{u},\tilde{u}^{(n-1)}) \tag{2-91}$$

在条件$\left\|\bar{f}-\tilde{u}^{(n)}\right\|_2^2 > \|f-u\|_2^2=\sigma^2$下成立。

下面，引入曲线波时间连续的逆尺度空间(curvelet-inverse scale space，C-ISS)方法。首先，将$F\left(u_\mu\right)=2^{-j/4}\left|u_\mu\right|$近似为$F_\varepsilon(u_\mu)=2^{-j/4}\sqrt{u_\mu^2+\varepsilon}$ (ε为任意小的正数)，则有

$$\tilde{p}_\mu=\partial F_\varepsilon(u_\mu)=\frac{2^{-j/4}u_\mu}{\sqrt{u_\mu^2+\varepsilon}} \tag{2-92}$$

对于所有μ，式(2-84)可重新写为

$$\frac{\tilde{p}_\mu^{(n)}-\tilde{p}_\mu^{(n-1)}}{\lambda}=f_\mu-u_\mu^{(n)},\quad n\geqslant 1 \tag{2-93}$$

$$u_\mu^{(0)}=\tilde{p}_\mu^{(0)}=0 \tag{2-94}$$

其次，令$\lambda=\Delta t$，$n\Delta t\to t$，则式(2-93)和式(2-94)变为

$$\begin{cases}\dfrac{\mathrm{d}\tilde{p}_\mu}{\mathrm{d}t}=f_\mu-u_\mu\\ u_\mu(0)=0\end{cases} \tag{2-95}$$

最后，由于$\mathrm{d}\tilde{p}_\mu/\mathrm{d}u_\mu=2^{-j/4}\varepsilon/(u_\mu^2+\varepsilon)^{3/2}$，从而对于每个曲线波系数$u_\mu$，可得曲线波的逆尺度空间：

$$\begin{cases}\dfrac{\mathrm{d}u_\mu}{\mathrm{d}t}=\dfrac{(u_\mu^2+\varepsilon)^{3/2}}{\varepsilon}(f_\mu-u_\mu)\\ u_\mu(0)=C(Tf)\end{cases} \tag{2-96}$$

式中，Tf表示初始噪声图像f的预处理结果；C表示曲线波分解变换。例如，T可以取小波阈值或曲线波阈值，甚至是仅保留小波系数的低频部分。

例 2-5　曲线波迭代正则化和逆尺度空间[33,34]。

对于 C-ISS 方法，图像的能量主要集中在少数系数上。换句话说，曲线波系数太大，几乎无法从初始条件$u_\mu(0)=0$恢复。另外，对于一些小尺度边界和纹理信息，小波阈值方法比曲线波方法好。因此，本小节选取小波硬阈值作前处理，以便联合小波和曲线波的优势。

考虑到迭代程序的稳定性，采用半隐式离散格式来近似方程(2-96)，即

$$\begin{cases}u_\mu^{(n)}-u_\mu^{(n-1)}=\Delta t\left(\dfrac{\left((u_\mu^{(n-1)})^2+\varepsilon\right)^{3/2}}{\varepsilon}(f_\mu-u_\mu^{(n)})\right)\\ u_\mu(0)=C(Tf)\end{cases} \tag{2-97}$$

图 2-12 为 MRI 图像去噪效果图，图 2-13 旨在检验图 2-12 所使用的停止准则。可以看到 $\left\| f-u^{(n)} \right\|_2$ 随着迭代次数 n 的增加而逐渐递减。最优的迭代次数分别为 W-IRM($\bar{n}=2$ 次)，C-IRM($\bar{n}=4$ 次)，W-ISS($\bar{n}=4$ 次)，C-ISS($\bar{n}=2$ 次)。如果继续迭代下去，MRI 图像将逐渐接近噪声图像。

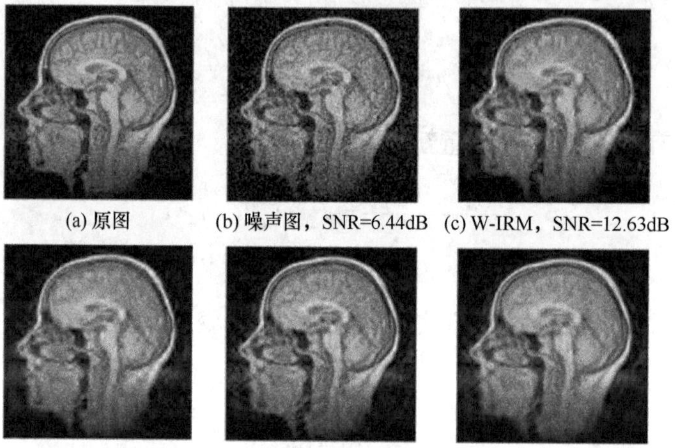

(a) 原图　(b) 噪声图，SNR=6.44dB　(c) W-IRM，SNR=12.63dB

(d) W-ISS，SNR=13.11dB　(e) C-IRM，SNR=14.35dB　(f) C-ISS，SNR=13.99dB

图 2-12　MRI 图像去噪效果图

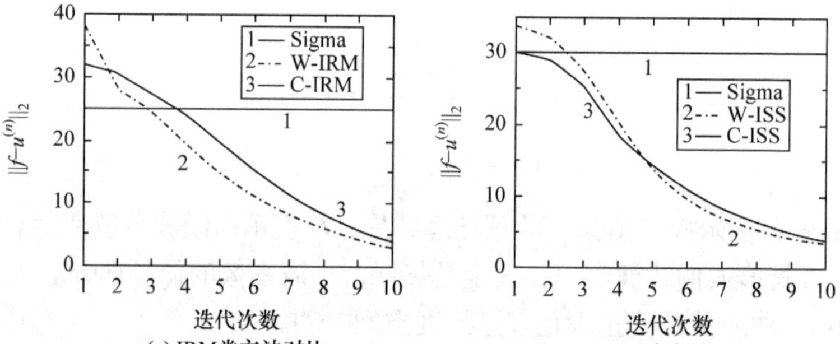

(a) IRM类方法对比　(b) ISS类方法对比

图 2-13　误差随迭代次数的变化曲线图

2.2.4　剪切波与分解空间

构造剪切波(shearlet)可以利用仿射系统理论把几何分析和多尺度分析结合起来。当维数 $n=2$ 时，具有合成膨胀的仿射系统为

$$S_{AB}(\psi)=\left\{\psi_{j,l,k}(x)=\left|\det A\right|^{j/2}\psi\left(B^l A^j - k\right): j,l\in Z, k\in Z^2\right\} \tag{2-98}$$

式中，$\psi\in L^2\left(R^2\right)$；$A$ 和 B 是 2×2 可逆矩阵；$\left|\det B\right|=1$。如果 $S_{AB}(\psi)$ 具有紧框架，则 $S_{AB}(\psi)$ 的元素成为合成小波。其中，A^j 与尺度相关联，B^l 与保持面积不变的几

何相关联。当 $A = A_0 = \begin{pmatrix} 4 & 0 \\ 0 & 2 \end{pmatrix}, B = B_0 = \begin{pmatrix} 1 & 1 \\ 0 & 1 \end{pmatrix}$ 时，系统(2-98)的形式就是剪切波[31]。

离散剪切波变换的基本过程：首先把 $f_a^{j-1}[n_1,n_2]$ 分解为一个低通滤波后的图像 $f_a^j[n_1,n_2]$ 和一个高通滤波后的图像 $f_d^j[n_1,n_2]$，低通滤波后的图像大小为 $f_a^{j-1}[n_1,n_2]$ 的 $1/4$；其次对高通滤波后的图像 $f_d^j[n_1,n_2]$ 进行多尺度剖分；再次实现方向局部化，在伪极向格上计算 $f_d^j[n_1,n_2]$ 的离散傅里叶变换(DFT)；最后对信号的分量应用一维带通滤波[8]。众所周知，贝索夫空间 $B_{1,1}^1$ 是 BV 空间的子空间，文献[34]用 $B_{1,1}^1$ 代替 BV，得到了小波域的图像放大模型：

$$\min_{u\in X}\frac{1}{2\lambda}\| Au-g\|_{L^2}^2+|u|_{B_{1,1}^1} \tag{2-99}$$

Labate 等[35]指出：剪切波框架可以通过特殊的光滑分解空间 $S_{p,q}^{\beta}$ 来描述。分解空间 $S_{p,q}^{\beta}$ 的详细定义请参见文献[35]，本小节只需要 $S_{p,q}^{\beta}$ 空间半范和剪切波系数范数之间的等价关系。如果剪切波 $\psi(\cdot)\in S_{p,q}^{\beta}$，有

$$\| f\|_{S_{p,q}^{\beta}}\approx\left(\sum_{j,l,d}2^{jq\left(\beta+\frac{3}{2}\left(\frac{1}{2}-\frac{1}{p}\right)\right)}\left(\sum_{k\in Z^2}\left|<f,\psi_{j,l,k}^{(d)}>\right|^p\right)^{q/p}\right)^{1/q} \tag{2-100}$$

此外 $0<p\leqslant\infty$，$0<q<\infty$，$\beta\in R$ 时，剪切波分解空间 $S_{p,q}^{\alpha}$ 与贝索夫空间满足下面的嵌入关系：

$$\begin{cases} B_{p,q}^{\beta+\frac{1}{2q}}(R^2)\subset S_{p,q}^{\beta}(R^2) \\ S_{p,q}^{\beta-s}(R^2)\subset B_{p,q}^{\beta}(R^2) \end{cases}$$

$$s=\frac{1}{2}(\max(1,1/p)-\min(1,1/q))$$

有嵌入关系：$B_{1,1}^1\subset S_{1,1}^{1/2}$，用剪切波分解空间 $S_{1,1}^{1/2}$ 代替模型(2-99)中的 $B_{1,1}^1$，有下面推广的模型(2-101)：

$$\min_{u\in X}\frac{1}{2\lambda}\| Au-g\|_{L^2}^2+|u|_{S_{1,1}^{1/2}} \tag{2-101}$$

例 2-6　基于剪切波的变分图像放大。

假设讨论的图像是 $M\times N$ 的二维矩阵，X 表示空间 $C^{M\times N}$，Z 表示 X 的一个子空间，$g\in Z$，表示一幅粗糙的图像。例如，当放大倍数为 2 时，

$$\{g\in X\,|\,g_{2k,2l}=g_{2k-1,2l}=g_{2k,2l-1}=g_{2k-1,2l-1},k\leqslant M/2,l\leqslant N/2\}$$

Chambolle 图像放大模型[36]为

$$\min_{u\in X}\left\|Au-g\right\|^2+2\lambda\cdot \mathrm{TV}(u) \tag{2-102}$$

式中，u 是放大后的图像；A 是在空间 Z 上的正交投影算子。显然有 $Ag=g$ 且

$$\left\|Au-g\right\|=\left\|A(u-g)\right\|=\min_{w\in Z^{\perp}}\left\|u-g-w\right\| \tag{2-103}$$

因此，Chambolle 图像放大模型变为

$$\min_{u\in X,w\in Z^{\perp}}\left\|u-(g+w)\right\|^2+2\lambda\cdot \mathrm{TV}(u) \tag{2-104}$$

通过交替求解关于 w 和 u 的能量极小化，Chambolle 给出了求解模型(2-104)的一种迭代算法。虽然该算法能得到比较好的图像放大效果，但是由于此算法迭代计算量大，最后处理结果有阶梯块效应，不能保持更多的细节信息。为了克服这些缺点，提出了基于变分剪切波的图像放大模型。利用有界变差空间和剪切波分解空间的关系，特别是剪切波分解空间的半范与加权剪切波系数之间的等价关系，将 TV 正则化约束改为剪切波分解空间的半范正则，该问题等价于最小化泛函(2-105)：

$$\min_{u\in X,w\in Z^{\perp}}\frac{1}{2\lambda}\|u-(g+w)\|_{L^2}^2+|u|_{S_{1,1}^{1/2}} \tag{2-105}$$

根据等价关系(2-100)，有

$$\begin{cases}\|u-(g+w)\|_{L^2}^2\approx\left|u_\gamma-(g_\gamma+w_\gamma)\right|^2\\ |u|_{S_{1,1}^{1/2}}\approx 2^{-j/4}\left|u_\gamma\right|\end{cases}$$

式中，u_γ、g_γ、w_γ 表示 u、g、w 的剪切波系数，从而得到剪切波域的等价变分序列：

$$\min_{u_\gamma w_\gamma}\sum_{\lambda\in\Lambda}\frac{1}{2\lambda}|u_\gamma-(g_\gamma+w_\gamma)|^2+2^{-j/4}\sum_{\gamma\in\Lambda}\left|u_\gamma\right| \tag{2-106}$$

式中，Λ 表示全体的剪切波系数指标集。

交替求解泛函(2-106)的两个变量，相当于求解下面两个耦合问题。

假设 w_γ 固定，求泛函(2-106)关于 u_γ 的最小解相当于求解式(2-107)：

$$u_\gamma=\arg\min_{u_\gamma}\frac{1}{2\lambda}\left|u_\gamma-(g_\gamma+w_\gamma)\right|^2+2^{-j/4}\left|u_\gamma\right|,\quad \forall\gamma\in\Lambda \tag{2-107}$$

式(2-107)的解为

$$u_\gamma=T_{2^{-j/4}\lambda}(g_\gamma+w_\gamma) \tag{2-108}$$

式中，$T_{1/\lambda}(\beta)=\mathrm{sgn}(\beta)(|\beta|-1/\lambda)$，为软阈值算子。

假设 u_γ 固定，求泛函(2-106)关于 w_γ 的最小解相当于求解式(2-109)：

$$w_\gamma = \arg\min_{w_\gamma \in Z_\gamma} \frac{1}{2\lambda} \left| u_\gamma - (g_\gamma + w_\gamma) \right|^2, \quad \forall \gamma \in \Lambda \tag{2-109}$$

式(2-109)的解为 $w_\gamma = T_L(u_\gamma - g_\gamma)$，其中 T_L 表示把函数的剪切波系数的低频部分阈值置为零。图 2-14 给出了辣椒噪声图像放大 2 倍的结果比较。和 2.2.1 小节、2.2.2 小节类似，也可以进一步建立基于剪切波的迭代正则化和逆尺度空间。

(a) 原图(128像素×128像素)

(b) 文献[35]
(PSNR=22.793dB, RMSE=18.4)

(c) Chambolle图像放大模型[36]
(PSNR=22.743dB, RMSE=18.595)

(d) 新算法
(PSNR=23.763dB, RMSE=16.345)

图 2-14 辣椒噪声图像放大 2 倍的结果比较

参考文献

[1] OSHER S, BURGER M, GOLDFARB D, et al. An iterative regularization method for total variation-based image restoration[J]. SIAM Journal on Multiscale Modeling and Simulation, 2005, 4(2): 460-489.

[2] BURGER M, OSHER S, XU J, et al.Nonlinear inverse scale space methods for image restoration[J]. Lecture Notes in Computer Science, 2005, 3752: 25-36.

[3] BURGER M, OSHER S, XU J, et al.Nonlinear inverse scale space methods[J]. Communications in Mathematical Sciences, 2006, 4(1):175-208.

[4] SCHERZER O, GROETSCH C. Inverse scale space theory for inverse problems[J]. Scale-Space and Morphology in Computer Vision, 2001:317-325.

[5] YVES M.Wavelets and Operators[M]. London: Cambridge University Press, 1992.

[6] LORENZ D A. Wavelet shrinkage in signal and image processing-an investigation of relations and equivalences [D]. Germany: Universität Bremen, 2005.

[7] DAUBECHIES I, DEFRISE M, DEMOL C. An iterative thresholding algorithm for linear inverse problems with a sparsity constraint[J]. Communications on Pure and Applied Mathematics, 2004, 57(11):1413-1457.

[8] DAUBECHIES I, TESCHKE G, VESE L. Iteratively solving linear inverse problems under general convex constraints[J].

Inverse Problem and Imaging, 2007, 1(1):29-46.

[9] PATRICK L, VALÉRIE R. Signal recovery by proximal forward-backward splitting[J]. SIAM Journal on Multiscale Modeling and Simulation, 2005, 4(4):1168-1200.

[10] XU J, OSHER S. Iterative regularization and nonlinear inverse scale space applied to wavelet based denoising[J]. IEEE Transactions on Image Processing, 2007, 16(2): 534-544.

[11] LI M, HAO B, FENG X. Iterative regularization and nonlinear inverse scale space based on translation invariant wavelet shrinkage[J]. International Journal of Wavelets, Multiresolution and Information Processing, 2008, 6(1): 83-95.

[12] HAO B, LI M, FENG X C.Wavelet iterative regularization for image restoration with varying scale parameter[J]. Signal Processing: Image Communication, 2008, 23(6):433-441.

[13] DEMANET L, YING L X. Wave atoms and sparsity of oscillatory patterns[J]. Applied and Computational Harmonic Analysis, 2007, 23(3):368-387.

[14] 冯象初, 王卫卫. 小波与稀疏逼近理论[M]. 西安: 西安电子科技大学出版社, 2019.

[15] 刘国军, 冯象初, 张选德. 波原子纹理图像阈值算法[J]. 电子与信息学报, 2009, 31(8): 1791-1795.

[16] LIU G J, FENG X C, BAI J. Variational image decomposition model using wave atoms[J]. Current Development in Theory and Applications of Wavelets, 2008, 2(3): 277-291.

[17] GAO H Y, BRUCE A G. Wave shrink with firm shrinkage[J]. Statistical Sinica, 1997, 7(4): 855-874.

[18] FENG X C, LIU G J, WANG W W. Iterative regularization and inverse scale space methods with wave atoms[J]. Applicable Analysis, 2011, 90(8): 1215-1225.

[19] CANDES E J, DONOHO D L. New tight frames of curvelets and optimal representations of objects with C2 singularities[J]. Communications on Pure and Applied Mathematics, 2004, 57(2): 219-266.

[20] CANDES E J, DONOHO D L. Curvelets-A Surprising Effective Non-adaptive Representation for Objects with Edges[M]. Nashville: Vanderbilt University Press, 2000.

[21] CHAMBOLLE A, LUCIER B J. Interpreting translation-invariant wavelet shrinkage as a new image smoothing scale space[J]. IEEE Transactions on Image Processing, 2001, 10(7): 993-1000.

[22] CHAMBOLLE A, DE VORE R A, LEE N Y, et al. Nonlinear wavelet image processing: Variational problems, compression, and noise removal through wavelet shrinkage[J]. IEEE Transactions on Image Processing, 1998, 7(3): 319-335.

[23] DAUBECHIES I, TESCHKE G. Variational image restoration by means of wavelets: Simultaneous decomposition, deblurring, and denoising[J]. Applied and Computational Harmonic Analysis, 2005, 19(1):1-16.

[24] SHIH M, TSENG D. A wavelet-based multiresolution edge detection and tracking[J]. Image and Vision Computing, 2005, 23(4): 441-451.

[25] CANDES E J, DEMANET L, DONOHO D L, et al. Fast discrete curvelet transforms[J]. SIAM Journal of Multiscale Modeling and Simulation,2006, 5(3):861-899.

[26] MA J W, PLONKA G. Combined curvelet shrinkage and nonlinear anisotropic diffusion[J]. IEEE Transactions on Image Processing, 2007, 16(9): 2198-2206.

[27] PLONKA G, MA J W. Nonlinear regularized reaction-diffusion filters for denoising of images with textures[J]. IEEE Transactions on Image Processing, 2008, 17(8): 1283-1294.

[28] KINGSBURY N. Complex wavelets for shift invariant analysis and filtering of signals[J]. Applied and Computational Harmonic Analysis, 2001, 10(3): 234-253.

[29] BORUP L, NIELSEN M. Frame decomposition of decomposition spaces[J]. Journal of Fourier Analysis and

Applications, 2007, 13(1): 39-70.

[30] EASLEY G, LABATE D, LIM W Q. Sparse directional image representations using the discrete shearlet transform[J]. Applied and Computational Harmonic Analysis, 2008, 25:25-46.

[31] ROCKAFELLAR R T, WETS J B R. Variational Analysis[M]. Berlin: Springer, 1998.

[32] 冯象初, 姜东焕, 徐光宝. 基于变分和小波变换的图像放大[J]. 计算机学报, 2008, 31(2): 340-345.

[33] LIU G J，FENG X C. Curvelet-based iterative regularization and inverse scale space methods[J]. Chinese Journal of Electronics,2010, 19(3): 548-552.

[34] 刘国军, 冯象初, 郝彬彬. 二代曲线波图像恢复模型及其算法[J]. 西安电子科技大学学报, 2009, 36(6): 1092-1097.

[35] LABATE D, MANTOVANI L, NEGI P S. Shearlet smoothness spaces[J]. Journal of Fourier Analysis and Applications, 2013, 19: 577-611.

[36] CHAMBOLLE A. An algorithm for total variation minimization and applications[J]. Journal of Mathematical Imaging and Vision, 2004, 20: 89-97.

第3章 稀疏表示与低秩表示

本章主要介绍稀疏表示和低秩表示的基本理论和目前比较典型的算法，以及其在图像处理中的应用。考虑n维空间中的一个向量$x \in R^n$，稀疏表示理论假定向量x可以通过一组合适的字典$D \in R^{n \times d}$进行线性表示，即$x = D\alpha$，并且表示系数α是稀疏的(α中只有少数非零元素)。稀疏表示理论为反问题求解提供了一种有效的正则化方法，被广泛应用到图像/信号处理领域的多个应用中，如图像去噪复原问题[1,2]、压缩感知[3,4]等。如何刻画表示系数α的稀疏性，以及给定向量x如何求得上述稀疏表示是本章主要讨论的内容。

3.1 稀疏表示

考虑如下线性方程求解问题：

$$x = D\alpha \tag{3-1}$$

式中，$D \in R^{n \times d} (n < d)$，并且是满秩的；$x \in R^n$。方程(3-1)是一个非退化方程且存在无穷多解。稀疏表示旨在从方程(3-1)的解空间中寻找一个最稀疏(非零元素个数最少)的解。n维空间中，向量x的非零元素个数通常可以用向量的l_0范数来刻画，其中l_0范数定义为$\|x\|_0 := \#\{i : x_i \neq 0\}$。基于$l_0$范数的稀疏表示问题通过如下优化问题来表达：

$$\min_{\alpha} \|\alpha\|_0 \quad \text{s.t.} \ D\alpha = x \tag{3-2}$$

式(3-2)给出的稀疏表示模型比较直观且易于理解，由于l_0范数非凸甚至是不连续的，同时式(3-2)是一个组合优化问题，因此一般的凸分析理论和优化算法很难对其进行有效求解。针对式(3-2)，需要关注两个最基本的问题：

(1) 式(3-2)的解是否唯一，如唯一，其唯一性条件是什么？

(2) 如果得到一个解，是否可以验证该解为式(3-2)的全局极小解？

本节主要针对上述两个问题展开讨论。在讨论一般模型之前，为了便于理解，首先考虑D为简单情形的例子，进一步将其推广到一般情形。

3.1.1 l_0稀疏理论与算法

首先考虑式(3-2)中D由两个正交矩阵组成的情况$D = [\Psi, \Phi]$，如D由单位矩阵和傅里叶矩阵组成 $D=[I,F]$。在这种情况下，显然线性方程 $D\alpha=x$ 是非退化的，存在无穷多个解。感兴趣的是该方程是否存在唯一的稀疏解？对于一个非零向量 x，给定两个正交矩阵 Ψ 和 Φ，那么 x 可以由 Ψ 和 Φ 线性表示：

$$x=\Psi\beta=\Phi\gamma \tag{3-3}$$

并且 β 和 γ 是唯一的。例如，当 Ψ 是单位矩阵且 Φ 是傅里叶矩阵时，β 和 γ 分别是 x 的时域表示和频域表示。

对于一般的正交矩阵 Ψ 和 Φ，一个很有趣的现象是要么 β 是稀疏的，要么 γ 是稀疏的，二者往往不能同时是稀疏的。当然，这一结论依赖于 Ψ 和 Φ 的距离，如当 $\Psi=\Phi$ 时，β 和 γ 可以同时稀疏。为了更好地刻画稀疏表示现象，根据 Ψ 和 Φ 两个矩阵的互相关度来定义二者之间的邻近性。

定义 3-1　任意给定一组正交矩阵 Ψ 和 Φ，满足 $D=[\Psi,\Phi]$，定义矩阵 D 的互相关度 $\mu(D)$ 为两个矩阵列向量之间的最大内积：

$$\text{proximity}(\Psi,\Phi)=\mu(D)=\max_{1\leqslant i,j\leqslant n}\left|\Psi_i^{\mathrm{T}}\Phi_j\right| \tag{3-4}$$

两个正交矩阵的互相关度满足 $1/\sqrt{n}\leqslant\mu(D)\leqslant 1$。根据定义 3-1，有以下非常重要的不等式。

定理 3-1　任意给定一组正交矩阵 Ψ 和 Φ 及其互相关度 $\mu(D)$。对于任意非零向量 $x\in R^n$，若其在正交矩阵 Ψ 和 Φ 下的表示系数为 α 和 β，则有下面不等式成立：

$$\|\alpha\|_0+\|\beta\|_0\geqslant\frac{2}{\mu(D)} \tag{3-5}$$

定理 3-1 的证明可以参考文献[4]。定理 3-1 给出了两组表示系数稀疏度量的下界，表明如果两组正交矩阵的互相关度比较小，则向量 x 在这两组正交矩阵下的表示系数不可能同时稀疏。基于这一定理，下面分析当式(3-2)中的 D 由两组正交矩阵组成的情况下解的唯一性。

考虑如下问题：

$$D\alpha=\left[\Psi,\Phi\right]\alpha=x \tag{3-6}$$

式中，Ψ 和 Φ 为正交矩阵。假定 α_1 和 α_2 是方程(3-6)的两个不同解，并且 α_1 是稀疏的。由定理 3-1 可知 α_2 不可能非常稀疏。显然两个不同解的差 $e=\alpha_1-\alpha_2$ 在矩阵 D 的零空间里，将 e 分解成两个向量 e_ψ 和 e_φ，其中 e_ψ 由 e 的前 n 个元素组成，e_φ 由 e 的后 n 个元素组成。有下面等式：

$$\Psi e_\psi=-\Phi e_\varphi=y\neq 0 \tag{3-7}$$

式中，因为 e 非零且 Ψ 和 Φ 非奇异，所以根据式(3-5)有

$$\|e\|_0 = \|e_\psi\|_0 + \|e_\varphi\|_0 \geqslant 2/\mu(D)$$

由于 $e = \alpha_1 - \alpha_2$，进一步有

$$\|\alpha_1\|_0 + \|\alpha_2\|_0 \geqslant \|e\|_0 \geqslant 2/\mu(D)$$

定理 3-2　线性方程 $[\Psi,\Phi]\alpha = x$ 的任意两个解 α_1 和 α_2 不可能同时非常稀疏，其稀疏度下界由下面不等式给出：

$$\|\alpha_1\|_0 + \|\alpha_2\|_0 \geqslant \|e\|_0 \geqslant 2/\mu(D) \tag{3-8}$$

定理 3-2 给出的结论为退化系统的不确定性原则，并且由上述结论可以得到解唯一性的如下确定准则。

定理 3-3　如果方程 $[\Psi,\Phi]\alpha = x$ 解的非零元素个数少于 $1/\mu(D)$，则该解为方程最稀疏的解。

这一结论非常简单，却能对解的唯一性给出有效的刻画，即通过分析解非零元素的个数和 $\mu(D)$ 的关系便可确定解的唯一性。同时给定此唯一稀疏解，根据定理 3-3 可判断其是否为全局最优解。虽然一般非凸模型往往只能得到局部极小解，但是根据定理 3-3 可判定该解是否为全局极小解。

前面部分介绍了两个正交矩阵的特殊情况解的唯一性问题。对于一般矩阵 D，Elad[4]提出了 spark 的概念来研究其解的唯一性。spark 是一种基于 l_0 范数来刻画矩阵 D 的零空间的方法。下面首先给出 spark 的定义：

定义 3-2　矩阵 D 的 spark 为其列向量中线性相关列的最小个数。

spark 的定义和矩阵秩的定义很相似，矩阵 D 的秩为其线性无关列的最大个数。不同于矩阵的秩，矩阵 spark 的计算相对比较困难，需要搜索计算矩阵 D 所有可能列向量的相关性。然而矩阵 spark 可以给出稀疏解唯一性的有效刻画。根据 spark 的定义可知矩阵 D 的零空间向量 $z(Dz=0)$ 满足 $\|z\|_0 \geqslant \text{spark}(D)$，同时可得到以下结论。

定理 3-4　(基于 spark 的唯一性定理) 如果线性方程 $D\alpha = x$ 存在一个解 α 满足 $\|\alpha\|_0 \leqslant \text{spark}(D)/2$，则该解为方程最稀疏的解。

证明：考虑方程的另一个解 $\hat{\alpha}$ 满足 $D\hat{\alpha} = x$，那么有 $D(\alpha - \hat{\alpha}) = 0$。根据 spark 的定义有下面不等式成立：

$$\|\alpha\|_0 + \|\hat{\alpha}\|_0 \geqslant \|\alpha - \hat{\alpha}\|_0 \geqslant \text{spark}(D) \tag{3-9}$$

左边不等式根据三角不等式得来，右边不等式根据 spark 的定义可得。根据式(3-9)可知，若解 α 满足 $\|\alpha\|_0 < \text{spark}(D)/2$，则一定有 $\|\hat{\alpha}\|_0 > \text{spark}(D)/2$，定理得证。

矩阵的 spark 提供了非常有效的信息，显然 spark 越大，稀疏解的唯一性条件

就越弱。一般矩阵 D 的 spark 满足 $2 \leqslant \text{spark}(D) \leqslant n+1$。例如，当 D 中的元素为随机独立同分布采样时，那么 $\text{spark}(D)=n+1$。然而矩阵 spark 的计算是一个非常具有挑战的难题，使得其实际应用变得困难。为了能够给出稀疏解唯一性的简单有效刻画标准，需要研究一般矩阵的互相关度，一般矩阵的互相关度是前面所述的两个正交矩阵互相关度的进一步拓展。在两个正交矩阵的情形下，格拉姆矩阵 $D^{\mathrm{T}}D$ 为

$$D^{\mathrm{T}}D=\begin{bmatrix} I & \Psi^{\mathrm{T}}\Phi \\ \Phi^{\mathrm{T}}\Psi & I \end{bmatrix} \tag{3-10}$$

式(3-10)所定义的互相关度为格拉姆矩阵非对角元素的最大值。类似地，定义一般矩阵的互相关度如下。

定义 3-3　给定矩阵 D，其互相关度定义为 D 中归一化的不同列之间内积绝对值的最大值，即

$$\mu(D)=\max_{\substack{1\leqslant i,j\leqslant m \\ i\neq j}}\left|d_i^{\mathrm{T}}d_j\right|\Big/\left\|d_i\right\|_2\left\|d_j\right\|_2 \tag{3-11}$$

矩阵的互相关度是刻画矩阵列之间相关程度的一种度量方法。当 D 为酉矩阵时，由于其列是正交的，故有 $\mu(D)=0$。对于一般矩阵，$\mu(D)$ 越小，表示其列越接近于正交，因此其解的分析类似于正交矩阵的情形。相比于 spark，矩阵的互相关度相对容易计算，并且互相关度和矩阵 spark 之间存在如下关系。

引理 3-1　对于任意矩阵 $D \in R^{n\times d}$，下面不等式成立：

$$\text{spark}(D) \geqslant 1+1/\mu(D) \tag{3-12}$$

基于引理 3-1，给出互相关度对解唯一性的刻画。

定理 3-5　(基于互相关度的解唯一性定理)如果线性方程 $D\alpha=x$ 的解 α 满足 $\|\alpha\|_0 \leqslant \frac{1}{2}\left(1+1/\mu(D)\right)$，则 x 一定是最稀疏的解。

定理 3-4 和定理 3-5 分别基于矩阵 spark 和互相关度给出了解唯一性的刻画，由式(3-12)可知，spark 给出的条件弱于互相关度给出的稀疏条件。由于互相关度的计算比 spark 简单，实际应用中基于互相关度的解唯一性条件比较常用。前面介绍了基于 l_0 范数稀疏表示解的唯一性、全局最优性。下面将具体讨论式(3-2)给出的基于 l_0 范数的稀疏表示问题的求解方法。

给定向量 $x \in R^n$ 和字典矩阵 $D \in R^{n\times d}$，且 D 的列向量 $d_i(i=1,2,\cdots,d)$ 是单位长的 $\left(\|d_i\|_2=1\right)$。匹配追踪算法的核心思想是将表示残差 r 投影到和其相关度最高的字典原子(D 的列向量)中。具体地：初始化 $\alpha=0$，则初始残差 $r_0=x-D\alpha=x$。从

字典原子中找到和 r_0 相关度最高的原子 $d_{r_0}=\arg\max\limits_{i=1,2,\cdots,d}\langle r_0,d_i\rangle$，此时 r_0 在 d_{r_0} 中的投影为 $\alpha_{r_0}d_{r_0}$，其中投影系数为 $\alpha_{r_0}=\arg\min\limits_{\alpha}\left\|\alpha d_{r_0}-r_0\right\|_2^2=\left\langle r_0,d_{r_0}\right\rangle$，因此向量 x 可以表示为 $x=\left\langle r_0,d_{r_0}\right\rangle d_{r_0}+r_1$。上述过程依次迭代进行下去可得到：

$$x=\sum_i\left\langle r_i,d_{r_i}\right\rangle d_{r_i}+r_\varepsilon \tag{3-13}$$

式中，d_{r_i} 为字典原子中和残差 r_i 相关度最高的原子；r_ε 为可以接收的残差。

算法 3-1 详细给出了匹配追踪(matching pursuit，MP)算法的计算流程，其计算的核心步骤是在所有字典原子中寻找和残差 r_i 相关度最高的原子。在匹配追踪算法的每一步有 d_{r_i} 和 r_{i+1} 正交，根据 $r_i=\left\langle r_i,d_{r_i}\right\rangle d_{r_i}+r_{i+1}$，有 $\left\|r_i\right\|_2^2=\left\langle r_i,d_{r_i}\right\rangle^2\left\|d_{r_i}\right\|_2^2+\left\|r_{i+1}\right\|_2^2$。因此 $\left\|r_{i+1}\right\|_2$ 单调递减，r_{i+1} 收敛。

算法 3-1　匹配追踪算法(MP)

目标：求解极小化问题 $\min\limits_{\alpha}\|\alpha\|_0$ s.t. $D\alpha=x$。

输入：矩阵 D、向量 x 和可容忍的迭代误差 ε_0。

初始化：初始化 $k=0$，α 的初始值 $\alpha_0=0$，初始残差 $r_0=x-D\alpha_0=x$。

开始迭代：$k=k+1$，

1) 对所有 j，计算 $\gamma_j=\left\langle r_k,d_j\right\rangle$，找到最大 γ_j 所对应的字典原子记为 d_{r_k}。
2) 计算 r_k 在 d_{r_k} 上的投影 $\left\langle r_k,d_{r_k}\right\rangle d_{r_k}$。
3) 计算投影后的残差 $r_{k+1}=r_k-\left\langle r_k,d_{r_k}\right\rangle d_{r_k}$。
4) 停止准则：如果 $\left\|r_{k+1}\right\|_2\leqslant\varepsilon_0$，停止。

输出：根据 $\left\langle r_i,d_{r_i}\right\rangle$，$i=1,2,\cdots,k$，计算稀疏解 α_k。

字典原子不正交，而且匹配追踪算法属于贪婪算法，每一步将残差投影到和其相关程度最高的一个原子中，导致其算法效率往往较低。具体地，由式(3-13)可得

$$x=\sum_{i=1}^{K}\left\langle r_i,d_{r_i}\right\rangle d_{r_i}+r_{K+1} \tag{3-14}$$

已知 r_{K+1} 和 d_{r_K} 正交而往往不和 $V_K=\overline{\operatorname{span}\left\{d_{r_0},d_{r_1},\cdots,d_{r_K}\right\}}$(已投影过的原子所张成的空间)正交，导致残差 r_{K+1} 会再一次投影到 $\left\{d_{r_i}\right\}_{i=1}^{K}$ 的某个原子中，重复在已投影过的原子方向上进行投影，使得其计算效率变低，如图 3-1 所示。

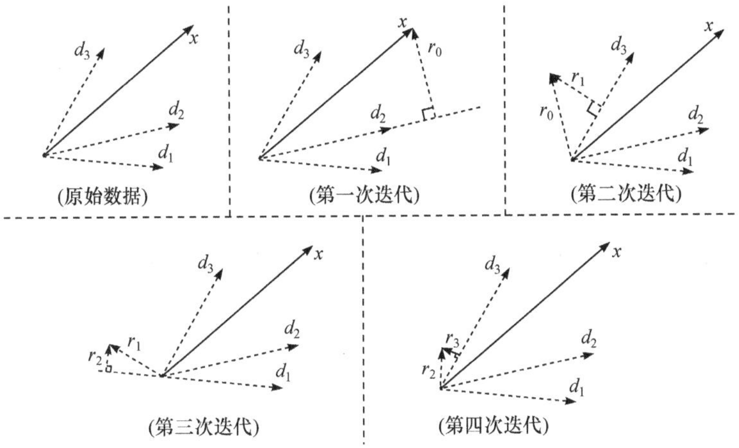

图 3-1 匹配追踪算法示意图

原始数据 x 第一次迭代投影到与其最相关的原子 d_2 上，得到残差 r_0 之后依次投影到原子 d_3 和 d_1 上，在第四次迭代时又重复投影到原子 d_3 上，多次在原子上重复投影，计算效率低下。为了解决匹配追踪算法多次在原子上重复投影的问题，正交匹配追踪算法对匹配追踪算法进行改进，使其可以在第 T (α 非零元素的个数)步求得解。

正交匹配追踪算法(orthogonal matching pursuit，OMP)，顾名思义，残差和之前选中的原子组成的空间正交，即 $\langle r_{K+1}, V_K \rangle = 0$，这样残差便不会重复投影到已选中的原子上。匹配追踪算法将残差 r_k 投影到和其最相关的字典原子 d_{r_k} 中，有下面等式成立：

$$r_K = \langle r_k, d_{r_k} \rangle d_{r_k} + r_{K+1} \tag{3-15}$$

进而有

$$x = \sum_{k=1}^{K} \langle r_k, d_{r_k} \rangle d_{r_k} + r_{K+1} \tag{3-16}$$

不同于匹配追踪算法，正交匹配追踪算法根据残差 r_k 找到和其相关性最强的原子 d_{r_k}，然后将 x 投影到已选中原子组成的空间 $V_K = \overline{\text{span}\left\{d_{r_0}, d_{r_1}, \cdots, d_{r_K}\right\}}$ 中，如下式所示：

$$x = \sum_{k=1}^{K} \hat{\alpha}_k^K d_{r_k} + r_{K+1} \tag{3-17}$$

式中，

$$\hat{\alpha}^k = \arg\min_{\alpha} \left\| D_K \alpha - x \right\|_2^2$$

字典为 $D_K=\left[d_{r_0},d_{r_1},\cdots,d_{r_K}\right]$，优化问题(3-17)的最优性条件为

$$D_K^{\mathrm{T}}\left(x-D_K\alpha\right)=0 \tag{3-18}$$

闭式解为 $\hat{\alpha}^K=\left(D_K^{\mathrm{T}}D_K\right)^{-1}D_K^{\mathrm{T}}x$，第 K 步迭代后的残差为 $r_{K+1}=x-D_K\alpha$，因此满足 $\langle r_{K+1},V_K\rangle=0$。

算法 3-2 给出了正交匹配追踪算法的详细计算过程。算法 3-2 的核心是矩阵 D 中列向量的选取，即求解一系列如下优化问题：

$$\min_j\left\|\alpha_j d_j-r_{k-1}\right\|_2^2,\quad j=1,2,\cdots,d \tag{3-19}$$

找到当前残差 r_{k-1} 对应的 D 中列向量的下标，进而得到相应 α 非零元素的下标集合 $\mathcal{S}_k$。整个算法迭代计算下标集合和对应该下标 α 的元素值，进而得到最优的 α。

算法 3-2　正交匹配追踪算法(OMP)

目标：求解极小化问题 $\min\limits_{\alpha}\|\alpha\|_0$ s.t. $D\alpha=x$。

输入：矩阵 D、向量 x 和可容忍的迭代误差 ε_0。

初始化：初始化 $k=0$，α 的初始值 $\alpha_0=0$，初始残差 $r_0=x-D\alpha_0=x$，初始元素下标集合 $\mathcal{S}_0=\varnothing$。

开始迭代：$k=k+1$，

1) 对所有 j，计算 $\varepsilon_j=\min\limits_z\left\|\alpha_j d_j-r_{k-1}\right\|_2^2$ 和最优 $\alpha_j^*=d_j^{\mathrm{T}}r_{k-1}\Big/\left\|d_j\right\|_2^2$。

2) 更新元素下标集合：找到 ε_j 取得最小值的下标 j_0，更新：

$$\mathcal{S}_k=\mathcal{S}_{k-1}\cup\{j_0\}$$

3) 更新对应下标集的元素值：计算 $\alpha_k=\arg\min\limits_{\alpha}\|D\alpha-x\|_2^2$，满足 α 的非零元素下标集为 $\mathcal{S}_k$。

4) 更新残差：$r_k=x-D\alpha_k$。

5) 停止准则：如果 $\|r_k\|_2<\varepsilon_0$，停止。

输出：k 次迭代后得到的解 α_k。

3.1.2　l_1 稀疏理论与算法

在通过 l_0 理论和算法进行稀疏表示时，由于向量的 l_0 拟范数非凸，因此问题的优化从理论上变得非常困难。虽然 3.1.1 小节所讨论的匹配追踪算法和正交匹配追踪算法能够在一定程度上解决稀疏表示问题，但是其相应的优化理论尚不完

善，进而影响其进一步应用。本小节主要讨论向量的 l_0 拟范数的紧的凸松弛函数，即向量的 l_1 范数。

定义向量 $x \in R^n$ 的 l_1 范数为 $\|x\|_1 = \sum_{i=1}^{n}|x_i|$。可以证明向量的 l_1 范数是其 l_0 拟范数的凸松弛，如图 3-2 所示。

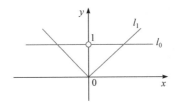

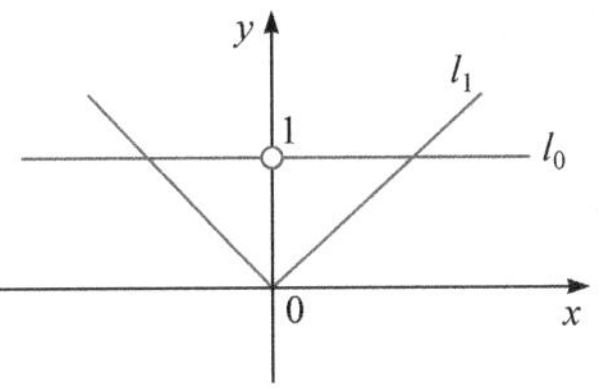

图 3-2　l_0 拟范数和凸松弛 l_1 范数的示意图

基于上述凸松弛范数，原始稀疏表示问题(3-2)可通过如下问题进行表达：

$$\min_{\alpha}\|\alpha\|_1 \quad \text{s.t.} \ D\alpha = x \tag{3-20}$$

问题(3-20)是一个凸优化问题，大量比较成熟的凸优化算法可以用来求解上述问题。最直接可以考虑求解约束优化问题的算法，如邻近梯度下降(proximal gradient descent，PGD)法。在介绍邻近梯度下降法之前，先介绍邻近算子(proximal operator)。邻近算子定义为

$$\text{Prox}_g(x) = \arg\min_z \frac{1}{2}\|x - z\|_2^2 + g(z) \tag{3-21}$$

对于 l_1 (当 $g(z)$ 为向量 z 的 l_1 范数时)稀疏表示问题，邻近算子一般有解析解，即

$$\text{Prox}_{\lambda\|\cdot\|_1}(x) = \max(x - \lambda, 0) \tag{3-22}$$

下面给出所求稀疏表示问题(3-20)的无约束形式：

$$\min_{\alpha}\lambda\|\alpha\|_1 + \frac{1}{2}\|D\alpha - x\|_2^2 \tag{3-23}$$

式中，$\frac{1}{2}\|D\alpha - x\|_2^2$ 为光滑函数，可以对其进行二阶泰勒逼近，因此上述目标函数在第 k 步迭代优化中求解如下逼近问题：

$$\min_{\alpha}\lambda\|\alpha\|_1 + \left\langle D^{\mathrm{T}}D\alpha_k - D^{\mathrm{T}}x, \alpha - \alpha_k\right\rangle + \frac{\tau_k}{2}\|\alpha - \alpha_k\|_2^2 \tag{3-24}$$

问题(3-24)的解析解为

$$\alpha_{k+1} = \text{Prox}_{\lambda\|\cdot\|_1}\left(\alpha_k - 1/\tau_k\left(D^{\mathrm{T}}D\alpha_k - D^{\mathrm{T}}x\right)\right) \tag{3-25}$$

上面的迭代格式相当于对优化变量 α 先做了一次梯度下降：

$$\alpha_{k+1/2} = \alpha_k - 1/\tau_k \left(D^{\mathrm{T}} D\alpha_k - D^{\mathrm{T}} x \right)$$

然后对上述 $\alpha_{k+1/2}$ 计算一次邻近算子 $\operatorname{Prox}_{\lambda\|\cdot\|_1}\left(\alpha_{k+1/2}\right)$。因此该方法被称为邻近梯度下降法，或迭代收缩–阈值算法[5](iterative shrinkage-thresholding algorithm，ISTA)。

有了上述迭代优化格式，进一步可以考虑对上述优化过程通过 Nesterov 加速优化技巧进行加速，得到著名的快速迭代收缩–阈值算法(fast iterative shrinkage-thresholding algorithm，FISTA[6])。FISTA 旨在对式(3-25)的迭代格式进行加速，其详细计算过程如算法 3-3 所示。

算法 3-3　快速迭代收缩–阈值算法(FISTA)

目标： 求解极小化问题 $\min\limits_{\alpha} \lambda \|\alpha\|_1 + 1/2\|D\alpha - x\|_2^2$。

输入： 向量 x 和可容忍的迭代误差 ε_0。

初始化： 式(3-25)中的下降步长因子 τ (假设固定步长)，随机初始化变量 $\alpha_0 \in R^n$，初始加速变量 $\beta_0 = \alpha_0$。

开始迭代： $k = k+1$，

1) 根据式(3-25)计算 $\alpha_k = \operatorname{Prox}_{\lambda\|\cdot\|_1}\left(\alpha_{k-1} - 1/\tau_{k-1}\left(D^{\mathrm{T}} D\alpha_{k-1} - D^{\mathrm{T}} x\right)\right)$；

2) 计算加速因子：$t_{k+1} = \left(1 + \sqrt{1 + 4t_k^2}\right)/2$；

3) 计算加速变量：$\beta_k = \alpha_k + \left(t_k - 1/t_{k+1}\right)\left(\alpha_k + \alpha_{k-1}\right)$；

4) 迭代准则：如果 $\|\alpha_k - \alpha_{k-1}\|_2 < \varepsilon_0$，停止。

输出： k 次迭代后得到的解 α_k。

上面介绍了稀疏表示问题(3-20)的邻近梯度下降法及其加速方法 FISTA。下面介绍另外一种交替方向乘子法(ADMM)，即算法 3-4 来求解问题(3-20)。首先问题(3-20)可以等价表达为下面的约束优化问题：

$$\min_{\alpha,s} 1/2\|Ds - x\|_2^2 + \lambda\|\alpha\|_1 \quad \text{s.t. } s = \alpha \tag{3-26}$$

上述约束优化问题的增广拉格朗日函数为

$$\min_{\alpha,s} 1/2\|Ds - \alpha\|_2^2 + \lambda\|\alpha\|_1 + \langle \gamma, s - \alpha \rangle + \mu/2\|s - \alpha\|_2^2 \tag{3-27}$$

针对上述无约束优化问题(3-27)，可以采用交替极小化方法，如算法 3-4。交替极小化方法的核心思想是固定其他变量，求解其中一个变量。具体地，在第 k 步迭代中，固定 s、γ，更新 α：

$$\alpha_{k+1} = \arg\min_{\alpha} \lambda\|\alpha\|_1 + \langle \gamma_k, s_k - \alpha \rangle + \mu/2\|s_k - \alpha\|_2^2 \tag{3-28}$$

固定α、γ，更新s：

$$s_{k+1} = \arg\min_{s} 1/2\|Ds - x\|_2^2 + \langle \gamma_k, s - \alpha_{k+1} \rangle + \mu/2\|s - \alpha_{k+1}\|_2^2 \tag{3-29}$$

固定α、s，更新对偶变量γ：

$$\gamma_{k+1} = \gamma_k + \rho(s_{k+1} - \alpha_{k+1}) \tag{3-30}$$

上述步骤迭代下去直到算法收敛。交替方向乘子法的收敛性可参考文献[7]。

算法 3-4　交替方向乘子法(ADMM)

目标： 求解极小化问题$\min\limits_{\alpha} \lambda\|\alpha\|_1 + 1/2\|D\alpha - x\|_2^2$。

输入： 向量x和可容忍的迭代误差ε_0。

初始化： 随机初始化变量$\alpha_0 \in R^n$、分离变量s_0和对偶变量γ_0。

开始迭代： $k = k+1$，

1) 根据式(3-28)计算$\alpha_{k+1} = \mathrm{Prox}_{\lambda\|\cdot\|_1}(s_k + \gamma_k/\mu)$；

2) 根据式(3-29)计算$s_{k+1} = \left(D^{\mathrm{T}}D + (\mu/2)I\right)^{-1}\left(D^{\mathrm{T}}x + \gamma_k - (\mu/2)\alpha_{k+1}\right)$；

3) 根据式(3-30)计算对偶变量；

如果$\|\alpha_k - \alpha_{k-1}\|_2 < \varepsilon_0$，停止。

输出： k次迭代后得到的解α_k。

3.2　低 秩 表 示

稀疏表示理论旨在刻画向量$x \in R^n$可以通过一组字典下的少量原子进行表示。不同于向量$x \in R^n$，当数据X为矩阵，即$X \in R^{m\times n}$时，考虑X是否可以通过一组字典原子进行稀疏表示。

定理 3-6　给定矩阵$X \in R^{m\times n}$满足$\mathrm{rank}(X) = d$，存在矩阵$U \in R^{m\times d}$、$V \in R^{n\times d}$和对角矩阵$S \in R^{d\times d}$，其中$U^{\mathrm{T}}U = V^{\mathrm{T}}V = I$，使得$X = USV^{\mathrm{T}}$。$U$称为矩阵$X$的左奇异向量，$V$称为矩阵$X$的右奇异向量，$S$的对角元素为矩阵$X$的奇异值。

矩阵的奇异值分解可以等价地理解为矩阵X在一组秩一矩阵原子下的线性表示$X = \sum_{i=1}^{d} s_i u_i v_i^{\mathrm{T}}$，其中$s_i$是对角矩阵$S$的第$i$个对角元素，$u_i$、$v_i$分别为矩阵$X$左、

右奇异向量，有 $\operatorname{rank}(X)=\|S\|_0$。因此矩阵 X 的秩可以作为一种稀疏结构的度量。

矩阵的低秩结构先验存在于许多实际应用中，如自然图像中存在低秩结构[8]，推荐系统[9]就是低秩矩阵的估计，视频序列本身就存在很强的低秩结构[10]。在对这些实际问题进行建模时，往往需要从被观测到的退化数据中估计出具有低秩结构的原始数据，如鲁棒主成分分析(robust principal component analysis，RPCA)[11]、图像复原问题[1, 2]和推荐系统等。具体地，需要求解一个低秩矩阵正则化问题：

$$\min_X f(X,Y)+\lambda g(X) \tag{3-31}$$

式中，$f(X,Y)$ 是数据项且是凸的光滑函数，与观测数据的生成过程有关；$g(X)$ 是对矩阵秩的刻画，如矩阵 X 奇异值的 l_0 范数 $\|S\|_0$。

3.2.1　矩阵核范数与分解表示

已知矩阵 X 的秩 rank(X) 等于 X 奇异值的 l_0 范数，作为 l_0 范数的凸松弛，考虑矩阵奇异值的 l_1 范数。定义矩阵奇异值的 l_1 范数为矩阵的核范数(nuclear norm)：$\|X\|_*=\sum_{i=1}^{d}|s_i|$，其中 s_i 代表矩阵 X 的第 i 个奇异值。同样也可以考虑矩阵 X 奇异值的 l_p 范数($0<p<1$)以及其他稀疏性正则函数，如 $\ln\det(X)$ 以及其他非凸函数[12]。

以矩阵核范数为例来介绍奇异值正则模型的求解算法：

$$\min_X f(X,Y)+\lambda\|X\|_* \tag{3-32}$$

在分析一般问题(3-32)之前，先简单介绍一下基于核范数的邻近算子：

$$\operatorname{Prox}_{\|\cdot\|_*}(X)=\arg\min_X\frac{1}{2}\|X-Z\|_F^2+\lambda\|Z\|_* \tag{3-33}$$

奇异值的邻近算子有闭式解，即为奇异值的阈值函数：

$$\operatorname{Prox}_{\|\cdot\|_*}(X)=U\hat{S}V^{\mathrm{T}}$$

式中，U、V 为 X 的奇异向量，奇异值阈值为

$$\hat{S}_{ii}=\begin{cases}s_i-\lambda, & s_i>\lambda\\ 0, & s_i\leqslant\lambda\end{cases}$$

问题(3-32)主要通过以下两类方法进行求解。

1. 邻近梯度下降法

首先 PGD 法假定函数 $f(x,y)$ 关于 x 是光滑的，优化过程中每一步迭代极小化原始问题的一个上界函数，如在第 k 步极小化如下问题：

$$X_{k+1} = \arg\min_X \hat{f}(X_k, Y) + \lambda \|X\|_* \tag{3-34}$$

式中，$\hat{f}(X_k, Y) = f(X_k, Y) + (X - X_k)^{\mathrm{T}} \nabla f_{X_k} + \frac{\tau_k}{2}\|X - X_k\|_2^2$，为函数 $f(X,Y)$ 在点 X_k 处的二阶泰勒逼近。上述优化问题等价于一个邻近算子：

$$X_{k+1} = \arg\min_X \frac{1}{2}\left\|X - \left(X_k - 1/\tau_k \nabla f_{X_k}\right)\right\|_2^2 + \lambda \|X\|_* \tag{3-35}$$

即对矩阵 $X_k - 1/\tau_k \nabla f_{X_k}$ 计算奇异值阈值。式(3-35)迭代直到算法收敛，基于 PGD 法的低秩模型求解算法的详细流程如算法 3-5 所示。

算法 3-5 基于邻近梯度下降法的低秩模型求解算法

目标： 求解极小化问题 $\min_X f(X,Y) + \lambda \|X\|_*$。

输入： 矩阵 Y、正则化因子 λ 和可容忍的迭代误差 ε_0。

初始化： 初始化 $k=0$，X 为随机矩阵。

开始迭代： $k = k+1$，

1) 关于光滑项 $f(X,Y)$ 在点 X_k 处沿负梯度方向下降一步计算：

$$\hat{X}_k = X_k - 1/\tau_k \nabla f_{X_k}$$

2) 计算奇异值阈值得到 $X_{k+1} = \mathrm{Prox}_{\|\cdot\|_*}(\hat{X}_k)$。

3) 停止准则：如果 $\|X_{k+1} - X_k\|_2 / \|X_k\|_2 < \varepsilon_0$，停止。

输出： k 次迭代后得到的解 X_k。

下面对算法 3-5 的收敛性进行分析。首先假定函数 $f(X,Y)$ 关于 X 是光滑的，并且是梯度利普希茨连续的，其中利普希茨常数为 L，同时记

$$J(X) = f(X,Y) + \lambda \|X\|_*$$

定理 3-7 若邻近梯度下降法(算法 3-5)中的参数 τ_k 满足 $\tau_k \leqslant 1/L$，则有下面不等式成立：

$$J(X_{k+1}) - J(X_*) \leqslant \|X_0 - X_*\|_2^2 / 2\tau k \tag{3-36}$$

式(3-36)意味着算法 3-5 的收敛速率为 $\mathcal{O}(1/k)$。

例 3-1 考虑基于核范数正则的矩阵(图像)补全问题。矩阵补全问题旨在根据观测到的部分元素缺失的矩阵 Y 来估计原始矩阵 X，其中矩阵 X 的先验结构具有非常重要的作用，能帮助准确估计出缺失数据的信息。

矩阵补全问题可以通过如下优化模型来刻画：

$$\min_{X} \frac{1}{2}\left\|\mathcal{P}_{\Omega}(Y-X)\right\|_F^2+\lambda\|X\|_* \tag{3-37}$$

式中，$\mathcal{P}$ 为投影算子；Ω为已知数据的位置。如果$\{i,j\}\notin\Omega$，则$\mathcal{P}_{\Omega}\left(X_{i,j}\right)=0$；如果$\{i,j\}\in\Omega$,则$\mathcal{P}_{\Omega}\left(X_{i,j}\right)=X_{i,j}$。数据项$\frac{1}{2}\left\|\mathcal{P}_{\Omega}(Y-X)\right\|_F^2$关于$X$的导数为$P_{\Omega}^{\mathrm{T}}P_{\Omega}(Y-X)$，可通过算法 3-5 来求解上述模型。

图 3-3 给出了矩阵补全效果示意图。从图 3-3(a)中可以看出，原始自然图像内容相关性很强，对应的图像矩阵具有较强的低秩性结构。图 3-3(b)中由于部分数据的缺失，图像矩阵本身的低秩结构被严重破坏。通过求解核范数正则模型，可以比较准确地估计出图像缺失数据的内容，实现比较满意的矩阵补全效果。

(a) 原始自然图像　　(b) 缺失像素后的图像　　(c) 核范数正则化得到的恢复图像

图 3-3　矩阵补全效果示意图

2. ADMM

除了邻近梯度下降法，也可以用 ADMM 来求解优化问题(3-20)。ADMM 首先通过变量分离引入新变量，使得无约束优化问题(3-32)变为如下等式约束优化问题：

$$\min_{X} f(X,Y)+\lambda\|Z\|_* \text{ s.t. } X=Z$$

上述约束问题的增广拉格朗日函数为

$$L(X,Y,Z,\mu)=f(X,Y)+\lambda\|Z\|_*+\langle\Lambda,X-Z\rangle+\frac{\eta}{2}\|X-Z\|_F^2$$

原始的极小化问题变为如下极小极大问题：

$$\max_{\Lambda}\min_{X,Z} f(X,Y)+\lambda\|Z\|_*+\langle\Lambda,X-Z\rangle+\frac{\eta}{2}\|X-Z\|_F^2 \tag{3-38}$$

问题(3-38)可以通过交替优化Λ、X、Z来进行求解。在第$k+1$步迭代中固定Λ_k、Z_k，更新X：

$$X_{k+1}=\arg\min_{X} f(X,Y)+\langle\Lambda_k,X-Z_k\rangle+\frac{\eta}{2}\|X-Z_k\|_F^2$$

固定X_{k+1}、Λ_k，更新Z：

$$\begin{aligned}Z_{k+1}&=\arg\min_{Z}\lambda\|Z\|_*+\langle\Lambda_k,X_{k+1}-Z\rangle+\frac{\eta}{2}\|X_{k+1}-Z\|_F^2\\&=\operatorname{Prox}_{\|\cdot\|_*}\left(Z-\left(X_{k+1}-\Lambda_k/\eta\right)\right)\end{aligned} \tag{3-39}$$

固定 X_{k+1}、Z_{k+1}，更新 Λ：

$$\Lambda_{k+1} = \Lambda_k + \mu\left(X_{k+1} - Z_{k+1}\right)$$

算法更新直到收敛。基于 ADMM 的低秩模型求解算法的详细计算流程如算法 3-6 所示。

算法 3-6　基于 ADMM 的低秩模型求解算法

目标：求解极小化问题 $\min\limits_{X} f\left(X,Y\right)+\lambda\left\|X\right\|_*$。

输入：矩阵 Y、正则化因子 λ 和可容忍的迭代误差 ε_0。

初始化：初始化 $k=0$，X 为随机矩阵。

开始迭代：$k=k+1$，

1) 基于问题(3-38)的负梯度方向更新 X_{k+1}，有

$$X_{k+1} = X_k - \tau_k\left(\eta/2\left(X_k - Z_k\right) + \Lambda_k + \nabla f_X\left(X_k, Y\right)\right)$$

2) 根据式(3-39)基于奇异值阈值方法更新 Z_{k+1}，即

$$Z_{k+1} = U\mathcal{T}_\lambda\left(S\right)V^{\mathrm{T}}$$

式中，U、V 为 $X_{k+1}-1/\eta\Lambda_k$ 的左、右奇异向量；S 为 $X_{k+1}-1/\eta\Lambda_k$ 的奇异值；$\mathcal{T}_\lambda\left(S\right)$ 为式(3-33)所定义的奇异值阈值函数。

3) 更新 $\Lambda_{k+1} = \min\left(\Lambda_{\max}, \Lambda_k + \mu\left(X_{k+1} - Z_{k+1}\right)\right)$。

4) 停止准则：如果 $\left\|X_{k+1}-X_k\right\|_2/\left\|X_k\right\|_2<\varepsilon_0$，停止。

输出：k 次迭代后得到的解 X_k。

前面讨论了矩阵奇异值正则的低秩矩阵逼近模型。奇异值正则的优势在于能够直接刻画矩阵奇异值的稀疏性，进一步体现出矩阵的低秩特性(矩阵秩等于奇异值非零元素的个数)。虽然奇异值正则模型建模简单，易于理解，但是其计算存在比较严重的问题。

奇异值正则模型的求解过程(如算法 3-5 和算法 3-6)中涉及多次奇异值阈值计算，需要多次进行矩阵奇异值分解。然而奇异值分解往往具有比较高的计算复杂度，且随着矩阵规模增大，奇异值分解变得不太可行。是否有其他方法来有效求解低秩矩阵逼近问题？为了回答这一问题，下面介绍低秩矩阵分解模型：

$$\min_{U,V} f\left(UV^{\mathrm{T}}, Y\right) \tag{3-40}$$

式中，$Y\in R^{m\times n}$；$U\in R^{m\times d}$；$V\in R^{n\times d}$。相比于奇异值正则模型中优化变量为 X，式(3-40)中优化变量为 U、V，且 $X=UV^{\mathrm{T}}$ 为低秩矩阵，满足 $\mathrm{rank}\left(X\right)\leqslant d\ll\min\left(m,n\right)$。相比于优化变量为 X 时需要 $\mathcal{O}(mn)$ 存储，分解模型只需要

$\mathcal{O}(md+nd)$，远小于$\mathcal{O}(mn)$。同时计算过程中不需要对矩阵X进行多次奇异值分解计算，在存储和计算复杂度上，分解模型具有明显的优势。

为了便于深入理解矩阵分解模型，首先考虑简单情形(秩一矩阵逼近)：

$$\min_x \frac{1}{4}\left\|Z-xx^{\mathrm{T}}\right\|_F^2 \tag{3-41}$$

式中，$Z\in R^{n\times n}$为对称半正定矩阵；$x\in R^n$。优化问题(3-41)寻找秩一矩阵xx^{T}逼近观测数据Z。由于目标函数光滑，因此可以通过梯度下降法进行迭代求解。下面给出一个定理说明当优化变量初始化x_0靠近最优解$\pm\sqrt{\lambda_1}u_1$时，梯度下降法可以快速收敛到最优解。

定理 3-8[13] 给定优化问题(3-41)的优化格式$x_{k+1}=x_k-\eta_k\left(Z-x_kx_k^{\mathrm{T}}\right)x_k$，假定迭代步长$\eta_t\equiv\dfrac{1}{4.5\lambda_1}$，且初始化满足$\left\|x_0-\sqrt{\lambda_1}u_1\right\|_2\leqslant\dfrac{\lambda_1-\lambda_2}{15\sqrt{\lambda_1}}$，则有下面不等式成立：

$$\left\|x_k-\sqrt{\lambda_1}u_1\right\|_2\leqslant\left(1-\frac{\lambda_1-\lambda_2}{18\lambda_1}\right)^k\left\|x_0-\sqrt{\lambda_1}u_1\right\|,\ k\geqslant 0 \tag{3-42}$$

式中，λ_1和λ_2分别是矩阵Z的最大奇异值和第二大奇异值；u_1是对应λ_1的奇异向量。

定理 3-8 说明了在秩一矩阵逼近求解中，梯度下降法具有线性收敛速率，同时其收敛快慢和$\lambda_1-\lambda_2$有较大关系。当λ_1和λ_2之间有较大间隙时，算法收敛快；当二者之间间隙较小时，收敛相对较慢。

矩阵分解模型虽然在存储和计算上较奇异值正则模型有很大优势，然而由于优化问题(3-41)非凸，其优化求解存在较大困难。低秩矩阵分解模型和低秩奇异值正则模型一个很大的区别在于矩阵分解形式会将一个凸函数转变成非凸函数，给优化的理论分析带来了很大挑战。例如，虽然$f(X,Y)$关于X是凸函数，但是$f\left(UV^{\mathrm{T}},Y\right)$关于$U$和$V$是非凸函数。因为优化问题(3-41)中$\dfrac{1}{4}\left\|Z-xx^{\mathrm{T}}\right\|_F^2$关于优化变量$x$是一个非凸的四阶多项式，所以在一般矩阵分解模型中往往只能得到局部最优解。优化目标函数非凸这一模型缺陷使得基于矩阵分解的低秩模型研究一直处于低谷。

近年来有研究工作证明分解模型虽然非凸，但是其局部最优解具有非常特殊的性质——所有局部最优解都是全局最优解[14]。以秩一矩阵逼近模型为例，下面定理说明这类非凸模型解的性质。

定理 3-9[13] 考虑优化问题(3-41)，该非凸模型的所有局部极小值点都是全局极小值点，其余驻点要么是局部极大值点，要么是严格鞍点。

证明： 优化问题(3-41)的驻点x满足$\left(Z-x_*^{\mathrm{T}}x_*\right)x_*=0$，即

$$Zx_* = \|x_*\|_2^2 x_*$$

因此驻点 x_* 是零向量或者是和矩阵 Z 特征向量同方向的向量，这是因为 Z 的特征向量 u 满足 $Zu = \lambda u$ 。通过调整 Z 特征向量的尺度便可得到：

$$x_* = \{0\} \cup \left\{\pm\sqrt{\lambda_k} u_k, k = 1,2,\cdots,n\right\}$$

为了进一步将驻点进行分类，需要计算驻点处的海塞矩阵来判别其属于局部极大值点、局部极小值点还是严格鞍点。记 $f(x) = \frac{1}{4}\left\|Z - xx^{\mathrm{T}}\right\|_F^2$ ，针对属于特征向量的驻点 $\pm\sqrt{\lambda_k} u_k$ ，有

$$\begin{aligned}\nabla^2 f\left(\pm\sqrt{\lambda_k} u_k\right) &= \lambda_k I_n + 2\lambda_k u_k u_k^{\mathrm{T}} - Z \\ &= \lambda_k \sum_{i=1}^{n} u_i u_i^{\mathrm{T}} + 2\lambda_k u_k u_k^{\mathrm{T}} - \sum_{i=1}^{n} \lambda_i u_i u_i^{\mathrm{T}} \\ &= \sum_{i=1}^{n} (\lambda_k - \lambda_i) u_i u_i^{\mathrm{T}} + 2\lambda_k u_k u_k^{\mathrm{T}}\end{aligned}$$

可以据此来对驻点分类，主要包括以下三种情况。

1) 驻点为 $\pm\sqrt{\lambda_1} u_1$ ，由于 $\lambda_1 - \lambda_i > 0$ ，很显然有

$$\nabla^2 f\left(\pm\sqrt{\lambda_1} u_1\right) \succ 0$$

因此这类驻点为局部极小值点，对应的最优值相等且等于全局最小值。

2) 对于驻点为 $\pm\sqrt{\lambda_k} u_k, k = 2,3,\cdots,n$ ，有

$$\lambda_{\min}\left(\nabla^2 f\left(\pm\sqrt{\lambda_k} u_k\right)\right) < 0$$

$$\lambda_{\max}\left(\nabla^2 f\left(\pm\sqrt{\lambda_k} u_k\right)\right) > 0$$

因此这类驻点为严格鞍点，即存在一个方向使得目标函数可以继续下降。

3) 驻点为零向量，此时有

$$\nabla^2 f(0) = -Z \prec 0$$

因此零向量是局部极大值点($\lambda_n > 0$)或者严格鞍点($\lambda_n = 0$)，证毕。

由定理 3-9 可知，虽然优化问题(3-41)非凸，但是其解具有非常好的结构和性质，能保证优化算法(梯度下降法)可以快速求解出全局最优解。前面分析了秩一矩阵逼近问题，接下来讨论一般低秩矩阵分解模型(3-40)。

优化目标函数关于变量 U、V 是双凸的，存在无穷多解。其解集记为

$$\tilde{U} = \left\{UP \mid PQ^{\mathrm{T}} = I\right\}, \quad \tilde{V} = \left\{VQ \mid PQ^{\mathrm{T}} = I\right\} \tag{3-43}$$

当矩阵P或Q接近奇异时，会导致优化目标条件变得较差，为了避免这种情况，往往需要引入正则项$\left\|U^{\mathrm{T}}U-V^{\mathrm{T}}V\right\|_F^2$，使得原始问题变为

$$\min_{U,V} J(U,V)=f\left(UV^{\mathrm{T}},Y\right)+\mu\left\|U^{\mathrm{T}}U-V^{\mathrm{T}}V\right\|_F^2 \tag{3-44}$$

正则项$\left\|U^{\mathrm{T}}U-V^{\mathrm{T}}V\right\|_F^2$的引入使解$UP$和$VQ$二者尽可能平衡。针对上述非凸优化问题，可以证明其所有局部极小解都是全局极小解。

定理 3-10[14] 对任意给定的$\mu>0$，优化问题(3-44)的每一个驻点满足：

$$U^{\mathrm{T}}U-V^{\mathrm{T}}V=0$$

进一步，假定函数$f(X,Y)$满足$(2r,4r)$-限定性强凸和光滑条件，且强凸因子α和光滑因子β满足$\dfrac{\beta}{\alpha}\leqslant 1.5$。令$\mu\leqslant\dfrac{\alpha}{16}$，那么优化问题(3-44)的任何一个局部极小点都是全局极小点，且有$U_*V_*^{\mathrm{T}}=X_*$。此外任何非局部极小点的驻点一定是严格鞍点，满足：

$$\lambda_{\min}\left(\nabla^2\left(J(W)\right)\right)\leqslant\begin{cases}-0.08\alpha\sigma_r\left(X_*\right), & d=r_*\\ -0.05\alpha\cdot\min\left\{\sigma_{r_*}^2(W),2\sigma_{r_*}\left(X_*\right)\right\}, & d>r_*\\ -0.1\alpha\sigma_{r_*}\left(X_*\right), & r_*=0\end{cases}$$

式中，$W=\left[U^{\mathrm{T}}\ V^{\mathrm{T}}\right]^{\mathrm{T}}$；$r_*\leqslant r$，是矩阵$W$的秩；$J(W)=J(U,V)$；$\lambda_{\min}(\cdot)$是最小特征值；$\sigma_l(\cdot)$是第$l$个最大奇异值。

定理 3-10 表明非凸优化问题可以通过许多迭代计算方法进行求解，如信赖域法、随机梯度下降法和交替方向极小化方法等，并且这些方法求得的局部极小解一定是全局最优解。

前面讨论了基于矩阵分解的低秩逼近模型，其中很关键的因子是分解矩阵的维度$d\ll\min(m,n)$，该分解方法通过控制矩阵维度d的大小来约束解的秩。然而上述基于矩阵分解的低秩逼近模型不能显式刻画出所求得解的奇异值的分布特性(如核范数正则为了使得解的奇异值在l_1范数下度量是稀疏的)。在许多实际问题中，矩阵的低秩特性是和其奇异值分布密切相关的，奇异值的稀疏分布导致其秩较低，显然上述基于矩阵分解的低秩逼近模型不具备刻画奇异值的分布特性。

为了弥补矩阵分解模型的这一缺陷，下面介绍奇异值正则模型的等价矩阵分解形式。首先给出下面引理。

引理 3-2[15] 对任意矩阵$X\in R^{m\times n}$，其核范数$\|X\|_*$可以通过如下矩阵分解范数等价刻画：

$$\|X\|_* = \inf_{X=UV^{\mathrm{T}}} \|U\|_F \|V\|_F = \inf_{X=UV^{\mathrm{T}}} \frac{1}{2}\left(\|U\|_F^2 + \|V\|_F^2\right) \tag{3-45}$$

引理 3-2 的证明主要基于以下引理 3-3。

引理 3-3[16]　对于任意矩阵 $A \in R^{m\times d}, B \in R^{n\times d}$ ，记 $\sigma_i(\cdot), i=1,2,\cdots,d$ 为从大到小排序的奇异值，则下面不等式成立：

$$\sum_{i=1}^{\min\{m,n,l\}} \sigma_i^p(AB) \leqslant \sum_{i=1}^{\min\{m,n,l\}} \sigma_i^p(A)\sigma_i^p(B),\ p>0$$

根据引理 3-3，令 $p=1$ 和不等式 $a^2+b^2 \geqslant 2ab$ ，即可证明引理 3-2。

不同于前面介绍的正则项 $\left\|U^{\mathrm{T}}U - V^{\mathrm{T}}V\right\|_F^2$ 使解满足 $U^{\mathrm{T}}U = V^{\mathrm{T}}V$ ，正则项 $\inf_{X=UV^{\mathrm{T}}} \frac{1}{2}\left(\|U\|_F^2 + \|V\|_F^2\right)$ 使得 $\mathrm{tr}\left(U^{\mathrm{T}}U\right) = \mathrm{tr}\left(V^{\mathrm{T}}V\right)$ ，同时 $\mathrm{tr}\left(U^{\mathrm{T}}U\right)$ 要尽可能小，因此能够刻画奇异值的稀疏性。有了引理 3-2，前面讲述的矩阵核范数正则问题(3-32)完全可以通过矩阵分解范数替代，于是奇异值正则问题可以等价地刻画为

$$\min_X f(X,Y) + \inf_{X=UV^{\mathrm{T}}} \frac{\lambda}{2}\left(\|U\|_F^2 + \|V\|_F^2\right)$$

进一步可以证明上面问题等价于如下最优化问题：

$$\min_{U,V} J(U,V) = f\left(UV^{\mathrm{T}}, Y\right) + \frac{\lambda}{2}\left(\|U\|_F^2 + \|V\|_F^2\right) \tag{3-46}$$

虽然问题(3-46)等价于矩阵核范数正则问题(3-32)，但问题(3-46)关于 U 和 V 非凸，因此奇异值正则模型和上述分解模型两个优化目标函数之间的等价关系是关注的重点。

基于前面矩阵分解模型的理论分析，可以得到上述分解范数问题(3-46)的局部最优解与全局最优解的关系。首先介绍限定性良态条件。

定义 3-4　称函数 $f(X)$ 为限定性良态的，如果给定 r ，下面不等式成立：

$$\alpha\|D\|_F^2 \leqslant \left[\nabla^2 f(X)\right](D,D) \leqslant \beta\|D\|_F^2$$

式中，$\beta/\alpha \leqslant 1.5$ 。$\mathrm{rank}(X) \leqslant 2r$ 且 $\mathrm{rank}(D) \leqslant 4r$ 。

下面定理给出了两种不同模型解关系的刻画。

定理 3-11[17]　假定函数 $f(X,Y)$ 关于 X 满足限定性良态条件。假设 X_* 是问题(3-46)的最优解且 $\mathrm{rank}(X_*) = r_*$ ，$\lambda > 0$ 。令模型中矩阵维度 $d \geqslant r_*$ ，U_*、V_*为上述优化问题的驻点($\nabla J(U,V)=0$)，那么 U_*、V_*满足 $X_* = U_* V_*^{\mathrm{T}}$ ，或者 U_*、V_*是严格鞍点：

$$\lambda_{\min}\left(\nabla^2 J(U,V)\right) \leqslant \begin{cases} -0.12\alpha \min\left\{0.5\rho^2(W), \rho(X_*)\right\}, & d > r_* \\ -0.099\alpha\rho(X_*), & d = r_* \\ -0.12\alpha\rho(X_*), & W=0 \end{cases}$$

式中，$W = \left[U^{\mathrm{T}}\ V^{\mathrm{T}}\right]^{\mathrm{T}}$；$\rho(W)$是矩阵$W$的最小非零奇异值。

定理 3-11 从理论上保证常用的优化算法，如梯度下降法、交替方向法等，可以有效地求解上述非凸优化问题，得到和原始凸优化问题同样的解。下面以矩阵补全问题为例来求解上述优化问题。考虑下面矩阵补全问题：

$$\min_{U,V} \frac{1}{2}\left\|\mathcal{P}_{\Omega}\left(Y - UV^{\mathrm{T}}\right)\right\|_F^2 + \frac{\lambda}{2}\left(\|U\|_F^2 + \|V\|_F^2\right) \tag{3-47}$$

针对问题(3-47)两个优化变量的模型，一般采用交替方向极小化方法或者块坐标下降(block coordinate descent，BCD)法来求解，其核心思想为固定一个变量，极小化另一个变量。例如，在第k步迭代，固定V_k，求解U：

$$U_{k+1} = \arg\min_{U} \frac{1}{2}\left\|\mathcal{P}_{\Omega}\left(Y_k - UV_k^{\mathrm{T}}\right)\right\|_F^2 + \frac{\lambda}{2}\|U\|_F^2$$

为了便于计算，U_{k+1}的最优解可以通过一步梯度下降来替代，即采用块坐标下降法：

$$U_{k+1} = (1-\lambda)U_k - \eta\mathcal{P}_{\Omega}^{\mathrm{T}}\left(\mathcal{P}_{\Omega}\left(Y - U_k V_k^{\mathrm{T}}\right)\right)V_k \tag{3-48}$$

固定U_{k+1}，更新V，采用和更新U同样的方法：

$$V_{k+1} = (1-\lambda)V_k - \eta\left(U_{k+1}^{\mathrm{T}}\mathcal{P}_{\Omega}^{\mathrm{T}}\left(\mathcal{P}_{\Omega}\left(Y - U_{k+1}V_k^{\mathrm{T}}\right)\right)\right)^{\mathrm{T}} \tag{3-49}$$

交替迭代直到收敛。算法的详细流程如算法 3-7 所示。

算法 3-7　基于块坐标下降(BCD)法的低秩矩阵补全算法

目标： 求解极小化问题$\min\limits_{U,V} \frac{1}{2}\left\|\mathcal{P}_{\Omega}\left(Y - UV^{\mathrm{T}}\right)\right\|_F^2 + \frac{\lambda}{2}\left(\|U\|_F^2 + \|V\|_F^2\right)$。

输入： 矩阵Y、正则化因子λ和可容忍的迭代误差ε_0。

初始化： 初始化$k=0$，$U_0 \in R^{m\times d}$、$V_0 \in R^{n\times d}$为随机矩阵。

开始迭代： $k = k+1$，

1) 根据式(3-48)计算更新U：$U_{k+1} = (1-\lambda)U_k - \eta\mathcal{P}_{\Omega}^{\mathrm{T}}\left(\mathcal{P}_{\Omega}\left(Y - UV_k^{\mathrm{T}}\right)\right)V_k$；

2) 根据式(3-49)计算更新V：$V_{k+1} = (1-\lambda)V_k - \eta\cdot$

$\left(U_{k+1}^{\mathrm{T}}\mathcal{P}_{\Omega}^{\mathrm{T}}\left(\mathcal{P}_{\Omega}\left(Y-U_{k+1}V^{\mathrm{T}}\right)\right)\right)^{\mathrm{T}}$；

3) 停止准则：如果 $\max\left\{\|U_{k+1}-U_k\|_F^2/\|U_k\|_F^2, \|V_{k+1}-V_k\|_F^2/\|V_k\|_F^2\right\}\leqslant\varepsilon_0$，停止。

输出： k 次迭代后得到的解 $X_k=U_kV_k^{\mathrm{T}}$。

下面简单对比分析一下奇异值正则模型(3-32)和矩阵分解范数正则模型(3-46)二者的区别。首先定理 3-11 从理论上保证了非凸分解模型局部极小解和模型(3-32)解的等价性，算法 3-7 给出了具体求解过程。理论上两个模型是等价的，但在计算复杂度和存储复杂度上，模型(3-46)较模型(3-32)有明显的优势：①相较于算法 3-5，算法 3-7 计算过程中完全没有涉及奇异值分解；②模型(3-32)的变量存储复杂度为 $\mathcal{O}(mn)$，而模型(3-46)的变量存储复杂度为 $\mathcal{O}(md+nd)\ll\mathcal{O}(mn)$。

注： 算法 3-7 中若设定初始化为 $U_0=U\Sigma^{1/2}$，$V_0=V\Sigma^{1/2}$，则会使得优化算法快速收敛到最优解，其中 $Y=U\Sigma V^{\mathrm{T}}$ 为矩阵 Y 的奇异值分解。

3.2.2 Trace-Lasso 模型

前面介绍了基于 l_1 范数极小化的稀疏正则模型，通过求解一个凸优化问题，稀疏正则模型旨在选择最能有效表示数据的字典原子，进而缩小表示空间：

$$\min_{\alpha}\frac{1}{2}\|x-D\alpha\|_2^2+\lambda\|\alpha\|_1 \tag{3-50}$$

模型(3-50)中的 l_1 范数稀疏度量 $\|\cdot\|_1$ 不能够自适应于具体问题(或者不同字典)。例如，当字典矩阵 D 接近正交矩阵时，α 应该比较稀疏，而当矩阵 D 具有某种聚类结构(如 D 的秩较小)时，希望表示系数 α 能够有效捕捉这种结构，进而达到分组稀疏的效果。此时 α 不一定是稀疏的，$\|\cdot\|_1$ 便不能很好地刻画这种特殊结构，此外当矩阵 D 原子相关性较高时，稀疏正则模型(3-50)的解不稳定。

下面分析一种能够自适应于字典原子本身结构且较稳定的正则模型——Trace-Lasso 模型[18]。Trace-Lasso 是介于 l_2 范数和 l_1 范数之间的函数，根据字典 D 自适应调整正则效果。首先给出 Trace-Lasso 的定义。

定义 3-5　给定矩阵 $P\in R^{m\times n}$，其列向量为单位向量(列向量范数为 1)。定义一种范数 Ω_P 为

$$\Omega_P(w)=\|P\mathrm{Diag}(w)\|_* \tag{3-51}$$

式中，$\mathrm{Diag}(w)$ 表示由向量 w 生成的对角矩阵。

容易证明 Trace-Lasso $\Omega(w)$ 为一种向量范数。下面简单说明常用的 l_2 范数和 l_1 范数是 Trace-Lasso 的特例。矩阵 $P\mathrm{Diag}(w)$ 可以表示为如下秩一矩阵的线性组合：

$$P\mathrm{Diag}(w)=\sum_{i=1}^{n}w_iP_{\cdot i}e_i^{\mathrm{T}}$$

当矩阵 P 列正交时，有

$$\left\|P\mathrm{Diag}(w)\right\|_*=\sum_{i=1}^{n}|w_i|=\|w\|_1$$

当矩阵 P 为秩一矩阵且满足 $P=p1^{\mathrm{T}}$ 时，有

$$\left\|P\mathrm{Diag}(w)\right\|_*=\left\|pw^{\mathrm{T}}\right\|_*=\|w\|_2$$

因此，Trace-Lasso 是一种自适应的正则函数，会随着 P 相关性结构的变化而变化。下面命题说明 Trace-Lasso 只和矩阵 P 的相关矩阵 $P^{\mathrm{T}}P$ 有关。

命题 3-1　给定矩阵 $P\in R^{m\times n}$，其列向量为单位向量(列向量范数为 1)，下面等式成立：

$$\Omega_P(w)=\left\|\left(P^{\mathrm{T}}P\right)^{1/2}\mathrm{Diag}(w)\right\|_*$$

命题 3-1 的结论对式(3-51)至关重要，说明了自适应的正则函数(Trace-Lasso)会随着字典的相关矩阵 $D^{\mathrm{T}}D$ 自适应调整正则效果。因此将稀疏正则模型(3-50)修改为 Trace-Lasso 模型：

$$\min_{\alpha}\frac{1}{2}\|x-D\alpha\|_2^2+\lambda\left\|D\mathrm{Diag}(\alpha)\right\|_* \tag{3-52}$$

使得模型能够自适应于字典 D 。然而矩阵核范数相比于向量 l_2 范数和 l_1 范数具有较大的计算复杂度，给问题求解带来一定的困难。为了求解模型(3-52)，首先介绍矩阵核范数的一种变分表达形式。

引理 3-4　给定矩阵 $P\in R^{m\times n}$，矩阵 P 的核范数为

$$\|P\|_*=\frac{1}{2}\inf_{S\succcurlyeq 0}\mathrm{tr}\left(P^{\mathrm{T}}S^{-1}P\right)+\mathrm{tr}(S) \tag{3-53}$$

其极小值在 $S=\left(PP^{\mathrm{T}}\right)^{1/2}$ 处可得。

基于引理 3-4，模型(3-52)等价于如下极小化问题：

$$\min_{\alpha,S\succcurlyeq 0}\|x-D\alpha\|_2^2+\lambda\alpha^{\mathrm{T}}\mathrm{Diag}\left(\mathrm{diag}\left(D^{\mathrm{T}}S^{-1}D\right)\right)\alpha+\lambda\mathrm{tr}(S) \tag{3-54}$$

极小化问题(3-54)可以通过交替极小化方法进行求解。为了避免半正定矩阵 S 不可逆，需要对 S 加上适当的正则项 $\lambda\mu\mathrm{tr}\left(S^{-1}\right)$，可求得

$$S=\left(D\mathrm{Diag}(\alpha)^2D^{\mathrm{T}}+\mu I\right)^{1/2} \tag{3-55}$$

极小化 α 是一个简单的最小二乘问题，相当于求解下面线性方程的解：

$$\left(D^{\mathrm{T}}D+\lambda W\right)\alpha=D^{\mathrm{T}}x \tag{3-56}$$

式中，$W=\mathrm{Diag}\left(\mathrm{diag}\left(D^{\mathrm{T}}S^{-1}D\right)\right)$。线性方程(3-56)可以通过迭代法进行快速求解。算法 3-8 给出了求解 Trace-Lasso 模型(3-52)的算法流程。

算法 3-8　Trace-Lasso 算法

目标： 求解极小化问题 $\min\limits_{\alpha,S\geqslant 0}\|x-D\alpha\|_2^2+\lambda\alpha^{\mathrm{T}}\mathrm{Diag}\left(\mathrm{diag}\left(D^{\mathrm{T}}S^{-1}D\right)\right)\alpha+\lambda\mathrm{tr}(S)$。

输入： 向量 x、正则化因子 λ 和可容忍的迭代误差 ε_0。

初始化： 初始化 $k=0$，$\alpha_0\in R^n$ 为随机向量，$S_0=\left(D\mathrm{Diag}(\alpha_0)^2D^{\mathrm{T}}\right)^{1/2}$。

开始迭代： $k=k+1$，

1) 根据式(3-55)计算更新 S：$S_{k+1}=\left(D\mathrm{Diag}(\alpha_k)^2D^{\mathrm{T}}+\mu_k I\right)^{1/2}$；

2) 根据式(3-56)计算更新 α：$\alpha_{k+1}=\left(D^{\mathrm{T}}D+\lambda W\right)^{-1}D^{\mathrm{T}}x$；

3) 停止准则：如果 $\max\left\{\|S_{k+1}-S_k\|_F^2/\|S_k\|_F^2,\|\alpha_{k+1}-\alpha_k\|_F^2/\|\alpha_k\|_F^2\right\}\leqslant\varepsilon_0$，停止。

输出： k 次迭代后得到的解 α_k。

下面通过仿真实验对比 Trace-Lasso 算法和其他相关算法性能的优劣。取 $D\in R^{256\times1024}$ 为服从均值为 0，方差为 1 的高斯随机采样，并设置不同相关性。设置不同 α (逐渐增大 α 中非零元素个数)。实验结果如图 3-4 所示，实验对比了几种典型算法。在实验 1 中，D 中的元素不相关，因此 Trace-Lasso 和成对 elastic net 的估计误差较低。在实验 2 和实验 3 中，D 中的元素有较高的相关性，Trace-Lasso 可以充分自适应于 D 中的结构，因此具有较好的估计准确度。

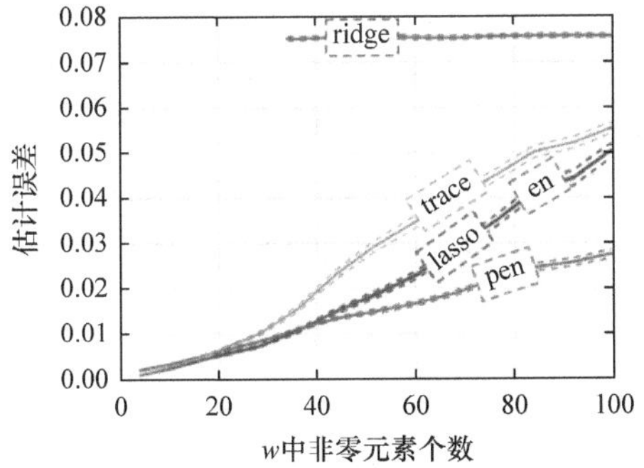

(a) 实验1

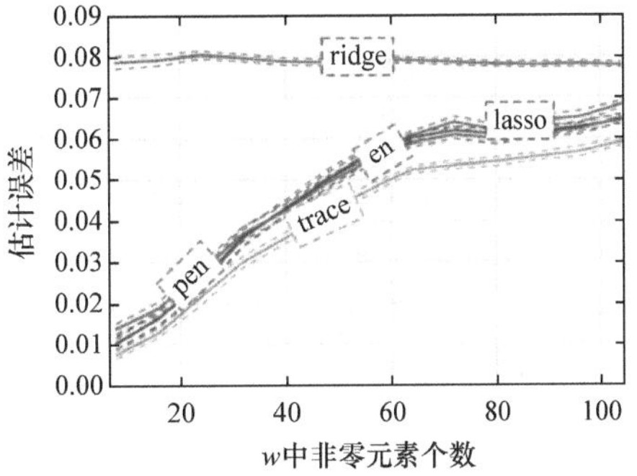

(b) 实验2

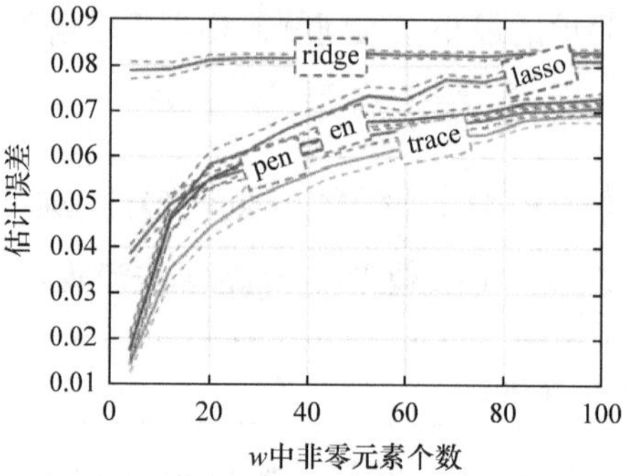

(c) 实验3

图 3-4　Trace-Lasso 实验结果对比图

ridge 为文献[19]的算法的结果；lasso 为 l_1 范数正则化算法的结果；en 为 elastic net[20]的结果；pen 为成对 elastic net[21]的结果；trace 为 Trace-Lasso 算法的结果

3.2.3　Schatten-*p* 范数与自适应低秩

3.2.1 小节中主要介绍了核范数正则的低秩逼近模型，并给出了基于矩阵分解的等价刻画。本小节将讨论奇异值的非凸正则函数，如 Schatten-*p* 范数，主要关注 Schatten-*p* 范数所具有的性质及其等价的矩阵分解刻画。

首先回忆一下 Schatten-*p* 范数的定义，给定一个矩阵 $X \in R^{m\times n}$，$\operatorname{rank}(X)=r$，Schatten-*p* 范数为 $\|X\|_{S_p}=\left[\sum_{i=1}^{r}\sigma_i^p(X)\right]^{1/p}$。当 $p=1$ 时，Schatten-*p* 范数为矩阵的核范数；当 $0<p<1$ 时，Schatten-*p* 范数是比核范数更逼近矩阵秩的一种度量。因此 Schatten-*p* 范数可以作为低秩逼近模型的正则函数，对应的低秩正则模型为

$$\min_X J(X)=f(X,Y)+\lambda\|X\|_{S_p}^p \tag{3-57}$$

Schatten-*p* 范数在理论上和低秩矩阵逼近性能上较核范数有明显的优势[18]。

1. 非凸奇异值正则分解形式的理论

类似于奇异值范数，低秩正则模型(3-57)也可以通过 PGD 法进行求解。由于其为显式奇异值正则，求解过程需要多次计算奇异值分解，因此计算效率低下。前面介绍了核范数的矩阵分解形式，是否矩阵 Schatten-*p* 范数也存在相应分解形式？有大量工作研究矩阵 Schatten-*p* 范数的矩阵分解形式，如 Shang 等[22]提出了一系列矩阵分解范数，如下述定理所示。

定理 3-12　对任意矩阵 $X\in R^{m\times n}$ 满足 $\operatorname{rank}(X)=r<d$，存在 $U\in R^{m\times d}$，$V\in R^{n\times d}$，有下面等式成立：

$$\|X\|_{S_{1/2}}=\min_{U,V:X=UV^{\mathrm{T}}}\|U\|_*\|V\|_*=\min_{U,V:X=UV^{\mathrm{T}}}\frac{1}{4}\left(\|U\|_*+\|V\|_*\right)^2 \tag{3-58}$$

式中，$\|X\|_{S_{1/2}}$ 为矩阵 X 的 Schatten-p 范数($p=\frac{1}{2}$)。

定理 3-13 对任意矩阵 $X\in R^{m\times n}$ 满足 $\operatorname{rank}(X)=r<d$ ，存在 $U\in R^{m\times d}$ ，$V\in R^{n\times d}$ ，有下面等式成立：

$$\|X\|_{S_{2/3}}=\min_{U,V:X=UV^{\mathrm{T}}}\left[\left(\|U\|_F^2+2\|V\|_*\right)/3\right]^{3/2} \tag{3-59}$$

式中，$\|X\|_{S_{2/3}}$ 为矩阵 X 的 Schatten-p 范数($p=\frac{2}{3}$)。

定理 3-12 和定理 3-13 给出了矩阵 X 的 Schatten-p 范数中的两个特例。根据引理 3-3，很容易推导出如下定理[23]。

定理 3-14[23] 对任意矩阵 $X\in R^{m\times n}$ 满足 $\operatorname{rank}(X)=r<d$ ，存在 $U\in R^{m\times d}$ ，$V\in R^{n\times d}$ ，对任意 $p,p_1,p_2>0$ 满足 $\frac{1}{p}=\frac{1}{p_1}+\frac{1}{p_2}$ ，有下面等式成立：

$$\frac{1}{p}\|X\|_{S_p}^p=\min_{U,V:X=UV^{\mathrm{T}}}\frac{1}{p_1}\|U\|_{S_{p_1}}^{p_1}+\frac{1}{p_2}\|V\|_{S_{p_2}}^{p_2} \tag{3-60}$$

证明： 任意给定矩阵 X 可分解为 $X=UV^{\mathrm{T}}$，其中 $U\in R^{m\times d}$，$V\in R^{n\times d}$ 。对任意 p、μ、v 满足 $1/\mu+1/v=1$ ，有

$$\begin{aligned}
&\sum_{i=1}^{\min\{m,n,d\}}\sigma_i^p(X)\\
&\leqslant\sum_{i=1}^{\min\{m,n,d\}}\sigma_i^p(U)\sigma_i^p(V)\quad(*)\\
&\leqslant\left(\sum_{i=1}^{\min\{m,n,d\}}\sigma_i^{p\mu}(U)\right)^{1/\mu}\left(\sum_{i=1}^{\min\{m,n,d\}}\sigma_i^{pv}(V)\right)^{1/v}\quad(**)\\
&\leqslant\frac{1}{\mu}\left(\sum_{i=1}^{\min\{m,n,d\}}\sigma_i^{p\mu}(U)\right)+\frac{1}{v}\left(\sum_{i=1}^{\min\{m,n,d\}}\sigma_i^{pv}(V)\right)\quad(***)\\
&\leqslant\frac{1}{\mu}\left(\sum_{i=1}^{\min\{m,d\}}\sigma_i^{p\mu}(U)\right)+\frac{1}{v}\left(\sum_{i=1}^{\min\{n,d\}}\sigma_i^{pv}(V)\right)
\end{aligned}$$

其中，不等式 $(*)$ 根据引理 3-3 所得；不等式 $(**)$ 根据赫尔德不等式所得；不等式 $(***)$ 根据詹森不等式作用在 $\ln(\cdot)$ 函数上所得。将 $\mu=p_1/p$，$v=p_2/p$ 代入上面不等式有

$$\frac{1}{p}\|X\|_{S_p}^p \leqslant \min_{U,V:X=UV^{\mathrm{T}}} \frac{1}{p_1}\|U\|_{S_{p_1}}^{p_1} + \frac{1}{p_2}\|V\|_{S_{p_2}}^{p_2}$$

当 $d \leqslant \min\{m,n\}$ 时，$X = U_X \Sigma_X V_X^{\mathrm{T}}$ 为矩阵 X 的奇异值分解。令 $U = U_X \Sigma_X^{p/p_1}$，$V = V_X \Sigma_X^{p/p_2}$，其中 Σ_X 为对角矩阵，Σ_X^p 为每个对角元素的 p 次方。此时上面不等式的等号成立，因此有

$$\frac{1}{p}\|X\|_{S_p}^p = \min_{U,V:X=UV^{\mathrm{T}}} \frac{1}{p_1}\|U\|_{S_{p_1}}^{p_1} + \frac{1}{p_2}\|V\|_{S_{p_2}}^{p_2}$$

证明完毕。

定理 3-14 将矩阵 Schatten-p 范数的双线性矩阵分解等价形式推广到了所有 $0 < p < 1$ 的情形，同时给出了非常简洁的证明方法，可以看出定理 3-12 和定理 3-13 的结论为定理 3-14 结论的两个特例。Xu 等[23]不仅给出了矩阵的双线性分解形式，同时给出了多线性分解形式，如下面推论所述。

推论 3-1[23]　(Schatten-p 范数的多线性分解形式)给定 $N > 2$ 个矩阵 $X_i, i = 1, 2, \cdots, N$，其中 $X \in R^{m\times n}$，$X_1 \in R^{m\times d_1}$，$X_i \in R^{d_{i-1}\times d_1}$，$i = 2,3,\cdots,N-1$，$X_N \in R^{d_{N-1}\times n}$，且矩阵 X 的秩满足 $\operatorname{rank}(X) = r \leqslant \min\{d_i, m, n, i = 1,2,\cdots,N-1\}$。对于任意 $p, p_1, \cdots, p_N > 0$ 满足 $1/p = \sum_{i=1}^{N} 1/p_i$，有下面等式成立：

$$\frac{1}{p}\|X\|_{S_p}^p = \min_{X_i:X=\prod_{i=1}^{N} X_i} \sum_{i=1}^{N} \frac{1}{p_i}\|X_i\|_{S_{p_i}}^{p_i} \tag{3-61}$$

推论 3-1 较定理 3-14 形式更灵活，对任意 $p > 0$ 可以通过选取合适的矩阵个数 N 和相应的 p_i 使上述模型更易于计算，如取 $p_i = 2, i = 1,2,\cdots,N$，$N = \dfrac{2}{p}$。然而引入更多的 X_i 意味着将原始优化变量 X 进行过参数化，因此需要更多的存储空间和计算开销。

模型(3-60)和模型(3-61)包含矩阵 Schatten-p 范数的所有情形，形成了一个更加统一的低秩矩阵分解模型。然而定理 3-14 中给出的双 Schatten-p 范数分解形式仍然需要多次计算矩阵 U、V 的奇异值分解，并且其解不唯一，解的集合为 $\tilde{U} = \{UP \mid PQ^{\mathrm{T}} = I\}$、$\tilde{V} = \{VQ \mid PQ^{\mathrm{T}} = I\}$。对于矩阵分解 $X = UV^{\mathrm{T}}$，U 刻画的是 X 的列空间，V 刻画的是 X 的行空间，奇异值为矩阵在列空间和行空间上的能量大小。基于这一认识出发，下面介绍 Schatten-p 范数基于矩阵 U 和 V 的列范数刻画的分解形式。

文献[24]提出了分解模型中基于分解因子矩阵 U 和 V 的列范数分组稀疏的模型。

定理 3-15[24]　给定 $\alpha>0$，$p\in\{1,1/2,1/4,\cdots\}$，对任意给定的矩阵 $X\in R^{m\times n}$，其秩 $\operatorname{rank}(X)=r\leqslant d\leqslant\min(m,n)$，下面等式成立：

$$\begin{cases}(1+1/p)\alpha^{p/(p+1)}\sum_{j=1}^{r}\sigma_j^{p/(p+1)}(X)=\min\limits_{X=UV^{\mathrm{T}}}\dfrac{1}{p}\|U\|_{2,p}^{p}+\alpha\|V\|_{2,1}\\(1/2+1/p)\alpha^{p/(p+2)}\sum_{j=1}^{r}\sigma_j^{2p/(p+2)}(X)=\min\limits_{X=UV^{\mathrm{T}}}\dfrac{1}{p}\|U\|_{2,p}^{p}+\dfrac{\alpha}{2}\|V\|_F^2\end{cases}$$

式中，$\|U\|_{2,p}^{p}=\sum_{i=1}^{d}\|U_{\cdot i}\|_2^p$；$\|U\|_{2,p}=\sum_{i=1}^{d}\|U_{\cdot i}\|_2$。

定理 3-15 基于矩阵 X 的列空间和行空间的结构化范数刻画 Schatten-p 范数，其中 $p\in\{1,1/2,1/4,\cdots\}$。定理 3-15 的计算有效地避免了矩阵奇异值分解。文献[20]给出了 Schatten-p 范数对于任意 p 的变分形式，是定理 3-13 中模型的推广。

定理 3-16[21]　给定矩阵 $X\in R^{m\times n}$ 满足 $\operatorname{rank}(X)=r\leqslant d\leqslant\min(m,n)$，对于任意 $0<p\leqslant1$，下面等式成立：

$$\begin{aligned}\|X\|_{S_p}^{p}&=\min_{d\in N_+}\min_{X=UV^{\mathrm{T}}}\sum_{i=1}^{d}\|u_i\|_2^p\|v_i\|_2^p\\&=\min_{d\in N_+}\min_{X=UV^{\mathrm{T}}}\frac{1}{2^p}\sum_{i=1}^{d}\left(\|u_i\|_2^2+\|v_i\|_2^2\right)^p\end{aligned}\tag{3-62}$$

式中，u_i和v_i分别是矩阵 U 和 V 的第 i 列。

与定理 3-15 相比，定理 3-16 中涉及分解因子矩阵 U 和 V 维度的极小化过程。同时式(3-62)没有有效地把 U 和 V 的计算解耦开，给模型的进一步求解带来了困难。不同于文献[21]和[24]中关于分解因子矩阵的列范数正则模型的启发式思想，基于广义酉不变度规(generalized unitarily invariant gauge，GUIG)函数推导出一系列奇异值正则函数的矩阵分解模型[25]，同时通过分解因子矩阵的列范数正则模型来进行刻画。首先定义一个 GUIG 函数。

定义 3-6　给定矩阵 $X\in R^{m\times n}$ 满足 $\operatorname{rank}(X)=r\leqslant d\leqslant\min(m,n)$，定义如下函数：

$$G_g(X)=\inf\left\{\sum_{i=1}^{d}g(|\lambda_i|):X=\sum_{i=1}^{d}\lambda_iu_iv_i^{\mathrm{T}},\|u_i\|_2=\|v_i\|_2=1\right\}\tag{3-63}$$

式中，$g(\cdot):R\to R$ 为稀疏正则函数。

容易验证函数 $G_g(X)$ 是酉不变的，其中函数 $g(\cdot)$ 作用在秩一分解矩阵的系数上。当向量 $u_1,u_2,\cdots,u_d$ 和 $v_1,v_2,\cdots,v_d$ 为正交向量组时，λ_i 为矩阵 X 的奇异值。对于一般的稀疏正则函数 $g(\cdot)$，$G_g(X)$ 不等价于奇异值函数。下面定理表明当函数

$g(\cdot)$满足特定条件时，$G_g(X)$等价于奇异值函数。

定理 3-17[25]　给定矩阵 $X\in R^{m\times n}$ 满足 $\operatorname{rank}(X)=r\leqslant d\leqslant\min(m,n)$，假设函数 $g(\cdot)$ 满足下面条件：① $g(\cdot)$ 是凹函数且在区间 $(0,+\infty)$ 是增函数；② 函数 $v(t)\equiv g(e^t)$ 是凸函数。有下面等式成立：

$$G_g(X)=\sum_{i=1}^{r}g(\sigma_i(X)) \tag{3-64}$$

定理 3-17 巧妙地在奇异值函数和新定义的 GUIG 函数之间建立了等价关系。容易验证当 $g(\cdot)$ 为绝对值函数 $|\cdot|$，p 次方函数 $g(x)=x^p,0<p<1$，ln 函数 $g(x)=\ln(x)$ 时，定理 3-17 的条件都满足。这里主要关注 $g(x)=x^p$。有了上述等价关系之后，Schatten-p 范数可以通过新定义的 GUIG 函数进行刻画。相比于奇异值函数，GUIG 函数有更大的灵活性。同时基于 GUIG 函数可以很容易地构造矩阵分解表达形式，如下面定理所述。

定理 3-18　对于式(3-63)定义的函数 $G_g(X)$，如果存在函数 $g_1:R\to R$ 和 $g_2:R\to R$ 满足 $g(x)=\min\limits_{x=ab}g_1(a)+g_2(b)$，那么 $G_g(X)$ 存在如下矩阵分解等价表达式：

$$G_g(X)=\min_{X=UV^{\mathrm{T}}}\sum_{i=1}^{d}g_1(\|U_{\cdot i}\|_2)+\sum_{i=1}^{d}g_2(\|V_{\cdot i}\|_2) \tag{3-65}$$

式中，$U_{\cdot i}$ 和 $V_{\cdot i}$ 分别代表矩阵 U 和 V 的第 i 列。

当函数 $g(x)=x^p,0<p\leqslant 1$ 时，式(3-65)矩阵分解形式对应为

$$\|X\|_{S_p}^p=\min_{UV^{\mathrm{T}}}\frac{p}{p_1}\|U\|_{2,p_1}^{p_1}+\frac{p}{p_2}\|V\|_{2,p_2}^{p_2} \tag{3-66}$$

式中，$\|U\|_{2,p}^p=\sum\limits_{i=1}^{d}\|U_{\cdot i}\|_2^p$；$p$、$p_1$、$p_2$ 满足 $1/p=1/p_1+1/p_2$。相比于定理 3-15 中给出的 Schatten-p 范数的矩阵分解形式，式(3-66)更一般化且对所有 $0<p\leqslant 1$ 都成立，包含定理 3-15 中的情形，并为其特例。同时 Schatten-p 范数的上述分解是根据 GUIG 函数矩阵分解形式直接得到的，作为 GUIG 函数矩阵分解形式的一个特例。一个有意思的现象是当 $1/2<p\leqslant 1$ 时，即使 Schatten-p 范数非凸，也可以选择合适的 p_1、p_2 使得式(3-66)为双凸模型。文献[21]进一步给出了 $p=0$ 时的分解形式：

$$\operatorname{rank}(X)=\min_{X=UV^{\mathrm{T}}}\frac{\|U\|_{2,0}+\|V\|_{2,0}}{2}$$

2. 非凸奇异值正则分解形式的求解算法

前面已经介绍了 Schatten-p 范数的矩阵分解表达式，基于分解表达式，下面

讨论其求解算法。Schatten-p 范数正则模型可以表示为如下模型：

$$\min_{UV^{\mathrm{T}}} J\left(U,V\right)=f\left(UV^{\mathrm{T}},Y\right)+\lambda\frac{p}{p_1}\|U\|_{2,p_1}^{p_1}+\lambda\frac{p}{p_2}\|V\|_{2,p_2}^{p_2} \tag{3-67}$$

在求解模型(3-67)之前，有必要分析清楚上述模型和 Schatten-p 范数正则模型最优解之间的关系。下面定理给出了二者最优解关系的刻画。

定理 3-19　假定 X_* 是 Schatten-p 范数正则模型(3-57)的最优解，U_*、V_* 是分解模型(3-67)的最优解，则有下面等式成立：

$$J\left(X_*\right)=J\left(U_*,V_*\right)$$

此外 $\bar{X}=U_*V_*^{\mathrm{T}}$ 也是模型(3-57)的一个最优解，同时存在 X_* 的分解 $X_*=\bar{U}\bar{V}^{\mathrm{T}}$，使得 $\bar{U}$、$\bar{V}$ 为模型(3-67)的最优解。

定理 3-19 的证明可参考文献[25]。模型(3-67)的求解可采用加速块邻近线性化(accelerate block proximal-linearized，ABPL)方法。类似于块坐标下降法，ABPL 每次迭代固定其他变量，最小化一个变量。例如，在第 k 步迭代：

固定 V_k，更新 U 为

$$U_{k+1}=\arg\min_{U}\lambda\frac{p}{p_1}\|U\|_{2,p_1}^{p_1}+\left\langle\nabla f_{U_K}\left(U_kV_k^{\mathrm{T}},Y\right),U-U_k\right\rangle+\frac{\tau_{f_v}^k}{2}\|U-U_k\|_F^2 \tag{3-68}$$

固定 U_{k+1}，更新 V 为

$$V_{k+1}=\arg\min_{V}\lambda\frac{p}{p_2}\|V\|_{2,p_2}^{p_2}+\left\langle\nabla f_{V_K}\left(U_{k+1}V_k^{\mathrm{T}},Y\right),V-V_k\right\rangle+\frac{\tau_{f_u}^k}{2}\|V-V_k\|_F^2 \tag{3-69}$$

式中，利普希茨常数 $\tau_{f_u}^k$ 和 $\tau_{f_v}^k$ 分别设为 $\tau_{f_u}^k=\max\left\{\left\|V^{\mathrm{T}}V\right\|_2,\varepsilon\right\}$ 和 $\tau_{f_v}^k=\max\left\{\left\|U^{\mathrm{T}}U\right\|_2,\varepsilon\right\}$。

进一步可以采用加速策略：

$$\hat{U}_k=U_k+w_u^k\left(U_k-U_{k-1}\right),\quad \hat{V}_k=V_k+w_v^k\left(V_k-V_{k-1}\right) \tag{3-70}$$

式中，$w_u^k=\min\left\{\frac{t_k-1}{t_k+1},0.99\sqrt{\frac{\tau_{f_u}^{k-1}}{\tau_{f_u}^k}}\right\}$；$w_v^k=\min\left\{\frac{t_k-1}{t_k+1},0.99\sqrt{\frac{\tau_{f_v}^{k-1}}{\tau_{f_v}^k}}\right\}$。基于 ABPL 方法的 Schatten-$p$ 范数正则模型的整个算法流程如算法 3-9 所示。

算法 3-9　基于 ABPL 方法的 Schatten-p 范数正则模型求解算法

目标： 求解极小化问题 $\min_{UV^{\mathrm{T}}} f\left(UV^{\mathrm{T}},Y\right)+\lambda\frac{p}{p_1}\|U\|_{2,p_1}^{p_1}+\lambda\frac{p}{p_2}\|V\|_{2,p_2}^{p_2}$。

输入：矩阵Y、p、正则化因子λ和可容忍的迭代误差ε_0。
初始化：初始化$k=0$，V_0为随机矩阵。
开始迭代：$k=k+1$，

1) 根据加速策略(3-70)计算更新$\hat{U}_{k+1}$，其中U_{k+1}根据式(3-68)计算；
2) 根据加速策略(3-70)计算更新$\hat{V}_{k+1}$，其中V_{k+1}根据式(3-69)计算；
3) 如果目标函数不下降：$J\left(\hat{U}_{k+1},\hat{V}_{k+1}\right)\geqslant J\left(\hat{U}_k,\hat{V}_k\right)$，令$\hat{U}_{k+1}=U_{k+1}$，$\hat{V}_{k+1}=V_{k+1}$；
4) 停止准则：如果$\max\left\{\left\|U_{k+1}-U_k\right\|_F^2/\left\|U_k\right\|_F^2,\left\|V_{k+1}-V_k\right\|_F^2/\left\|V_k\right\|_F^2\right\}\leqslant\varepsilon_0$，停止。

输出：k次迭代后得到的解$X_k=U_kV_k^{\mathrm{T}}$。

GUIG 函数可以用来求解大规模低秩矩阵复原问题，如矩阵补全问题和鲁棒主成分分析问题等。下面分别考虑上述两个方面的应用。

(1) 矩阵补全问题。GUIG 正则化的低秩矩阵补全问题可以建模为如下极小化问题：

$$\min_{U,V} J(U,V)=\frac{1}{2}\left\|\mathcal{P}_{\Omega}\left(Y-UV^{\mathrm{T}}\right)\right\|_F^2+\lambda\frac{p}{p_1}\|U\|_{2,p_1}^{p_1}+\lambda\frac{p}{p_2}\|V\|_{2,p_2}^{p_2}$$

进一步可以通过算法 3-9 进行求解。

实验中生成随机矩阵$L\in R^{m\times d}$、$R\in R^{m\times d}$，得到低秩矩阵$Y=LR^{\mathrm{T}}$。同时生成均值为 0，方差为σ^2的高斯噪声$n\in R^{m\times n}$和缺失区域Ω。分别取$m,n=500$、2000、5000、10000，对应的矩阵秩$d=5$、10、15、20，观测比例分别为5%、3.5%、2.5%、2%。采用相对平方根误差(relative square root error, RSRE) $\mathrm{RSRE}=\left\|M-UV^{\mathrm{T}}\right\|_F/\left\|UV^{\mathrm{T}}\right\|_F$作为准确性度量，表 3-1 从估计准确度和计算时间等方面展示了实验结果。实验中对比了 GUIG 方法和几种代表性低秩矩阵补全方法，如基于核范数极小化的 APG[26]方法，基于秩极小化的 LMaFit[27]方法，以及基于 Schatten-p 范数极小化的 IRNN[28]方法、MSS[22]方法。由表 3-1 的结果可以看出，GUIG 方法可以有效地恢复出原始的低秩矩阵，准确率明显高于核范数模型 APG 方法和非凸模型 IRNN 方法。同时 GUIG 方法的计算时间明显少于现有算法，因此在计算上有明显优势。当矩阵维度较高时(如$m=10000$)，GUIG 方法的计算优势非常明显。APG 方法计算需要 15.8s，LMaFit 方法需要 12.2s，非凸模型 MSS 方法需要 26.4s，IRNN 方法由于需要多次计算大规模矩阵的奇异值分解，因此非常耗时(时间大于10^5 s)，相比之下 GUIG-l_0 ($p=0$)和 GUIG-l_p ($p=1/2$)只需要 4.69s 和 7.34s，大大缩短了大规模问题的计算时间。

表 3-1　矩阵补全问题算法估计准确度和计算时间

模型	方法	$m=500$		$m=2000$		$m=5000$		$m=10000$	
		RSRE /10^{-2}	时间 /s	RSRE /10^{-2}	时间 /s	RSRE /10^{-2}	时间 /s	RSRE /10^{-2}	时间 /s
核范数	APG[26]	4.75	2.51	2.07	1.88	1.51	4.97	1.19	15.8
秩模型	LMaFit[27]	4.07	0.142	2.05	0.828	1.47	3.76	1.14	12.2
	GUIG-l_0	3.98	0.052	2.03	0.332	1.47	1.55	1.12	4.69
Schatten-p 模型	IRNN[28]	4.37	73.3	—	$>10^3$	—	$>10^4$	—	$>10^5$
	MSS[22]	4.19	0.782	2.05	3.09	1.46	10.2	1.16	26.4
	GUIG-l_p	4	0.038	2.03	0.407	1.45	2.58	1.14	7.34

除了上述仿真矩阵补全实验外，GUIG 方法还可以用来解决自然图像补全问题。将上述补全模型应用到自然图像中，如图 3-5 所示。图 3-5(a)为自然图像，图 3-5(b)为观测到的缺失图像。实验需要从图 3-5(b)中尽可能清晰地恢复出图 3-5(a)中的图像。图 3-5(c)和(d)分别给出了 GUIG-l_0 和 GUIG-l_p 的补全图像。由图 3-5 可以看出，GUIG 能够有效恢复出缺失图像的整体结构和细节信息，得到比较理想的图像恢复效果。

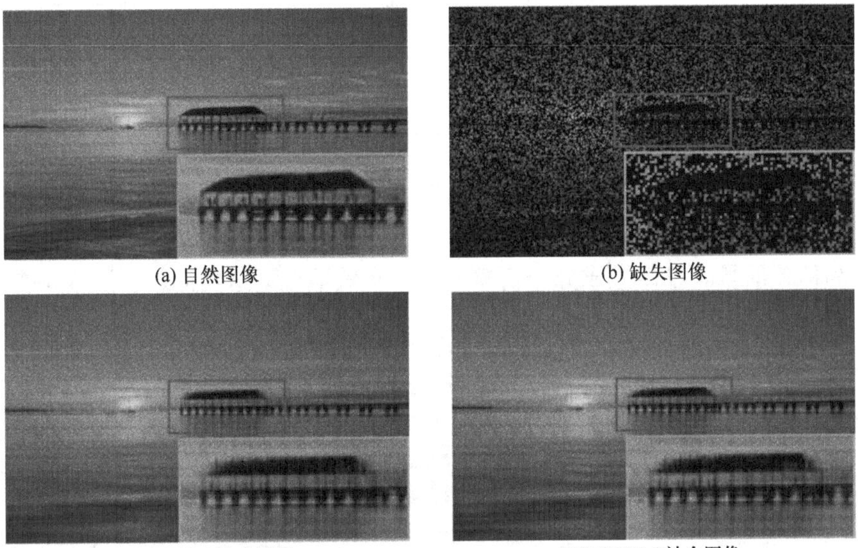

(a) 自然图像　(b) 缺失图像　(c) GUIG-l_0补全图像　(d) GUIG-l_p补全图像

图 3-5　图像补全效果图

(2) 鲁棒主成分分析问题。进一步可以将 GUIG 正则模型应用到鲁棒主成分分析问题中，其相应的优化目标为

$$\min_{U,S,V} \frac{1}{2}\left\|Y-UV^{\mathrm{T}}-S\right\|_F^2+\lambda_1\sum_{i=1}^{d} g_1\left(\left\|U_{\cdot i}\right\|_2\right)+g_2\left(\left\|V_{\cdot i}\right\|_2\right)+\lambda_2\left\|S\right\|_1$$

简单起见，取 $g_1(x)=g_2(x)=x$。算法 3-9 可用来求解上述模型。实验中生成随机高斯矩阵 $L\in R^{m\times d}$、$R\in R^{m\times d}$，随机稀疏矩阵 $S\in R^{m\times n}$ 和均值为 0，方差为 0.1 的高斯噪声 n，进而得到 $Y=LR^{\mathrm{T}}+S+n$。实验结果如表 3-2 所示，仍然采用 RSRE 作为恢复准确性的度量。由表 3-2 可以看出，基于矩阵分解的 GUIG 方法在计算效率上较 MoG-RPCA[29]方法(基于完全矩阵)有明显的优势。MoG-RPCA 方法需要 1.27s 的计算时间，相比而言 GUIG-l_0 方法和 GUIG-l_p 方法需要 0.2~0.3s(矩阵维度 m 为 500 时)。当矩阵维度变大，如 $m=10000$ 时，MoG-RPCA 方法需要几个小时的计算时间，而 GUIG 方法仅需要 100 多秒。同时 GUIG 方法在计算性能和时间上也明显优于基于分解的方法，如 D-N[21]方法和 F-N[22]方法。

表 3-2　鲁棒主成分分析问题算法估计准确度和计算时间

方法	$m=500$		$m=2000$		$m=5000$		$m=10000$	
	s=0.1	d=5	s=0.1	d=10	s=0.15	d=15	s=0.2	d=20
	RSRE /10^{-2}	时间 /s	RSRE /10^{-2}	时间 /s	RSRE /10^{-2}	时间 /s	RSRE /10^{-2}	时间 /s
MoG-RPCA[29]	2.07	1.27	0.997	26.6	0.68	185	—	—
D-N[21]	2.12	0.58	1.08	8.9	0.698	78.2	0.541	305
F-N[22]	2.15	0.51	1.16	7.3	0.707	69	0.553	273
GUIG-l_0	2.06	0.284	1.01	3.27	0.68	32.3	0.513	140
GUIG-l_p	2.03	0.235	1	3.12	0.68	21.8	0.53	103

下面将鲁棒主成分分析模型应用到视频前背景分离任务中。在视频数据中，由于视频帧与帧数据之间具有高度相关性，因此视频数据可以被建模为一个低秩背景和稀疏前景。鲁棒主成分分析模型可以有效地处理这类问题。图 3-6 展示了

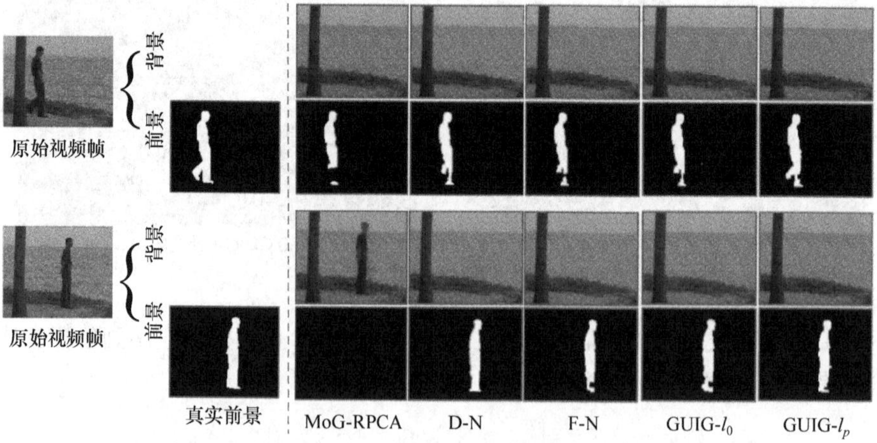

图 3-6　视频前背景分离效果图

视频前背景分离效果，图中可以看出 GUIG 模型能够有效地提取出视频的背景部分和稀疏的前景部分，达到比较理想的分离效果。

参 考 文 献

[1] AHARON M, ELAD M, BRUCKSTEIN A. K-SVD: An algorithm for designing overcomplete dictionaries for sparse representation[J]. IEEE Transactions on Signal Processing, 2006, 54(11): 4311-4322.

[2] BARANIUK R G. Compressive sensing [J]. IEEE Signal Processing Magazine, 2007, 24(4):118-121.

[3] ELAD M, AHARON M. Image denoising via learned dictionaries and sparse representation[C]. Proceedings of the IEEE Conference on Computer Vision and Pattern Recognition, New York, 2006, 1:895-900.

[4] ELAD M. Sparse and Redundant Representations: From Theory to Applications in Signal and Image Processing[M]. New York :Springer Science & Business Media, 2010.

[5] HAN D, YUAN X. A note on the alternating direction method of multipliers[J]. Journal of Optimization Theory and Applications, 2012, 155:227-238.

[6] BECK A, TEBOULLE M. A fast iterative shrinkage-thresholding algorithm for linear inverse problems[J]. SIAM Journal on Imaging Sciences, 2009,2:183-202.

[7] BOYD S, PARIKH N, CHU E, et al. Distributed optimization and statistical learning via the alternating direction method of multipliers[J]. Foundations and Trends in Machine Learning, 2011, 3(1): 1-122.

[8] GU S, ZHANG L, ZUO W, et al. Weighted nuclear norm minimization with application to image denoising[C]. Proceedings of the IEEE Conference on Computer Vision and Pattern Recognition, Columbus, 2014: 2862-2869.

[9] JAIN P, DHILLON I S. Provable inductive matrix completion[J]. arXiv preprint arXiv:1306.0626, 2013.

[10] JI H, HUANG S, SHEN Z, et al. Robust video restoration by joint sparse and low rank matrix approximation[J]. SIAM Journal on Imaging Sciences, 2011, 4(4):1122-1142.

[11] CANDÈS E J, LI X, MA Y, et al. Robust principal component analysis?[J]. Journal of the ACM, 2011, 58(3):1-37.

[12] ZHANG H, QIAN J, ZHANG B, et al. Low-rank matrix recovery via modified Schatten-p norm minimization with convergence guarantees[J]. IEEE Transactions on Image Processing, 2019, 29:3132-3142.

[13] CHI Y, LU Y M, CHEN Y. Nonconvex optimization meets low-rank matrix factorization: An overview[J]. IEEE Transactions on Signal Processing, 2019, 67(20):5239-5269.

[14] ZHU Z, LI Q, TANG G, et al. Global optimality in low-rank matrix optimization[J]. IEEE Transactions on Signal Processing, 2018, 66:3614-3628.

[15] SREBRO N, RENNIE J D, JAAKKOLA T S. Maximum-margin matrix factorization[C]. Advances in Neural Information Processing Systems, Vancouver, 2004:1329-1336.

[16] HORN R A, JOHNSON C R. Topics in Matrix Analysis[M]. Cambridge: Cambridge University Press, 1991.

[17] LI Q,ZHU Z,TANG G. The non-convex geometry of low-rank matrix optimization[J]. Information and Inference: A Journal of the IMA, 2019, 8(1):51-96.

[18] GRAVE E, OBOZINSKI G, BACH F. Trace Lasso: A trace norm regularization for correlated designs[C]. Proceedings of the 24th International Conference on Neural Information Processing Systems, Granada, 2011,24:2187-2195.

[19] HOERL A E, KENNARD R W. Ridge regression: Biased estimation for nonorthogonal problems[J]. Technometrics, 1970, 12(1):55-67.

[20] ZOU H, HASTIE T. Regularization and variable selection via the elastic net[J]. Journal of the Royal Statistical Society: Series B(Statistical Methodology), 2005, 67(2):301-320.

[21] GIAMPOURAS P, VIDAL R, RONTOGIANNIS A, et al. A novel variational form of the Schatten-p quasi-norm[C]. Proceedings of the International Conference on Neural Information Processing Systems,Vancouver, 2020, 33:21453-21463.

[22] SHANG F, CHENG J, LIU Y, et al. Bilinear factor matrix norm minimization for robust PCA: Algorithms and applications[J]. IEEE Transactions on Pattern Analysis and Machine Intelligence, 2018, 40(9):2066-2080.

[23] XU C, LIN Z, ZHA H. A unified convex surrogate for the Schatten-p norm[C]. Proceedings of the 31st AAAI Conference on Artificial Intelligence, San Francisco, 2017, 31: 926-932.

[24] FAN J, DING L, CHEN Y, et al. Factor group-sparse regularization for efficient low-rank matrix recovery[C]. Proceedings of the 33rd International Conference on Neural Information Processing Systems, Vancouver, 2019, 32: 5104-5114.

[25] JIA X, FENG X, WANG W, et al. Generalized unitarily invariant gauge regularization for fast low-rank matrix recovery[J]. IEEE Transactions on Neural Networks and Learning Systems, 2021, 32:1627-1641.

[26] TOH K C, YUN S. An accelerated proximal gradient algorithm for nuclear norm regularized linear least squares problems[J]. Pacific Journal of Optimization, 2010,6:615-640.

[27] WEN Z, YIN W, ZHANG Y. Solving a low-rank factorization model for matrix completion by a nonlinear successive over-relaxation algorithm[J]. Mathematical Programming Computation, 2012, 4(4):333-361.

[28] LU C, TANG J, YAN S, et al. Nonconvex nonsmooth low rank minimization via iteratively reweighted nuclear norm[J]. IEEE Transactions on Image Processing, 2015, 25(2):829-839.

[29] ZHAO Q, MENG D, XU Z, et al. Robust principal component analysis with complex noise[C]. Proceedings of the 31st International Conference on Machine Learning, Beijing, 2014: 55-63.

第 4 章　字典学习方法

第 3 章介绍了稀疏表示理论的基本模型和算法，基于此，本章主要介绍在图像处理中字典学习的理论及相应方法。4.1 节介绍字典学习的两个经典算法：最优方向法(method of optimal directions，MOD)与 K 奇异值分解(K-singular value decomposition，K-SVD)算法；4.2 节介绍光滑字典、多尺度字典与 l_1 松弛；4.3 节分析交替迭代的收敛性；4.4 节讨论 l_1 约束字典学习的直接方法。

4.1　字典学习的两个经典算法

本节采用如下图像退化模型：

$$Y = X + N$$

式中，X 是原始图像；Y 是观察图像；N 是独立同分布的高斯白噪声。设 $R_{ij}Y$ 表示从观察图像 Y 中取出的中心在 (i,j)，大小为 $\sqrt{n}\times\sqrt{n}$ 的块，并排成一个 n 维列向量。为了使用稀疏表示模型，需要定义一个过完备的字典 $D\in R^{n\times k}$，其中 $k>n$。常用下面稀疏表示模型估计原始图像中的每个小块，如对块 $R_{ij}Y$，有

$$\hat{\alpha}_{ij} = \arg\min_{\alpha_{ij}} \left\|\alpha_{ij}\right\|_0 \quad \text{s.t.} \left\|D\alpha_{ij} - R_{ij}Y\right\|_2^2 \leqslant T \tag{4-1}$$

将 $\hat{X}_{ij} = D\hat{\alpha}_{ij}$ 作为原始图像块的估计。如果将式 (4-1)中的约束项转换为惩罚项，可以得到模型：

$$\hat{\alpha}_{ij} = \arg\min_{\alpha_{ij}} \left\|D\alpha_{ij} - R_{ij}Y\right\|_2^2 + \mu\left\|\alpha_{ij}\right\|_0 \tag{4-2}$$

式中，μ 为惩罚因子。在 μ 取适当值的条件下，上述两个问题是等价的。

可以将字典 D 取为傅里叶基、小波基、脊波、曲线波等[1-4]，但这样的固定字典不一定是与数据相适应的。借助于机器学习的思想，选取有代表性的原始图像作为训练样本，通过学习得到与数据自适应的字典，这样的方法称为字典学习方法[5-10]。

记 $Z=\{z_j\}_{j=1}^{M}$ 为 M 个原始图像块的集合，每个原始图像块的大小为 $\sqrt{n}\times\sqrt{n}$，$M>n$。字典学习的目的是寻求一个字典 D，使得 Z 中所有原始图像块在字典 D

下都有很好的稀疏逼近。稀疏字典学习任务可描述为下面的稀疏最小化问题：

$$\min_{D,\{\alpha\}_{j=1}^M} \sum_{j=1}^{M} \left(\mu_j \left\| \alpha_j \right\|_0 + \left\| D\alpha_j - z_j \right\|_2^2 \right) \tag{4-3}$$

4.1.1 MOD 算法

考虑如下字典学习问题：

$$\min_{A,\{x_i\}_{i=1}^M} \sum_{i=1}^{M} \left\| y_i - Ax_i \right\|_2^2 \quad \text{s.t.} \left\| x_i \right\|_0 \leqslant k_0, 1 \leqslant i \leqslant M$$

交替计算稀疏系数 x_i 和字典 A [11,12]：

$$\begin{cases} \hat{x}_i = \arg\min\limits_{x} \left\| y_i - A_{(k-1)}x \right\|_2^2 \quad \text{s.t.} \left\| x \right\|_0 \leqslant k_0 \\ A_{(k)} = \arg\min\limits_{A} \left\| Y - AX_{(k)} \right\|_F^2 = YX_{(k)}^{\mathrm{T}} \left(X_{(k)} X_{(k)}^{\mathrm{T}} \right)^{-1} \end{cases} \tag{4-4}$$

式(4-4)中的第一个式子是稀疏表示问题，可以用第 3 章的方法求解，如匹配追踪算法[13,14]；第二个式子用最小二乘法直接得到最优解，其中 $X_{(k)}$ 的第 i 列为 $\hat{x}_i$。式(4-4)使用 MOD 算法求解的整个流程如算法 4-1 所示。

算法 4-1　MOD 算法

初始化： $k=1$。

初始字典： 通过随机生成元素或从样本中随机抽取 m 个样本构成初始字典 $A_0 \in R^{n\times m}$。

规范化： 对 A_0 的列进行规范化。

迭代： $k=k+1$，并执行下列运算。

1) 稀疏编码：利用追踪算法求解下列问题：

$$\hat{x}_i = \arg\min_{x} \left\| y_i - A_{(k-1)}x \right\|_2^2 \quad \text{s.t.} \left\| x \right\|_0 \leqslant k_0$$

得到稀疏表示 $\hat{x}_i$，$1 \leqslant i \leqslant M$。由此得到矩阵 $X_{(k)}$。

2) 字典学习：执行下面步骤。

MOD：修正字典为

$$A_{(k)} = \arg\min_{A} \left\| Y - AX_{(k)} \right\|_F^2 = YX_{(k)}^{\mathrm{T}} \left(X_{(k)} X_{(k)}^{\mathrm{T}} \right)^{-1}$$

3) 终止规则：如果 $\left\| Y - AX_{(k)} \right\|_F^2$ 小于事先确定的阈值，则停止迭代；否则执行下一步迭代。

输出： 学习得到的字典 $A_{(k)}$。

4.1.2　K-SVD 算法

K-SVD 算法[15](见算法 4-2)与 MOD 算法稍有不同，该算法在 D 已知的情况下，采用 OMP 算法求得近似最优的 $\{\alpha_j\}_{j=1}^{M}$；在更新字典 D 时，依次更新字典 D 中的每一列，同时也改变和该列相关的稀疏表示系数。

算法 4-2　K-SVD 算法

初始化： 设 $\sigma=20$，D 为过完备离散余弦变换(discrete cosine transform，DCT)字典，$k=0$。

迭代： $k=k+1$，

1) 稀疏编码：采用任何一种追踪算法，针对每一图像小块 $R_{ij}X$ 求问题 $\forall ij\ \min\limits_{\alpha_{ij}}\|\alpha_{ij}\|_0\ \ \text{s.t.}\|R_{ij}X-D\alpha_{ij}\|_2^2\leqslant(C\sigma)^2$ 的近似 α_{ij}。

2) 字典更新：通过下面的步骤，对字典 D 中的每一列 $l=1,2,\cdots,k$，依次更新：

找出所有满足 $w_l=\{(i,j)\,|\,\alpha_{ij}(l)\neq 0\}$ 的图像小块 $R_{ij}X$；对每个下标 $(i,j)\in w_l$，计算残差：

$$e_{ij}^{l}=R_{ij}X_{ij}-\sum_{m\neq l}d_m\alpha_{ij}(m)$$

设 E_l 为残差矩阵，其列为 $\{e_{ij}^{l}\}_{(i,j)\in w_l}$，奇异值分解得到 $E_l=U\Delta V^{\mathrm{T}}$。$U$ 的第一列将作为字典 D 的第 l 列升级后的 $\tilde{d}_l$，同时系数 $\{\alpha_{ij}(l)\}_{(i,j)\in w_l}$ 更新为 $\Delta(l,l)$ 乘以 V 的第一列。

输出： 去噪后的图像 $\hat{X}=(\lambda I+\sum\limits_{ij}R_{ij}^{\mathrm{T}}R_{ij})^{-1}(\lambda Y+\sum\limits_{ij}R_{ij}^{\mathrm{T}}D\hat{\alpha}_{ij})$。

图 4-1 给出了冗余离散余弦变换字典和学习的字典。图 4-2 给出了基于字典

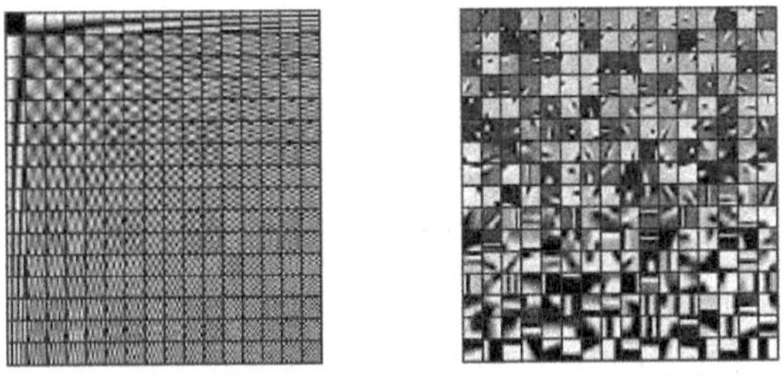

(a) 冗余离散余弦变换字典(ODCT)　　(b) 学习的字典

图 4-1　冗余离散余弦变换字典和学习的字典

学习，芭芭拉图像相应的去噪效果，其中噪声标准差$\sigma=20$。

(a) 原图　(b) 噪声图　(c) 字典学习去噪图 (PSNR=28.8528dB)

图 4-2　基于字典学习的图像去噪效果对比

4.2　光滑字典、多尺度字典与 l_1 松弛

在 4.1 节，选取了一些有代表性的原始图像作为训练样本，通过学习得到与数据自适应的字典。在学习模型中，并没有对字典原子加任何其他的约束。对傅里叶基、小波基、曲线波、波原子等解析字典的分析表明，光滑性和多尺度是基函数非常重要的性质。例如，对 Db 小波而言，光滑性能够带来消失矩，从而实现对信号的压缩表示和奇异性检测。因此，有必要对学习的字典原子增加正则性和多尺度的要求。

4.2.1　光滑字典

如文献[16]～[18]所述，总广义变差可以有效逼近分片线性函数或分片多项式函数。为了充分保留图像块中的几何结构，保证计算简单，本小节选用二阶总广义变差作为字典原子的光滑性约束。由于字典学习算法中一般将图像块和字典原子排列成列向量，若图像块的大小为$\sqrt{n}\times\sqrt{n}$，则对应的字典原子$d_k\in R^{n^2\times 1}$。

为了避免符号混淆，做如下符号约定：$d_k^{\square}\in R^{n\times n}$表示$d_k$的矩阵形式，col 表示将矩阵排列成列向量的运算，col^{-1}表示该运算的逆过程，即

$$d_k=\mathrm{col}(d_k^{\square}),\ d_k^{\square}=\mathrm{col}^{-1}(d_k) \tag{4-5}$$

规定：

$$\overline{\mathrm{TGV}}_{\beta}^{2}(d_k)=\mathrm{TGV}_{\beta}^{2}(d_k^{\square}) \tag{4-6}$$

式中，$\mathrm{TGV}_{\beta}^{2}(d_k^{\square})$由第 1 章定义。

使用以上约定的符号，给定一组图像块的列向量形式$\{y_i\}$，提出的字典学习模型对应的无约束优化形式为

$$\left\{\hat{D},\{\hat{\alpha}_i\}\right\}=\arg\min_{D,\{\alpha_i\}}\left\{\sum_{i=1}^{N_p}\left(\frac{1}{2}\|y_i-D\alpha_i\|_2^2+\mu_i\|\alpha_i\|_0\right)+\sum_{k=1}^{K}\gamma_k\overline{\mathrm{TGV}}_\beta^2(d_k)\right\}\tag{4-7}$$

模型(4-7)是一个联合优化问题,可以将它分解为稀疏编码和字典更新两个子问题。下面分别对这两个子问题进行描述。

子问题 1：稀疏编码，固定D，求$\{\hat{\alpha}_i\}$为

$$\{\hat{\alpha}_i\}=\arg\min_{\{\alpha_i\}}\sum_{i\in I}\left(\frac{1}{2}\|y_i-D\alpha_i\|_2^2+\mu_i\|\alpha_i\|_0\right)\tag{4-8}$$

将式(4-8)转换为约束优化问题后可求解，这里不再重复。

子问题 2：字典更新，即求解$\hat{D}$为

$$\hat{D}=\arg\min_{D}\left\{\sum_{i=1}^{N_t}\frac{1}{2}\|y_i-D\alpha_i\|_2^2+\sum_{k=1}^{K}\gamma_k\overline{\mathrm{TGV}}_\beta^2(d_k)\right\}\tag{4-9}$$

假设每个字典原子是相互独立的,利用 K-SVD 算法,可以得出式(4-9)的极小化问题:

$$\hat{d}_k=\arg\min_{d_k}\left\{\frac{1}{2}\left\|E_k-d_k\alpha_T^k\right\|_F^2+\gamma_k\overline{\mathrm{TGV}}_\beta^2(d_k)\right\}\tag{4-10}$$

式中，$E_k=Y-\sum_{l\neq k}d_l\alpha_T^l$，$Y=[\cdots,y_i,\cdots]$，$\alpha_T^l$表示矩阵$A$的第$l$行，$A=[\cdots,\alpha_i,\cdots],i\in\{1,2,\cdots,N_p\}$。

为了求解式(4-10)，引入引理 4-1 和定理 4-1。

引理 4-1　给定矩阵$X\in R^{N\times M}$，两个列向量$a\in R^M$、$b\in R^N$，如果$a^{\mathrm{T}}a=1$，则有$\left\|X-ba^{\mathrm{T}}\right\|_F^2=\|Xa-b\|_2^2+\phi(X,a)$，其中$\phi(X,a)$是关于$X$和$a$的函数，与$b$无关。

证明：该引理可以通过迹函数和内积的性质证明，即

$$\begin{aligned}\left\|X-ba^{\mathrm{T}}\right\|_F^2&=\mathrm{tr}\left(\left(X-ba^{\mathrm{T}}\right)^{\mathrm{T}}\left(X-ba^{\mathrm{T}}\right)\right)\\&=\mathrm{tr}\left(X^{\mathrm{T}}X\right)-2\mathrm{tr}\left(X^{\mathrm{T}}ba^{\mathrm{T}}\right)+\mathrm{tr}\left(\left(ba^{\mathrm{T}}\right)^{\mathrm{T}}\left(ba^{\mathrm{T}}\right)\right)\\&=\mathrm{tr}\left(X^{\mathrm{T}}X\right)-2\mathrm{tr}\left(a^{\mathrm{T}}X^{\mathrm{T}}b\right)+\mathrm{tr}\left(ab^{\mathrm{T}}ba^{\mathrm{T}}\right)\\&=\mathrm{tr}\left(X^{\mathrm{T}}X\right)-2\mathrm{tr}\left(a^{\mathrm{T}}X^{\mathrm{T}}b\right)+\mathrm{tr}\left(a^{\mathrm{T}}ab^{\mathrm{T}}b\right)\\&=\mathrm{tr}\left(X^{\mathrm{T}}X\right)-2a^{\mathrm{T}}X^{\mathrm{T}}b+b^{\mathrm{T}}b\\&=\mathrm{tr}\left(X^{\mathrm{T}}X\right)-2a^{\mathrm{T}}X^{\mathrm{T}}b+b^{\mathrm{T}}b+a^{\mathrm{T}}X^{\mathrm{T}}Xa-a^{\mathrm{T}}X^{\mathrm{T}}Xa\\&=\|Xa-b\|_2^2+\mathrm{tr}\left(X^{\mathrm{T}}X\right)-a^{\mathrm{T}}X^{\mathrm{T}}Xa\\&=\|Xa-b\|_2^2+\phi(X,a)\end{aligned}$$

定理 4-1　若$\left\|\alpha_T^k\right\|_2 \neq 0$，则以下最小化问题的解也是式(4-10)的解：

$$\hat{d}_k = \arg\min_{d_k}\left\{\frac{1}{2}\frac{\left\|\alpha_T^k\right\|_2^2}{\gamma_k}\left\|E_k\frac{\left(\alpha_T^k\right)^{\mathrm{T}}}{\left\|\alpha_T^k\right\|_2^2} - d_k\right\|_2^2 + \overline{\mathrm{TGV}}_\beta^2(d_k)\right\} \tag{4-11}$$

证明：令

$$w = \alpha_T^k \big/ \left\|\alpha_T^k\right\|_2 \tag{4-12}$$

易得

$$\left\|E_k - d_k\alpha_T^k\right\|_F^2 = \left\|E_k - \left\|\alpha_T^k\right\|_2 d_k w\right\|_F^2 \tag{4-13}$$

由式(4-12)易知$w^{\mathrm{T}}w = 1$，根据引理 4-1 可得

$$\left\|E_k - \left\|\alpha_T^k\right\|_2 d_k w\right\|_F^2 = \left\|E_k w^T - \left\|\alpha_T^k\right\|_2 d_k\right\|_2^2 + \phi\left(E_k, w\right) \tag{4-14}$$

其中$\phi\left(E_k, w\right)$与d_k无关。将式(4-13)、式(4-14)代入式(4-10)，并去掉与d_k无关的项，得

$$\hat{d}_k = \arg\min_{d_k}\left\{\frac{1}{2}\left\|E_k w^{\mathrm{T}} - \left\|\alpha_T^k\right\|_2 d_k\right\|_2^2 + \gamma_k\overline{\mathrm{TGV}}_\beta^2(d_k)\right\} \tag{4-15}$$

将式(4-12)代入式(4-15)，可得

$$\hat{d}_k = \arg\min_{d_k}\left\{\frac{1}{2}\left\|E_k\frac{(\alpha_T^k)^{\mathrm{T}}}{\left\|\alpha_T^k\right\|_2} - \left\|\alpha_T^k\right\|_2 d_k\right\|_2^2 + \gamma_k\overline{\mathrm{TGV}}_\beta^2(d_k)\right\}$$

经过简单的转换即可得到式(4-11)，定理得证。在引理 4-1 和定理 4-1 的基础上，可以得到算法 4-3[19]。

算法 4-3　基于光滑字典学习的图像去噪

输入：含加性高斯白噪声的观测图像$F \in R^{N\times N}$。

参数：图像块大小$\sqrt{n}\times\sqrt{n}$，字典原子个数K，噪声增益常数const，正则化参数λ，$\gamma_k\left(k=1,2,\cdots,K\right)$，$\beta_1$，$\beta_2$，最大迭代次数$J$。

初始化：令$u = \mathrm{col}(F)$，初始字典采用过完备离散余弦变换(overcomplete discrete cosine transform，ODCT)字典，当前迭代次数$j=1$。

字典学习：将含噪声图像进行分块，并将每个图像块排列成列向量

$\{R_i u\}, i=1,2,\cdots,N_p$，采用交替最小化方式迭代求解稀疏表示系数和字典。

1) 稀疏编码：对每一个训练样本 $R_i u$，利用正交匹配追踪算法求解以下最小化问题，得到其稀疏表示系数 α_i 为

$$\min_{\alpha_i} \|\alpha_i\|_0 \quad \text{s.t.} \|R_i u - D\alpha_i\|_2^2 \leqslant \text{const} \cdot \sigma^2$$

2) 字典更新：对每一个字典原子按照以下步骤进行更新。

寻找用到该字典原子的图像块索引集：$\Omega_k = \{l | \alpha_l(k) \neq 0\}$；

对每个 $l \in \Omega_k$，计算误差向量 $e_l = R_l u - D\alpha_l + d_k \alpha_l(k)$；

将所有误差向量按列排列成矩阵 $E_k = [\cdots, e_l, \cdots]$；

采用二阶总广义变差的原始对偶解法求解字典原子，并进行单位化：$d_k = d_k / \|d_k\|_2$；

对系数矩阵 $A = [\cdots, \alpha_l, \cdots]$ 的第 k 行进行更新：$\alpha_T^k = d_k^{\mathrm{T}} E_k$。

如果 $j < J$，则 $j = j+1$，否则，直到更新完所有字典原子。

3) 图像重构：由所有图像块在学习字典下的稀疏表示系数 $\{\alpha_i\}$ 重构图像，即

$$u = \left(\lambda I + \sum_{i=1}^{N_p} \left[(R_i)^{\mathrm{T}} R_i\right]\right)^{-1} \left(\lambda f + \sum_{i=1}^{N_p} \left[(R_i)^{\mathrm{T}} (D\alpha_i)\right]\right)$$

式中，$I \in R^{N \times N}$ 为单位矩阵。将 u 重新排列成矩阵，即 $U = \mathrm{col}^{-1}(u)$。

输出： 去噪后的图像 U。

例 4-1　基于光滑字典学习的去噪[19]。本小节实验中，$\sqrt{n}=8$，$K=256$，$\text{const}=1.15$，$\lambda=30/\sigma$，$\gamma_k=0.01$，$J=10$，$\beta_1=1$，$\beta_2=1.2$。

表 4-1 列出了在 9 种噪声强度 $\sigma=\{2,5,10,15,20,25,50,75,100\}$ 下不同方法去噪结果的 PSNR 值。每幅图像的噪声情况从上到下依次为 ODCT、K-SVD 和本节图像去噪模型的结果，最高 PSNR 值加粗显示。每个结果是给定噪声标准差下的 5 次噪声实现去噪结果的平均。图 4-3 给出了莱娜图像在不同噪声强度下三种方法的 PSNR 值与其均值的差异。

表 4-1　不同方法去噪结果的 PSNR 值

σ /PSNR	2/42.11dB	5/34.25dB	10/28.13dB	15/24.61dB	20/22.11dB	25/20.17dB	50/14.15dB	75/10.63dB	100/8.13dB
	43.55dB	38.51dB	35.28dB	33.38dB	32.00dB	30.89dB	27.44dB	25.63dB	24.42dB
莱娜	43.58dB	38.60dB	35.47dB	33.70dB	32.38dB	31.32dB	27.79dB	25.80dB	**24.46dB**
	43.60dB	**38.61dB**	**35.49dB**	**33.73dB**	**32.40dB**	**31.34dB**	**27.85dB**	**25.83dB**	24.42dB

续表

σ /PSNR	2/42.11dB	5/34.25dB	10/28.13dB	15/24.61dB	20/22.11dB	25/20.17dB	50/14.15dB	75/10.63dB	100/8.13dB
芭芭拉	43.61dB	37.93dB	33.97dB	31.63dB	29.95dB	28.65dB	24.75dB	22.83dB	21.89dB
	43.67dB	38.08dB	34.42dB	32.37dB	30.83dB	29.60dB	25.47dB	23.01dB	21.89dB
	43.71dB	**38.14dB**	**34.46dB**	**32.44dB**	**30.90dB**	**29.68dB**	**25.58dB**	**23.09dB**	**21.90dB**
船	43.07dB	37.09dB	33.44dB	31.38dB	29.91dB	28.78dB	25.57dB	23.85dB	22.79dB
	43.14dB	37.22dB	**33.64dB**	31.73dB	30.36dB	29.28dB	25.95dB	23.98dB	**22.81dB**
	43.17dB	**37.25dB**	33.63dB	**31.74dB**	**30.38dB**	**29.31dB**	**26.00dB**	**24.02dB**	**22.81dB**
房子	44.38dB	39.07dB	35.41dB	33.49dB	32.17dB	31.03dB	27.41dB	25.10dB	**23.78dB**
	44.47dB	39.37dB	**35.98dB**	34.32dB	**33.20dB**	**33.15dB**	27.95dB	**25.22dB**	23.71dB
	44.52dB	**39.44dB**	35.94dB	**34.36dB**	33.14dB	32.14dB	**28.12dB**	25.20dB	23.71dB

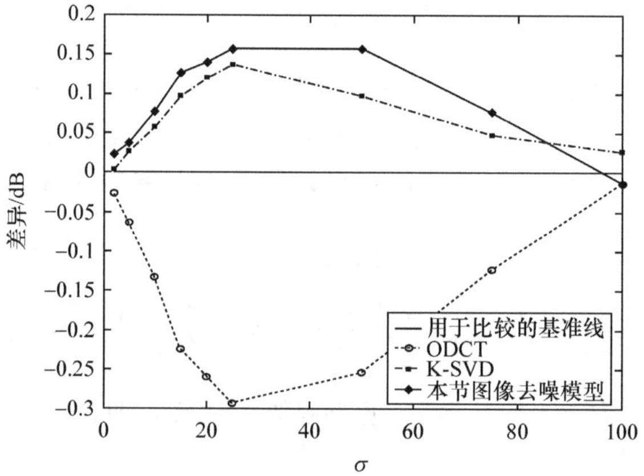

图 4-3　不同字典下对不同噪声强度下莱娜图像去噪后的 PSNR 值与其均值的差异

从表 4-1 和图 4-3 可以得出以下结论：

(1) 对于$\sigma=100$时的房子图像，K-SVD 图像去噪模型和本节图像去噪模型在所有噪声情况下 PSNR 大多高于或等于 ODCT 方法，表明了学习字典相对解析字典的优势。

(2) 对于除$\sigma=100$以外的大部分情况，本节图像去噪模型优于 K-SVD 图像去噪模型(所有噪声强度下的芭芭拉图像和给定 7 种噪声强度下的莱娜和船图像)；当$\sigma=2$时，本节图像去噪模型相对于 K-SVD 图像去噪模型，在四幅图像上去噪后的峰值信噪比分别提高 0.02dB、0.04dB、0.03dB 和 0.05dB。当$\sigma=50$时，上述对应的峰值信噪比分别提高 0.06dB、0.11dB、0.05dB 和 0.17dB。从图 4-3 也可以看出本节图像去噪模型的优势。

为了比较字典原子的光滑性，采用以下指标：

$$\sum_{i=2}^{\sqrt{n}}\sum_{j=1}^{\sqrt{n}}\left|d_k^{\square}[i,j]-d_k^{\square}[i-1,j]\right|+\sum_{i=1}^{\sqrt{n}}\sum_{j=2}^{\sqrt{n}}\left|d_k^{\square}[i,j]-d_k^{\square}[i,j-1]\right|$$

上述指标越小，对应的字典原子越光滑。

图 4-4 第一行给出了利用 ODCT 字典、K-SVD 字典学习算法和本节光滑字典学习模型，从 $\sigma=25$ 含噪声的莱娜图像中学习得到的字典；第二行给出了每个字典所有原子的归一化光滑度直方图。从图 4-4 中可以看出，从 ODCT 字典、K-SVD 字典到本节的光滑字典，字典原子的光滑性逐渐提高，光滑的字典原子个数也逐渐增加。结合表 4-1 给出的 PSNR 结果，从实验角度验证了光滑字典可以提高图像去噪效果。

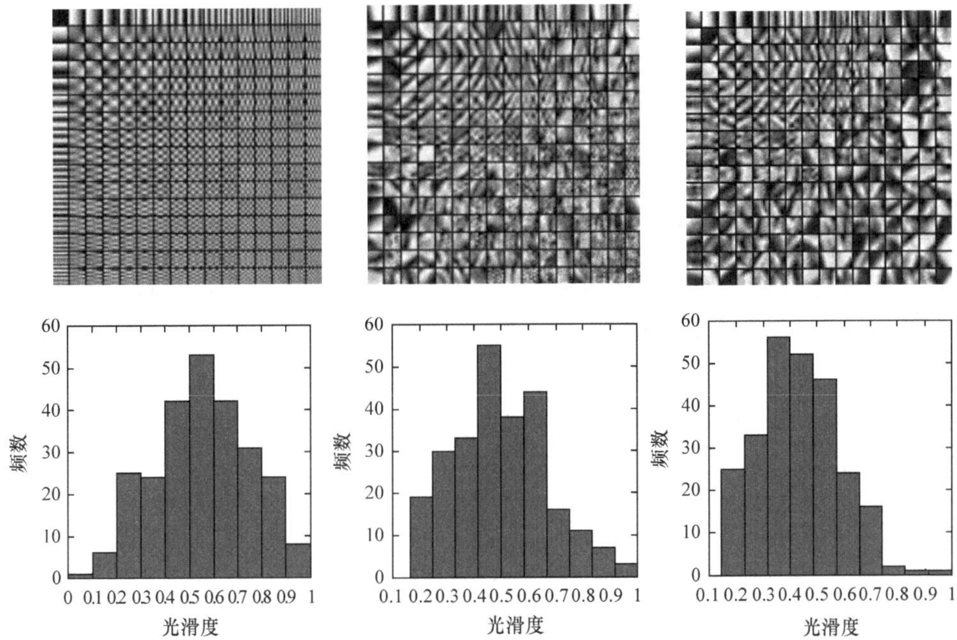

(a) ODCT　(b) K-SVD　(c) 本节方法

图 4-4　三种字典及其对应的归一化光滑度直方图(含噪声莱娜图像，$\sigma=25$)

4.2.2　多尺度字典

可以向学习的字典加入多尺度的要求，构造多尺度字典[20]以提高稀疏表示的效率，其基本结构包含三个特征：

(1) 每个图像块有多尺度表示(图 4-5)；

(2) 每个尺度上都有一个学习的字典；

(3) 字典原子具有四叉树结构(图 4-6)。

算法 4-4 给出了多尺度字典学习的流程。图 4-7 给出了学习的三个尺度的字典及其去噪的结果[20]。

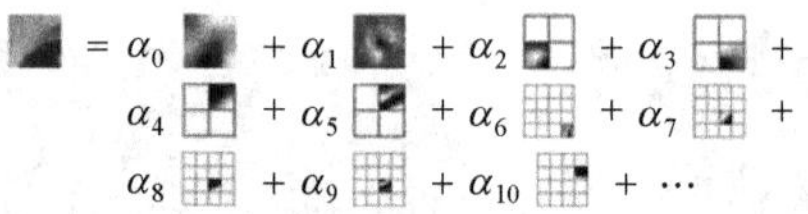

图 4-5　图像块的多尺度表示

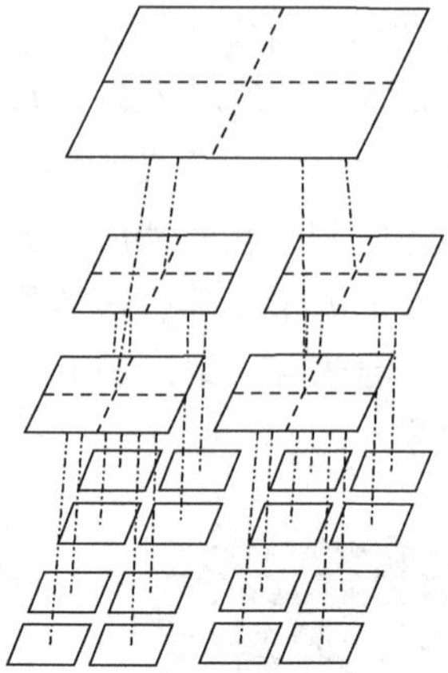
图 4-6　字典原子的四叉树结构

算法 4-4　多尺度字典学习

字典修正：由于要修正每个尺度(从 $s=0$ 到 $s=N-1$)的每个字典原子 $\hat{d}_{sl}(1\leqslant l\leqslant k_s)$，因此这里的多尺度字典学习算法和算法 4-3 稍有不同。

选择：选择在尺度 s 上，其表示用到第 1 个字典原子的子块：

$$w_{sl}=\{[i,j,s,p]\mid \delta_{ij}(s,l,p)\neq 0\}$$

式中，$[i,j,s,p]$ 为在块 $[i,j]$ 中对应尺度 s 、位置 p 上的子块；$\delta_{ij}(s,l,p)$ 为这个子块在字典原子 $\hat{d}_{sl}$ 上的表示系数。

计算：对每一个子块 $[i,j,s,p]\in w_{sl}$ ，计算：

$$e_{ijsp}^{l}=T_{sp}\left(R_{ij}\hat{x}-\hat{D}\hat{\alpha}_{ij}\right)+\hat{d}_{sl}\hat{\alpha}_{ij}(s,l,p)$$

式中，$T_{sp}\in\{0,1\}^{n_s\times n_o}$ 是一个二值矩阵，它从块 $[i,j]$ 中抽取子块 $[i,j,s,p]$ 。

生成：生成矩阵 $E_{sl}\in R^{n_s\times|w_{sl}|}$ ，它的列向量是 e_{ijsp}^{l} ；生成向量 $\hat{\alpha}_{sl}\in R^{|w_{sl}|}$ ，它的元素是 $\hat{\alpha}_{sl}(s,l,p)$ 。

修正：利用 SVD 修正字典原子 $\hat{d}_{sl}\in R^{n_s}$ 和对应系数 $\hat{\alpha}_{sl}(s,l,p)$ ：

$$(\hat{d}_{sl},\hat{\alpha}_{sl})=\arg\min_{\alpha,\|d\|_2=1}\left\|E_{sl}-d\alpha^{\mathrm{T}}\right\|_F^2$$

4.2.3　l_1 松弛

前面讨论的都是基于 l_0 约束的字典学习，如 $\arg\min\limits_{D,X}\|Y-DX\|_2^2+\lambda\|X\|_0$ 由于 l_0 计算的复杂性，可以将上述问题松弛为 l_1 约束，得到如下的字典学习模型：

$$\arg\min_{D,X}\|Y-DX\|_2^2+\lambda\|X\|_1$$

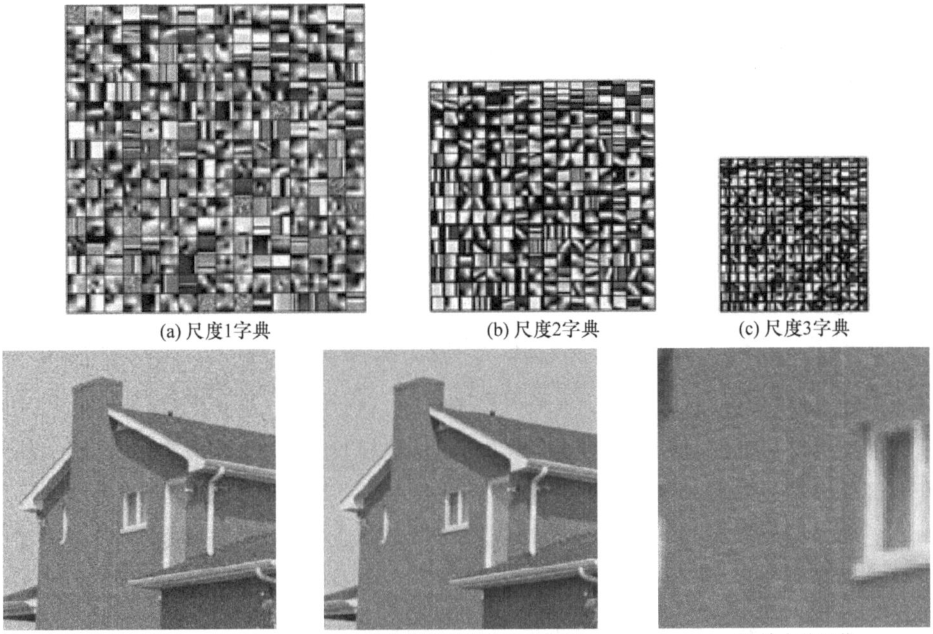

(a) 尺度1字典　(b) 尺度2字典　(c) 尺度3字典

(d) 噪声图　(e) 三个尺度字典去噪的结果　(f) 放大的细节

图 4-7　学习的三个尺度的字典及其去噪的结果

同样可以使用交替优化的方法求解稀疏编码 X 和字典 D 。实际上，给定 X 求字典 D ，是一个标准的最小二乘问题；给定 D 求 X ，则是一个 l_1 正则的稀疏编码问题，可以用第 3 章的算法求解。

l_0 约束的字典学习问题是 NP 难(non-deterministic polynomial-time hardness)的，l_1 约束的字典学习问题是非光滑、非凸的，意味着下列问题需要进一步研究和讨论：

(1) 解不唯一。不同的算法会得到不同的解，同样的算法不同初始值得到的结果也不一样。

(2) 交替优化的收敛性需要理论保证。

考虑交替优化问题 $\min f\left(x_1, x_2, \cdots, x_N\right)$ ，其中 x_i 表示不同的块。交替优化方法又称为块坐标下降(block coordinate descent，BCD)方法，其基本算法如下：

算法 4-5　BCD 方法

初始化：任选 $x^0=\left(x_1^0, x_2^0, \cdots, x_N^0\right) \in \operatorname{dom} f$ ， $r=0$ 。

迭代： $r=r+1$ ，

1) 给定 $x^r=\left(x_1^r, x_2^r, \cdots, x_N^r\right) \in \operatorname{dom} f$ ，选择尺度 $s \in\{1,2, \cdots, N\}$ ；

2) 计算 $x^{r+1}=\left(x_1^{r+1}, x_2^{r+1}, \cdots, x_N^{r+1}\right) \in \operatorname{dom} f$ ，满足 $x_s^{r+1} \in \arg\min\limits_{x_s} f(x_1^r, \cdots, x_{s-1}^r,$

$x_s, x_{s+1}^r, \cdots, x_N^r)$；

3) $x_j^{r+1} = x_j^r, \quad \forall j \neq s$。

输出： 最优解。

传统的优化理论指出，如果 f 是连续可微的、严格凸的，则交替优化问题得到的点列 $\left\{x^k\right\}$ 的任意极限点都是平稳点，严格凸性也可以放松，如下列命题所示[21]。

命题 4-1　BCD 方法的收敛性

假定 f 在集合 x 上连续可微。进一步假定对每个 $x = (x_1, x_2, \cdots, x_m) \in X$ 和 i，若将 $f(x_1, \cdots, x_{i-1}, \xi, x_{i+1}, \cdots, x_m)$ 看成是 ξ 的函数，在 x_i 上有唯一的极小值点 $\bar{\xi}$，且在区间 x_i 和 $\bar{\xi}$ 之间，函数是单调非增的，则由 BCD 方法生成的序列 $\left\{x^k\right\}$ 的任一聚点都是平稳点。

然而，如果 f 是不可微的，即使 f 是凸的，BCD 方法也有可能卡在一个非平稳点。考虑如下的例子：

$$\phi_1(x,y,z) = -xy - yz - zx + (x-1)^2 + (-x-1)_+^2 \\ + (y-1)_+^2 + (-y-1)_+^2 + (z-1)_+^2 + (-z-1)_+^2$$

注意，固定 y、z，关于 x 的最小值点是

$$x = \operatorname{sgn}(y+z)\left(1 + \frac{1}{2}|y+z|\right)$$

若出发点为 $\left(-1-\varepsilon, 1+\frac{1}{2}\varepsilon, -1-\frac{1}{4}\varepsilon\right)$，则 BCD 方法迭代的结果是

$$\left(1+\frac{1}{8}\varepsilon, 1+\frac{1}{2}\varepsilon, -1-\frac{1}{4}\varepsilon\right) \qquad \left(-1-\frac{1}{64}\varepsilon, -1-\frac{1}{16}\varepsilon, 1+\frac{1}{32}\varepsilon\right)$$

$$\left(1+\frac{1}{8}\varepsilon, -1-\frac{1}{16}\varepsilon, -1-\frac{1}{4}\varepsilon\right) \qquad \left(-1-\frac{1}{64}\varepsilon, 1+\frac{1}{128}\varepsilon, 1+\frac{1}{32}\varepsilon\right)$$

$$\left(1+\frac{1}{8}\varepsilon, -1-\frac{1}{16}\varepsilon, 1+\frac{1}{32}\varepsilon\right) \qquad \left(-1-\frac{1}{64}\varepsilon, 1+\frac{1}{128}\varepsilon, -1-\frac{1}{256}\varepsilon\right)$$

BCD 方法的结果在 $\{\pm1, \pm1, \pm1\}$ 构成的立方体的六条边上循环跳跃，因此需要更多的条件才能保障迭代的收敛性。

4.3　交替迭代的收敛性分析

4.3.1　平稳点与正则函数

一般来说，关于函数凸性的定义有强凸、严格凸、凸、伪凸、拟凸等。

拟凸(quasi-convex):定义在一个区间，或凸集，或实线性空间上的实值函数，如果任何形如$(-\infty,a)$集合的原像是凸的，则称该实值函数是拟凸的。拟凸函数的代数特性是 $h(\lambda x+(1-\lambda)y)\leqslant\max(h(x),h(y)),\forall\lambda\in[0,1]$ 或 $h(x+\lambda d)\leqslant\max(h(x),h(x+d))$。图 4-8 给出了拟凸函数和非拟凸函数的示意图。

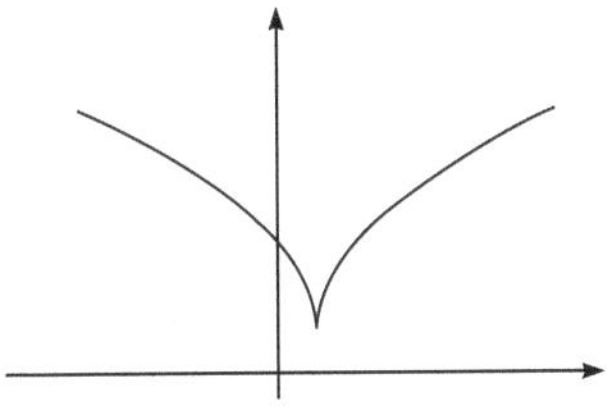
(a) 拟凸函数

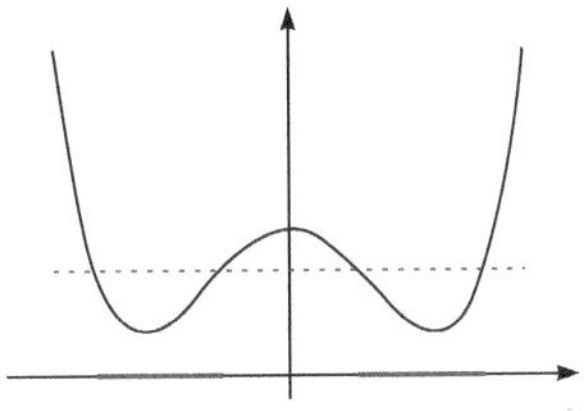
(b) 非拟凸函数

图 4-8　拟凸函数和非拟凸函数的示意图

伪凸(pseudo-convex):对任给的 $x\in\operatorname{dom}h$，若 $h'(x;d)\geqslant 0$，有 $h(x+d)\geqslant h(x)$，则称函数 $h(x)$ 为伪凸的。例如，$\arctan x$ 是伪凸的，但不是凸的，实际上它的导数 $\dfrac{1}{1+x^2}$ 总是正的。

半量变(hemi-variate)函数：如果在任何属于 dom h 的线段上，h 不恒为常数，则函数 h 称为半量变的。这个性质通常用来保证约束最小化问题解的唯一性。

关于函数的光滑性，通常用可微、连续、下半连续等刻画。

下半连续(l.s.c)函数：若 $\liminf\limits_{x\to x_0} f(x)\geqslant f(x_0)$，则函数 $f(x)$ 是下半连续的，如图 4-9 所示。

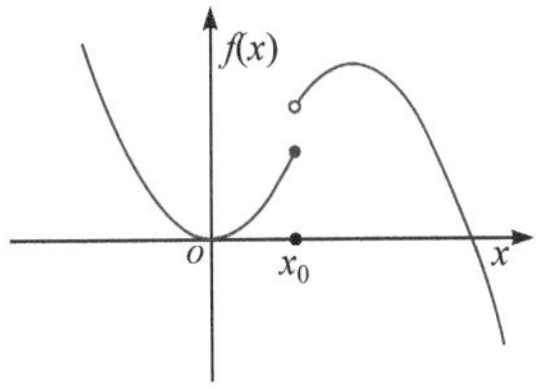

图 4-9　下半连续函数

关于平稳点、正则函数和坐标极小值点，分别有如下的定义。

平稳点：如果 $f'(z;d)\geqslant 0,\forall d$ 成立，则 z 是平稳点。

正则函数：$\forall d=(d_1,d_2,\cdots,d_n)$，若 $f''(z+(0,\cdots,d_k,\cdots,0))\geqslant 0$，则 $f''(z;d)\geqslant 0$，f 是正则函数。

坐标极小值点：$f(z+(0,\cdots,d_k,\cdots,0))\geqslant f(z),\forall d_k$ 成立，则 z 是坐标极小值点。

如果 f 在 z 点是正则的，则坐标极小值点 z 就是平稳点。那么，如何保证 f 的正则性？考虑一种常用的情形：

$$f(x_1,x_2,\cdots,x_N)=f_0(x_1,x_2,\cdots,x_N)+\sum_{k=1}^{N}f_k(x_k)$$

假设 4-1: dom f_0 是开的，且在 dom f_0 上 f_0 是 Gateaux 可微的。

假设 4-2: f_0 在 int(dom f_0) 上是 Gateaux 可微的，且对任给的 $z\in\operatorname{dom}f\cap$

bdry(dom f_0)，存在$f(z+(0,\cdots,d_k,\cdots,0))<f(z)$。

引理 4-2 在假设 4-1 下，对任给的$z\in \mathrm{dom}f$，f是正则的；在假设 4-2 下，f的坐标极小值点是正则的。

4.3.2 l_1约束字典学习问题的收敛性

交替迭代的指标需要循环，常用的循环规则如下。

本质循环规则：存在一个常数$T\geqslant N$，使得对每一个指标$s\in\{1,2,\cdots,N\}$，在第r到$r+T-1$次迭代中至少出现一次，这里r是任意的。当$T=N$时，一种特殊的情形为下面的循环规则：在第$k,k+N,k+2N,\cdots$次迭代中，取$s=k$，其中$k=1,2,\cdots,N$。

下面就能否准确计算l_1约束子问题的两种情况分别讨论其收敛性。

(1) 如果每一个l_1约束子问题都能准确地计算，则有下列结论[22]。

定理 4-2 假定水平集$X^0=\{x:f(x)\leqslant f(x^0)\}$是紧集，$f$在$X^0$上连续，则由 BCD 方法生成的序列是有界的，进一步可知：①如果$f(x_1,x_2,\cdots,x_N)$对任何$i,k\in\{1,2,\cdots,N\}$关于(x_k,x_i)是伪凸的，且f在任何$x\in X^0$是正则的，则$\{x^r\}$的任一个聚点都是f的平稳点。②如果$f(x_1,x_2,\cdots,x_N)$对任何$i,k\in\{1,2,\cdots,N-1\}$关于(x_k,x_i)是伪凸的，f在任何$x\in X^0$是正则的，且使用本质循环规则，则$\{x^r\}_{r=(N-1)\bmod N}$的任一个聚点都是f的平稳点。③如果$f(x_1,x_2,\cdots,x_N)$对$k=2,3,\cdots,N-1$，关于x_k至多有一个最小值，且使用本质循环规则，则$\{x^r\}_{r=(N-1)\bmod N}$的任一个聚点都是f的坐标极小值点。定理 4-2 的应用是广泛的。考虑下列问题[22]：

$$\min_{A.S}\frac{1}{2\sigma^2}\|AS-X\|_F^2+\sum_{j,t}f_j^t(s_j^t)$$

设f_j^t是适当凸函数，在其有效域上连续且水平集有界。由定理 4-2 的②对A和S的每一个分量s_j^t用 BCD 方法的本质循环规则，则$\left\{x^r\right\}$的任一个聚点都是平稳点。

(2) 实际中经常遇到子问题不能精确计算的情况，这时可用主化-最小化(majorization-minimization，MM)交替法，如图 4-10 所示。设f是连续函数，对问题：

$$\min_x f(x) \tag{4-16}$$

用上界$u_i(x_i,x^r)$逼近$f(x_1^r,\cdots,x_{i-1}^r,x_i,x_{i+1}^r,\cdots,x_n^r)$，取

$$x_i^{r+1}=\arg\min_{x_i}u_i(x_i,x^r) \tag{4-17}$$

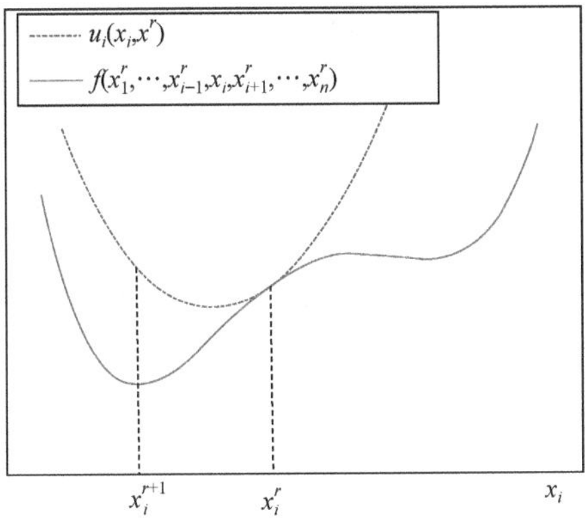

图 4-10　主化-最小化交替法

假设 4-3：①$u_i(y_i,y)=f(y)$，$\forall y\in\mathcal{X},\forall i$；②$u_i(x_i,y)\geqslant f(y_1,\cdots,y_{i-1},x_i,y_{i+1},\cdots,y_n)$，$\forall x_i\in X_i$，$\forall y\in\chi,\forall i$；③$u_i(x_i,y;d_i)\big|_{x_i=y_i}=f(y;d),\ \forall d=(0,\cdots,d_i,\cdots,0)\ \text{s.t.}y_i+d_i\in X_i,\forall i$；④$u_i(y_i,y)$关于$(x_i,y)$是连续的，$\forall i$。

根据假设 4-3，建立基于 MM 交替法的迭代分块连续上界最小化(block successive upper-bound minimization，BSUM)算法[23-25]，见算法 4-6。

算法 4-6　基于 MM 交替法的 BSUM 算法

初始化可行解： $x^0\in X$，设$r=0$，迭代次数为T。

迭代 T 步： $r=r+1$，

　　计算 $X^r=\arg\min\limits_{x_i\in X}u_i(x_i,x^{r-1})$

　　设 x_i^r 是 X^r 中任意一个元素，$x_k^r=x_k^{r-1},\forall k\neq i$

输出最优解： x_i^T。

定理 4-3　假定：①函数$u_i(x_i,y)$对x_i是拟凸的，且满足假设 4-3。进一步假定问题(4-17)对任给的$x^r\in X$有唯一解，则由算法 4-6 迭代生成的序列的极限点z都是问题(4-16)的坐标极小值点。如果f在z点正则，那么z还是问题(4-16)的稳定点。②水平集$X^0=\{x:f(x)\leqslant f(x^0)\}$是紧的，且满足假设 4-2。进一步假定问题(4-17)对任一点$x^r\in X$至少$n-1$个块有唯一解。如果$f(\cdot)$在坐标$x_1,x_2,\cdots,x_n$的平稳点集X^*中的任一点处都是正则的，则 BSUM 算法迭代生成的序列收敛到平稳点集，即$\lim\limits_{r\to\infty}d(x^r,X^*)=0$。

定理 4-3 同样有广泛的应用。考虑问题(4-18)～问题(4-20)对应的算法 4-7 和算法 4-8，定理 4-3 保证了下列算法收敛到对应优化问题的平稳点集。

$$\min_{A,X}\frac{1}{2}\|Y-AX\|_F^2+\lambda\|X\|_1 \quad \text{s.t.}\|A\|_F^2\leqslant\beta \tag{4-18}$$

$$\min_{A,X}\frac{1}{2}\|Y-AX\|_F^2+\lambda\|X\|_1 \quad \text{s.t.}\|a_i\|_F^2\leqslant\beta_i,\forall i \tag{4-19}$$

$$\min_{A,X}\frac{1}{2}\|Y-AX\|_F^2+\lambda\|X\|_1 \quad \text{s.t.}\|A\|_F^2\leqslant\beta, A\geqslant 0 \tag{4-20}$$

算法 4-7　求解问题(4-18)

初始化： 随机选择 A，满足 $\|A\|_F^2\leqslant\beta$。

迭代：

$$\tau_a\leftarrow\sigma_{\max}^2(X)$$

$$X\leftarrow X-S_{\frac{\lambda}{\tau_a}}\left(X-\frac{1}{\tau_a}A^{\mathrm{T}}(AX-Y)\right)$$

$$A\leftarrow YX^{\mathrm{T}}(XX^{\mathrm{T}}+\theta I)^{-1}$$

判断是否满足收敛条件。

算法 4-8　求解问题(4-19)和问题(4-20)

求解问题(4-19)： 随机选择 A，满足 $\|a_i\|_F^2\leqslant\beta_i,\forall i$。

求解问题(4-20)： 随机选择 A，满足 $\|A\|_F^2\leqslant\beta, A\geqslant 0$。

迭代：

$$\tau_a\leftarrow\sigma_{\max}^2(X)$$

求解问题(4-19)：$X\leftarrow X-S_{\frac{\lambda}{\tau_a}}\left(X-\frac{1}{\tau_a}A^{\mathrm{T}}(AX-Y)\right)$，$X\leftarrow X-P_X\left(X-\frac{1}{\tau_a}A^{\mathrm{T}}(AX-Y)-\lambda\right)$

求解问题(4-20)：$\tau_a\leftarrow\sigma_{\max}^2(X)$，$A\leftarrow P_A\left(A-\frac{1}{\tau_a}(AX-Y)X^{\mathrm{T}}\right)$

判断是否满足收敛条件。

---

(3) 由上面的分析得知，对于 l_1 约束字典学习问题，交替迭代是可以保证收敛的。进一步，如果利用字典学习问题的特殊结构，还可以得到更多的算法和更好的收敛性结论。考虑下列问题[26]：

$$\min_{x\in X} F(x_1,x_2,\cdots,x_s)=f(x_1,x_2,\cdots,x_s)+\sum_{i=1}^{s} r_i(x_i) \tag{4-21}$$

假定 F 是连续的，其中 f 是可微且块多凸的函数，$r_i\,(i=1,2,\cdots,s)$是凸函数。记

$$f_i^k(X_i)\triangleq f(X_1^k,\cdots,X_{i-1}^k,X_i,X_{i+1}^{k-1},\cdots,X_s^{k-1})$$

讨论如下三种修正形式：

$$x_i^k=\arg\min_{x_i\in X_i^k} f_i^k(x_i)+r_i(x_i) \tag{4-21.a}$$

$$x_i^k=\arg\min_{x_i\in X_i^k} f_i^k(x_i)+r_i(x_i)+\frac{L_i^{k-1}}{2}(x_i-x_i^{k-1})^2 \tag{4-21.b}$$

$$x_i^k=\arg\min_{x_i\in X_i^k}(\hat{g}_i^k,x_i-\hat{x}_i^{k-1})+r_i(x_i)+\frac{L_i^{k-1}}{2}(x_i-\hat{x}_i^{k-1})^2 \tag{4-21.c}$$

式(4-21.a)、式(4-21.b)和式(4-21.c)分别对应交替迭代算法、邻近算子算法和邻近线性算法。算法 4-9 为这三种算法的杂交算法。

算法 4-9　杂交块坐标下降法求解问题(4-21)

初始化： 选择初始点 $(x_1^{-1},x_2^{-1},\cdots,x_s^{-1})=(x_1^0,x_2^0,\cdots,x_s^0)$

迭代： $k=1,2,\cdots$

　对 $i=1,2,\cdots,s$，

　依据式(4-21.a)、式(4-21.b)或式(4-21.c)更新 x_i^k，

　$i=i+1$，

　如果终止条件满足，则输出 $(x_1^k,x_2^k,\cdots,x_s^k)$，否则 $k=k+1$。

判断是否满足终止条件。

I_1、I_2和I_3分别对应式(4-21.a)、式(4-21.b)和式(4-21.c)三种不同的修正算法。算法中的参数需满足的条件如下：

① 对 $i\in I_1$，f_i^k 是强凸的且满足：

$$f_i^k(u)-f_i^k(v)=(\nabla f_i^k(v),u-v)+\frac{L_i^{k-1}}{2}(u-v)^2,\quad \forall u,v\in X_i^k \tag{4-22}$$

式中，$l_i\leqslant L_i^{k-1}\leqslant L_i$。

② 对 $i\in I_2$，参数 L_i^{k-1} 满足 $l_i\leqslant L_i^{k-1}\leqslant L_i$。

③ 对 $i\in I_3$，$\nabla f_k^i(v)$ 是利普希茨连续的，参数 L_i^{k-1} 满足 $l_i\leqslant L_i^{k-1}\leqslant L_i$ 且

$$f_i^k(x_i^k)\leqslant f_i^k(\hat{x}_i^{k-1})=(\hat{g}_i^k,x_i^k-\hat{x}_i^{k-1})+\frac{L_i^{k-1}}{2}(x_i-\hat{x}_i^{k-1})^2 \tag{4-23}$$

定义两个集合$\mathcal{X}$、$\mathcal{Y}$之间的度量为

$$\operatorname{diff}(\mathcal{X},\mathcal{Y})=\max\left(\sup_{x\in\mathcal{X}}\inf_{y\in\mathcal{Y}}\|x-y\|,\sup_{y\in\mathcal{Y}}\inf_{x\in\mathcal{X}}\|x-y\|\right)$$

利用式(4-23)可以证明算法 4-9 的任何极限点都是纳什均衡点。

定理 4-4 (极限点是纳什均衡点)假定集值映射：

$$X_i(x_1,\cdots,x_{i-1},x_i,x_{i+1},\cdots,x_s)=\{x_i\in R^{n_i}:(x_1,\cdots,x_{i-1},x_i,x_{i+1},\cdots,x_s)\in\mathcal{X}\}$$

是连续变化的，即对$x^{k'}\to x, x^{k'},x\in\mathcal{X}$有

$$\lim_{k\to\infty}\operatorname{diff}\left(X_i(x_1^{k'},\cdots,x_{i-1}^{k'},x_{i+1}^{k'},\cdots,x_s^{k'}),X_i(x_1,\cdots,x_{i-1},x_{i+1},\cdots,x_s)\right)=0,\quad\forall i$$

如果式(4-23)成立，则任何极限点都是纳什均衡点。如果F进一步满足库德卡–洛贾谢维奇(Kurdyka-Lojasiewicz，KL)条件，则有全局收敛性结论如下[26]。

定理 4-5 (全局收敛性)在定理 4-4 的假定下，设$\left\{x^k\right\}$存在有限极限点$\bar{x}$，且F在此点满足 KL 条件，则$\bar{x}$是原问题(4-21)的临界点，且$\left\{x^k\right\}$收敛到$\bar{x}$。

总之，对于l_1约束字典学习问题，根据目标函数满足的不同假定条件，可以使用交替迭代算法、邻近交替迭代算法、邻近交替线性迭代算法，以及其杂交组合等。

4.3.3 l_0约束字典学习问题的收敛性

首先定义非凸函数的次微分(subdifferential)和非凸函数的邻近算子(proximal operator)。

定义 4-1 设$\sigma:R^d\to(-\infty,+\infty]$是适当和下半连续的函数。

(1) 对给定点$x\in\operatorname{dom}\sigma$，函数$\sigma$在$x$处的 Frechet 次微分，记为$\hat{\partial}\sigma(x)$，是向量$u$的集合，满足：

$$\liminf_{y\neq x\ y\to x}\frac{\sigma(y)-\sigma(x)-\langle u,y-x\rangle}{\|y-x\|}\geqslant 0$$

对给定点$x\notin\operatorname{dom}\sigma$，定义$\hat{\partial}\sigma(x)=\varnothing$。

(2) 将函数σ在x处的极限次微分(limiting-subdifferential)简称为次微分，记为$\partial\sigma(x)$，可通过下列闭处理来定义：

$$\partial\sigma(x):=\left\{u\in R^d:\exists x^k\to x,\sigma\left(x^k\right)\to\sigma(x)\text{ 且 }u^k\in\hat{\partial}\sigma\left(x^k\right)\to u\text{ 当 }k\to\infty\right\}$$

(3) 非凸函数的邻近算子：设$\sigma:R^d\to(-\infty,+\infty]$是适当和下半连续的函数，给定$x\in R^d$和$t>0$，伴随$\sigma$的邻近算子和相应的 Moreau 邻近包络分别定义为

$$\begin{cases} \operatorname{Prox}_t^{\sigma}(x) = \operatorname{argmin}\left\{\sigma(u) + \dfrac{t}{2}\|u-x\|^2 : u \in R^d\right\} \\ m^{\sigma}(x,t) = \inf\left\{\sigma(u) + \dfrac{1}{2t}\|u-x\|^2 : u \in R^d\right\} \end{cases}$$

命题 4-2　(邻近算子的性质)设$\sigma : R^d \to (-\infty,+\infty]$是适当和下半连续的函数，$\inf\limits_{R^d}\sigma > -\infty$，则对任给的$x \in (0,+\infty)$，集合$\operatorname{prox}_{1/t}^{\sigma}(x)$是非空的紧集，$m^{\sigma}(x,t)$在$(x,t)$处是有限和连续的。

由定义 4-1 可以看出，x是f的极小值点的必要(但不充分)条件是$\partial f(x) \in 0$。本小节讨论具有如下结构$(\mathcal{H})$的极小化问题，显然l_0约束字典学习问题可以归于这一类问题。

$$(\mathcal{H})\begin{cases} L(x,y) = f(x) + Q(x,y) + g(y) \\ f : R^n \to R \cup \{+\infty\}, g : R^n \to R \cup \{+\infty\}\text{是下半连续的} \\ Q : R^n \times R^m \to R\text{是}C^1\text{函数} \\ \nabla Q\text{ 在 }R^n \times R^m\text{ 的有界子集上是利普希茨连续的} \end{cases}$$

命题 4-3　(次可微性)设问题$(\mathcal{H})$中的函数Q是连续可微的。对$(x,y) \in R^n \times R^m$有

$$\partial L(x,y) = \left(\nabla_x Q(x,y) + \partial f(x), \nabla_y Q(x,y) + \partial g(y)\right) = \left(\partial_x L(x,y), \partial_y L(x,y)\right)$$

下面就l_0约束的优化问题收敛性进行讨论[27,28]。假定每个子问题都能准确计算，有下列邻近交替算法和收敛性[27]：

$$(x_0,y_0) \in R^n \times R^m,\ (x_k,y_k) \to (x_{k+1},y_k) \to (x_{k+1},y_{k+1})$$

$$\begin{cases} x_{k+1} \in \operatorname{argmin}\left\{L(u,y_k) + \dfrac{1}{2\lambda_k}\|u-x_k\|^2 : u \in R^n\right\} \\ y_{k+1} \in \operatorname{argmin}\left\{L(x_{k+1},v) + \dfrac{1}{2\mu_k}\|v-y_k\|^2 : v \in R^m\right\} \end{cases}$$

假设$(\mathcal{H}1)$：

$$(\mathcal{H}1)\begin{cases} \inf\limits_{R^n \times R^m} L(\cdot,y_0) > -\infty \\ \text{函数}L(\cdot,y_0)\text{ 是适当的} \\ \text{存在正数，}r_- < r_+\text{，对所有的 }k \geqslant 0\text{，步长序列 }\lambda_k\text{、}\mu_k\text{ 属于 }(r_-,r_+) \end{cases}$$

命题 4-4　假设$(\mathcal{H})$和$(\mathcal{H}1)$，设(x_k, y_k)是由邻近交替算法得到的序列，用$\omega(x_0,y_0)$表示其极限点的集合(可能是空的)，则有下列结论：

(1) 如果(x_k, y_k)是有界的，则$\omega(x_0, y_0)$是非空紧连通集，且

$$d\left(\left(x_k, y_k\right), \omega\left(x_0, y_0\right)\right) \to 0 \text{当} k \to +\infty$$

(2) $\omega(x_0, y_o) \subset \text{crit } L$。

(3) 在$\omega(x_0, y_0)$上L是有限的常数，其值为$\inf\limits_{k\in N} L(x_k, y_k) = \lim\limits_{k\to+\infty} L(x_k, y_k)$。

需要 KL 性来保证全局收敛性。设$\eta \in (0, +\infty]$，用Φ_η表示满足下述三个条件的凹连续函数$\varphi:[0, \eta) \to R_+$的全体：

(1) $\varphi(0) = 0$；

(2) φ在$(0, \eta)$上是C^1的，在原点处是连续的；

(3) 对所有的$s \in (0, \eta)$，$\varphi' s > 0$。

定义 4-2　(KL 性)设$\sigma: R^d \to (-\infty, +\infty)$是适当和下半连续的函数。

(1) 称函数σ在$\bar{u} \in \text{dom}\, \partial\sigma = u \in R^d : \partial\sigma(u) \neq \varnothing$具有 KL 性，如果存在$\eta \in (0, +\infty)$、$\bar{u}$的邻域$U$和函数$\varphi \in \Phi_\eta$，使得对所有的$u \in U \cap [\sigma(\bar{u}) < \sigma(u) < \sigma(\bar{u}) + \eta]$，有不等式$\varphi'(\sigma(u) - \sigma(\bar{u})) \text{dist}(0, \partial\sigma(u)) \geqslant 1$成立。

(2) 如果σ在$\text{dom}\, \partial\sigma$上任意一点都满足 KL 性，则称$\sigma$为 KL 函数。

实际上，KL 性在非临界点的邻域内都是成立的。

引理 4-3　设$f: R^n \to R \cup +\infty$是适当和下半连续的函数，$\bar{x} \in \text{dom}\, f$是$f$的非临界点，则存在$c > 0$，使得

$$\| x - \bar{x} \| + \| f(x) - f(\bar{x}) \| < c \Rightarrow \text{dist}(0, \partial f(x)) \geqslant c$$

无论点u和临界点$\bar{u}$的距离有多近，KL 性隐含着$\text{dist}\left(0, \partial\left(\varphi \circ \left(\sigma(u) - \sigma(\bar{u})\right)\right)\right) \geqslant 1$，即复合函数$u \to \varphi \circ (\sigma(u) - \sigma(\bar{u}))$的次梯度的范数大于等于 1。

定理 4-6　(收敛性)假设L满足$(\mathcal{H})$、$(\mathcal{H}1)$，且在f的定义域中每一点都满足 KL 性，则$\|(x_k, y_k)\|$趋于无穷，或者$(x_k - x_{k-1}, y_k - y_{k-1})$是$l_1$序列，即

$$\sum_{k=1}^{+\infty} \|x_{k+1} - x_k\| + \|y_{k+1} - y_k\| < +\infty$$

因此，(x_k, y_k)收敛到L的临界点。

同样，在许多实际问题中，需要对子问题进行近似计算。这时有邻近交替线性极小(proximal alternating linearized minimization, PALM)算法[28]。考虑如下问题：

$$\min_{(x,y)\in R^n \times R^n} \Psi(x, y) = f(x) + g(y) + H(x, y) \tag{4-24}$$

假设 4-4：

(1) $f: R^n \to (-\infty, +\infty], g: R^m \to (-\infty, +\infty]$是适当和下半连续的函数；

(2) $H:R^n \times R^m \to R$ 是 C^1 的。

在此假设下，可以通过对问题(4-24)中目标函数 ψ 逼近 $\hat{\Psi}$ 和 $\hat{\hat{\Psi}}$，建立邻近交替线性极小算法：

$$\begin{cases} \hat{\Psi}\left(x, y^k\right) = \left\langle x - x^k, \nabla_x H\left(x^k, y^k\right)\right\rangle + \dfrac{c_k}{2}\left\|x - x^k\right\|^2 + f(x), & c_k > 0 \\ \hat{\hat{\Psi}}\left(x^{k+1}, y\right) = \left\langle y - y^k, \nabla_y H\left(x^{k+1}, y^k\right)\right\rangle + \dfrac{d_k}{2}\left\|y - y^k\right\|^2 + g(y), & d_k > 0 \end{cases}$$

算法 4-10 可交替优化 $\hat{\Psi}$ 和 $\hat{\hat{\Psi}}$。

算法 4-10　PALM 算法

初始化： 任给初值 $(x^0, y^0) \in R^n \times R^m$。

迭代： 对 $k = 0,1,\cdots$ 按下列算法生成序列 $\left\{\left(x^k, y^k\right)\right\}_{k\in N}$。

取 $\gamma_1 > 1$，设 $c_k = \gamma_1 L_1\left(y^k\right)$，计算：

$$x^{k+1} \in \mathrm{Prox}_{c_k}^{f}\left(x^k - \frac{1}{c_k}\nabla_x H\left(x^k, y^k\right)\right)$$

取 $\gamma_2 > 1$，设 $d_k = \gamma_2 L_2\left(x^{k+1}\right)$，计算：

$$y^{k+1} \in \mathrm{Prox}_{d_k}^{g}\left(y^k - \frac{1}{d_k}\nabla_y H\left(x^{k+1}, y^k\right)\right)$$

判断是否满足收敛条件。

需要下面的假设 4-5 来保证算法 4-10 的收敛性。

假设 4-5：

(1) $\inf\limits_{R^n\times R^m} \Psi > -\infty, \inf\limits_{R^n} f > -\infty, \inf\limits_{R^m} g > -\infty$。

(2) 对任意给定的 y，函数 $x \to H(x,y)$ 是 $C_{L_1(y)}^{1,1}$，即 $\left\|\nabla_x H\left(x_1, y\right) - \nabla_x H\left(x_2, y\right)\right\| \leqslant L_1(y)\left\|x_1 - x_2\right\|, \forall x_1, x_2 \in R^n$。同样，对任意给定的 x，函数 $y \to H(x,y)$ 是 $C_{L_1(x)}^{1,1}$。

(3) 对 $i = 1,2$，存在 $\lambda_i^-, \lambda_i^+ > 0$，使得

$$\begin{cases} \inf\left\{L_1\left(y^k\right): k \in N\right\} \geqslant \lambda_1^- \text{ 且 } \inf\left\{L_2\left(x^k\right): k \in N\right\} \geqslant \lambda_2^- \\ \sup\left\{L_1\left(y^k\right): k \in N\right\} \leqslant \lambda_1^+ \text{ 且 } \sup\left\{L_2\left(x^k\right): k \in N\right\} \leqslant \lambda_2^+ \end{cases}$$

(4) 在 $R^n \times R^m$ 的有界子集上，∇H 是利普希茨连续的。换句话说，对 $R^n \times R^m$

的每个有界子集 $B_1 \times B_2$，存在常数 $M > 0$，使得对所有 $(x_i, y_i) \in B_1 \times B_2$，$i = 1,2,$ 有

$$\left\|\left(\nabla_x H(x_1,y_1) - \nabla_x H(x_2,y_2), \nabla_y H(x_1,y_1) - \nabla_y H(x_2,y_2)\right)\right\| \leqslant M \left\| (x_1 - x_2, y_1 - y_2) \right\|$$

引理 4-4 (极限点集 $\omega(z^0)$ 的性质)在假设 4-4 和假设 4-5 成立的条件下，设 PALM 算法生成的序列 $\{z^k\}$ 是有界的，则有

(1) $\varnothing \neq \omega(z^0) \subset \operatorname{crit} \psi$ 。

(2) $\lim\limits_{k\to\infty} \operatorname{dist}\left(z^k, \omega(z^0)\right) = 0$ 。

(3) $\omega(z^0)$ 是非空紧连通集。

(4) 在 $\omega(z^0)$ 上，目标函数 ψ 是有限的常数。

进一步，需要 KL 性来保证全局收敛性。

引理 4-5 (一致 KL 性(uniformized KL property))设 Ω 是紧集，$\sigma: R^d \to (-\infty, +\infty]$ 是适当和下半连续的函数。假定 σ 在 Ω 上是常数，且在 Ω 中每一点都具有 KL 性，则存在 $\varepsilon > 0, \eta > 0, \varphi \in \Phi_\eta$，使得对所有的 Ω 中的 $\bar{u}$ 和下面交集中的 u：

$$\left\{u \in R^d : \operatorname{dist}(u, \Omega) < \varepsilon\right\} \cap \{\sigma(\bar{u}) < \sigma(u) < \sigma(\bar{u}) + \eta\}$$

有

$$\varphi'(\sigma(u) - \sigma(\bar{u}))\operatorname{dist}(0, \partial\sigma(u)) \geqslant 1$$

定理 4-7 (有限长性质)设 ψ 是满足假设 4-4 和假设 4-5 的 KL 函数，PALM 算法生成的序列 $\{z^k\}$ 是有界的，则

(1) 序列 $\{z^k\}$ 是有限长的 $\sum\limits_{k=1}^{\infty} \left\|z^{k+1} - z^k\right\| < \infty$；

(2) 序列 $\{z^k\}$ 收敛到 ψ 的临界点 $z^* = (x^*, y^*)$ 。

前面讨论的是两组变量的问题，可以将 PALM 算法推广到含有 p 组变量的情形：

$$\min\left\{\Psi(x_1, x_2, \cdots, x_p) = \sum_{i=1}^{p} f_i(x_i) + H(x_1, x_2, \cdots, x_p) : x_i \in R^{n_i}\right\}$$

式中，$H: R^n \to R$ 是 C^1 的；$f_i, i = 1,2,\cdots,p$ 是适当和下半连续的。下式是对 x^k 的 p 组变量中第 i 组变量的更新算法，$i = 1,2,\cdots,p$ 。p 组变量更新完成后，得到 x^{k+1}，进入下一轮迭代。

$$\begin{cases} x^k(i)=\left(x_1^{k+1},x_2^{k+1},\cdots,x_{i-1}^{k+1},x_i^{k+1},x_{i+1}^k,\cdots,x_p^k\right) \\ x_i^{k+1}\in \mathrm{Prox}_{c_i^k}^{f_i}\left(x_i^k-\frac{1}{c_i^k}\nabla_i H\left(x^k(i-1)\right)\right), \quad i=1,2,\cdots,p \end{cases}$$

例 4-2　基于邻近算子的 l_0 范数约束字典学习的全局收敛性[29]：

$$\begin{cases} \min\limits_{D,\{c_k\}_{k=1}^p} \sum\limits_{k=1}^p \frac{1}{2}\|y_k-Dc_k\|_2^2+\lambda\|c_k\|_0 \\ \text{s.t.}\quad \|d_k\|_2=1,k=1,2,\cdots,m \end{cases}$$

图 4-11 给出了邻近算子方法和 K-SVD 方法的计算结果。实际上，上述问题是下面更一般问题的特例[30]：

$$\min_{x,y} H(x,y)=F(x)+Q(x,y)+G(y)$$

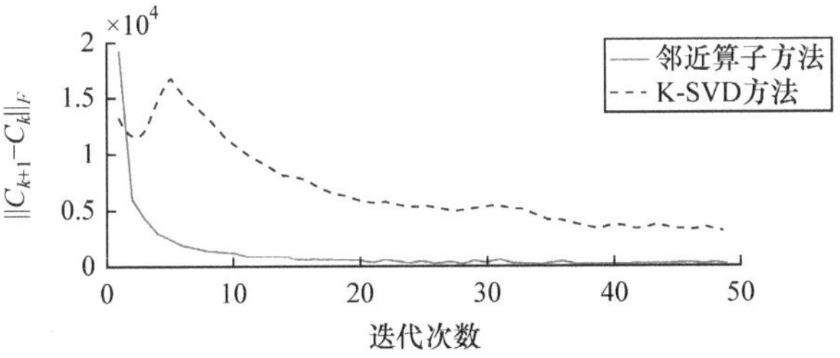

图 4-11　邻近算子方法和 K-SVD 方法的计算结果

为保证全局收敛性，利用邻近交替算子方法求解：

$$\begin{cases} x^{k+1}\in \mathrm{Prox}_{t_k^1}^{F}\left(x^k-\frac{1}{t_k^1}\nabla Q\left(x^k,y^k\right)\right) \\ y^{k+1}\in \mathrm{Prox}_{t_k^2}^{G}\left(y^k-\frac{1}{t_k^2}\nabla Q\left(x^{k+1},y^k\right)\right) \end{cases}$$

对于例 4-2 有

$$\begin{cases} F(C)=\|C\|_0+I_C(C) \\ Q(C,D)=\frac{1}{2}\|\ Y-DC\|_F^2 \\ G(D)=I_x(D) \end{cases}$$

因此，由定理 4-7 可以得到定理 4-8。

定理 4-8　(全局收敛性)邻近交替算子方法生成的序列 $\{C(k),D(k)\}$ 是柯西(Cauchy)列，且收敛到某个临界点。

也可将邻近算子和邻近线性算子(proximal linearized operator)混合使用，相应地更新公式为

$$x_i^{k+1}=\begin{cases}\operatorname{Prox}_{\mu_i^k}^{P_i^k+r_i}\left(x_i^k\right)\\ \operatorname{Prox}_{\mu_i^k}^{r_i}\left(x_i^k-\nabla P_i^k\left(x_i^k\right)/\mu_i^k\right)\end{cases}$$

由此得邻近算子和邻近线性算子的杂交算法 4-11。

算法 4-11　邻近算子和邻近线性算子的杂交算法

初始化： x_i^0。

迭代： 对 $k=0,1,\cdots,K$，$i=0,1,\cdots,N$，

$$x_i^{k+1}\in\operatorname{Prox}_{\mu_i^k}^{P_i^k+r_i}\left(x_i^k\right)\cup\operatorname{Prox}_{\mu_i^k}^{r_i}\left(x_i^k-\nabla P_i^k\left(x_i^k\right)/\mu_i^k\right)$$

修正 μ_i^{k+1}。

结束。

例 4-3　l_0 约束字典学习的交替杂交算法：

$$\min_{D\in R^{n\times m},C\in R^{P\times m}}\frac{1}{2}\left\|Y-DC^{\mathrm{T}}\right\|^2+\lambda\|C\|_0$$

$$\begin{cases}r_0(C)=\lambda\|C\|_0+\delta_C(C)\\ r_i\left(D_i\right)=\delta_D\left(D_i\right),\quad i=1,2,\cdots,m\\ P\left(C,D_1,D_2,\cdots,D_m\right)=\frac{1}{2}\left\|Y-\left[D_1,D_2,\cdots,D_m\right]C^{\mathrm{T}}\right\|^2\end{cases}$$

$$\begin{cases}C^{k+1}\in\operatorname{Prox}_{\mu^k}^{r_0}\left(C^k-\nabla P_0^k\left(C^k\right)/\mu^k\right)\\ D_i^{k+1}\in\operatorname{Prox}_{\lambda_i^k}^{P_i^k+r_i}\left(D_i^k\right),\quad i=1,2,\cdots,m\end{cases}$$

总之，对 l_0 约束字典学习问题，根据目标函数满足的不同假定条件，可以使用邻近交替迭代算法、邻近交替线性迭代算法及其组合方法等。

4.4　l_1 约束字典学习的直接方法

4.1 节～4.3 节重点讨论了字典学习的交替优化方法。实际上，对 l_1 约束问题也可以将字典 D 和稀疏表示系数 α_i 同时优化，这一类方法称为直接方法[31]。考虑如下优化问题：

$$\min_{A,D} \Phi(A,D) = \frac{1}{2}\|X - DA\|_F^2 + \lambda_A \Omega_A(A) + \lambda_D \Omega_D(D)$$

因为 $f(D,A) = \frac{1}{2}\|X - DA\|_F^2$，所以 $\nabla_{D,A} f = \begin{pmatrix} \nabla_D f \\ \nabla_A f \end{pmatrix}$，其中 $\nabla_D f = -(X - DA)A^{\mathrm{T}}$，$\nabla_A f = -D^{\mathrm{T}}(X - DA)$。令 $g(D,A) = \Pi(D) + \lambda_A \|A\|_1 + \delta(A)$，则可以建立下列直接方法：

$$\begin{pmatrix} D^{k+1} \\ A^{k+1} \end{pmatrix} = \mathrm{Prox}_{\eta_k g}\left(\begin{pmatrix} D^k \\ A^k \end{pmatrix} - \eta_k \nabla_{D,A} f \right)$$

由于 $g(D,A)$ 是可分的，因此上述迭代可以分成两个部分：

$$D^{k+1} = \mathcal{P}_{\Pi}\left(D^k + \eta_k \left(X - D^k A^k \right) \left(A^k \right)^{\mathrm{T}} \right)$$

式中，

$$\mathcal{P}_{\Pi}(D) = \{d_i\}_{i=1}^{M} = \begin{cases} d_i, & \|d_i\|_2 < 1 \\ \dfrac{d_i}{\|d_i\|_2}, & \text{其他} \end{cases}$$

$$A^{k+1} = \mathrm{Prox}_{\eta_k \lambda_A \|A\|_1 + \delta(A)}\left(A^k + \eta_k \left(D^k \right)^{\mathrm{T}} \left(X - D^k A^k \right) \right)$$

A^{k+1} 还可以表示为

$$A^{k+1} = \mathcal{S}_{\eta_k \lambda_A}^{B_\alpha}\left(A^k + \eta_k \left(D^k \right)^{\mathrm{T}} \left(X - D^k A^k \right) \right)$$

其中，当 $B > \lambda$ 时，

$$\mathcal{S}_{\lambda}^{B}\left(A_{i,j} \right) = \begin{cases} B, & A_{i,j} - \lambda \geqslant B \\ -B, & A_{i,j} + \lambda \leqslant B \\ A_{i,j} - \lambda \mathrm{sgn}\left(A_{i,j} \right), & \lambda < \left| A_{i,j} \right| \\ 0, & \text{其他} \end{cases}$$

故有字典学习直接优化算法 4-12，和 MOD 算法或交替优化方法相比，字典学习直接优化算法有更高的计算效率。

算法 4-12　字典学习直接优化算法

初始化： 设 $k = 1$，初始化 A^1、D^1，选择 η_k 满足要求的条件。

迭代：重复下列计算：

$$D^{k+\frac{1}{2}} = D^k + \eta_k \left(X - D^k A^k \right) \left(A^k \right)^{\mathrm{T}}$$

$$D^{k+1} = \mathcal{P}_{\Pi} \left(D^{k+\frac{1}{2}} \right)$$

$$A^{k+\frac{1}{2}} = A^k + \eta_k \left(D^k \right)^{\mathrm{T}} \left(X - D^k A^k \right)$$

$$A^{k+1} = \mathcal{S}_{\eta_k \lambda_A}^{B_a} \left(A^{k+\frac{1}{2}} \right)$$

$$k \leftarrow k+1$$

直到满足终止条件。

参 考 文 献

[1] ESLAMI R, RADHA H. Translation-invariant contourlet transform and its application to image denoising [J]. IEEE Transactions on Image Processing, 2006, 15(11): 3362-3374.

[2] STARCK J L, CANDES E J, DONOHO D L. The curvelet transform for image denoising[J]. IEEE Transactions on Image Processing, 2002, 11(6): 670-684.

[3] PORTILLA J, STRELA V, WAINWRIGHT M J, et al. Image denoising using scale mixtures of Gaussians in the wavelet domain [J]. IEEE Transactions on Image Processing, 2003, 12(11): 1338-1351.

[4] MATALON B, ELAD M, ZIBULEVSKY M. Improved denoising of images using modeling of a redundant contourlet transform [C]. Proceedings of SPIE-The International Society for Optical Engineering, San Diego, 2005, 5914: 617-628.

[5] LEE H, BATTLE A, RAINA R, et al. Efficient sparse coding algorithms [J]. Advances in Neural Information Processing Systems, 2006, 19: 801-808.

[6] AHARON M, ELAD M. Sparse and redundant modeling of image content using an image-signature-dictionary [J]. SIAM Journal on Imaging Sciences, 2008, 1(3): 228-247.

[7] ELAD M, AHARON M. Image denoising via sparse and redundant representations over learned dictionaries[J]. IEEE Transactions on Image Processing, 2006, 15(12): 3736-3745.

[8] DELGADO K K, MURRAY J, RAO B, et al. Dictionary learning algorithms for sparse representation[J]. Neural Computation, 2003, 15: 349-396.

[9] MAIRAL J, BACH F, PONCE J,et al. Supervised dictionary learning[C]. Proceedings of the 21st International Conference on Neural Information Processing Systems, Columbia, 2008: 1033-1040.

[10] YAGHOOBI M, BLUMENSATH T, DAVIES M E. Dictionary learning for sparse approximations with the majorization method[J]. IEEE Transactions on Signal Processing, 2009, 57(6): 2178-2191.

[11] ELAD M. Sparse and Redundant Representations: From Theory to Applications in Signal and Image Processing[M]. New York: Springer, 2010.

[12] CHEN S S, DONOHO D L, SAUNDERS M A. Atomic decomposition by basis pursuit[J]. SIAM Journal on Scientific Computing, 2001, 20(1): 33-61.

[13] MALLAT S G, ZHANG Z F. Matching pursuits with time frequency dictionaries[J]. IEEE Transactions on Signal Processing, 1993, 41(12): 3397-3415.

[14] PATI Y C, REZAIIFAR R, KRISHNAPRASAD P S. Orthogonal matching pursuit: Recursive function approximation with applications to wavelet decomposition[C]. Proceedings of the 27th Asilomar Conference on Signals Systems and Computers, Pacific Grove, 1993: 40-44.

[15] AHARON M, ELAD M, BRUCKSTEIN A. K-SVD: An algorithm for designing overcomplete dictionaries for sparse representations[J]. IEEE Transactions on Signal Processing, 2006, 54(11): 4311-4322.

[16] RUDIN F, OSHER S, FATEMI E. Nonlinear total variation based noise removal algorithms[J]. Physical D:Nonlinear Phenomena, 1992, 60(1-4): 259-268.

[17] BREDIES K, KUNISCH K, POCK T. Total generalized variation[J]. SIAM Journal on Imaging Sciences, 2010, 3(3): 492-526.

[18] KNOLL F, BREDIES K, POCK T, et al. Second order total generalized variation (TGV) for MRI[J]. Magnetic Resonance in Medicine, 2011, 65(2): 480-491.

[19] HUO L, FENG X, PAN C,et al. Learning smooth dictionary for image denoising[C]. 2013 Ninth International Conference on Natural Computation, Shenyang, 2013: 1388-1392.

[20] MAIRAL J, SAPIRO G, ELAD M. Multiscale sparse image representation with learned dictionaries[C]. 2007 IEEE International Conference on Image Processing, San Antonio, 2007: 105-108.

[21] BERTSEKAS D P. Nonlinear Programming[M]. 3rd ed. Belmont: Athena Scientific, 2016.

[22] TSENG P. Convergence of a block coordinate descent method for nondifferentiable minimization[J]. Journal of Optimization Theory and Applications, 2001, 109(3): 475-494.

[23] HONG M, LUO Z, RAZAVIYAYN M. Converge analysis of alternating direction method of multipliers for a family of nonconvex problems[J]. SIAM Journal on Optimization, 2014, 26(1): 337-364.

[24] RAZAVIYAYN M, HONG M, LUO Z. A unified convergence analysis of block successive minimization methods for nonsmooth optimization[J]. SIAM Journal on Optimization, 2013, 23(2): 1126-1153.

[25] HONG M, RAZAVIYAYN M, LUO Z, et al. A unified algorithmic framework for block structured optimization involving big data: With applications in machine learning and signal processing[J]. IEEE Signal Processing Magazine, 2016, 33(1): 57-77.

[26] XU Y, YIN W. A block coordinate descent method for regularized multiconvex optimization with applications to nonnegative tensor factorization and completion[J]. SIAM Journal on Imaging Sciences, 2013, 6(3): 1758-1789.

[27] ATTOUCH H, BOLTE J, REDONT P, et al. Proximal alternating minimization and projection methods for nonconvex problems: An approach based on the Kurdyka-Lojasiewicz inequality[J]. Mathematics of Operations Research, 2016, 35(2): 438-457.

[28] BOLTE J, SABACH S, TEBOULLE M. Proximal alternating linearized minimization for nonconvex and nonsmooth problems[J]. Mathematical Programming, 2014, 146(1/2): 459-494.

[29] BAO C, JI H, QUAN Y, et al. Dictionary learning for sparse coding: Algorithms and convergence analysis[J]. IEEE Transactions on Pattern Analysis and Machine Intelligence, 2016, 38(7): 1356-1369.

[30] RAZAVIYAYN M, TSENG H, LUO Z. Dictionary learning for sparse representation: Complexity and algorithms[C]. 2014 IEEE International Conference on Acoustic, Speech and Signal Processing, Florence, 2014: 5247-5251.

[31] RAKOTOMAMONJY A. Direct optimization of the dictionary learning problem[J]. IEEE Transactions on Signal Processing, 2013, 61(22): 5495-5506.

第 5 章　非局部正则化与非局部逆尺度空间

本章介绍基于图像非局部相似性的图像恢复方法。5.1 节和 5.2 节分别介绍经典的非局部平均(nonlocal mean，NLM)滤波算法和块匹配三维滤波(block-matching and 3D filtering，BM3D)算法；5.3 节介绍方法噪声正则模型；5.4 节介绍非局部能量泛函；5.5 节介绍非局部 TV 和非局部逆尺度空间。

5.1　非局部平均滤波算法

5.1.1　标准的非局部平均滤波算法

图像中的像素值不是孤立存在的，它们之间有着高度的相关性，这种相关性不仅是灰度的相似，还表现在几何结构上的相似。这种相似不受空间位置的限制，如物体的细长边界、重复的纹理结构等。换言之，有大量具有重复性的结构存在于自然图像中，因此，如果采用能够描述图像结构特征的图像块来度量像素之间的相关性，会比单个像素点的度量更加准确，从而能更好地保护图像的结构信息。

非局部方法是基于自然图像的自相似性提出的，图像自相似性是指在图像中存在着大量空域位置不同但结构非常相似的图像块，这也是非局部方法名称的由来。实际上，非局部思想最早出现在 1999 年，当时 Efros 等将它用于纹理合成与填补图像中的小洞。但直到 2005 年，非局部这个概念才由 Buades 等在文献[1]中被正式提出。该文献提出的非局部平均去噪算法和以往的滤波算法相同，利用加权平均来计算待估计的像素值，但重要的是其权重函数唯一地依赖于图像邻域与以待估计像素为中心的邻域之间的相似性。这也就是说，NLM 算法中两个像素的相似程度取决于以它们为中心的图像邻域块的相似性，与它们所在的空间位置无实质性关系。

非局部平均滤波的思想是通过在搜索窗或者整个图像上寻找与待估计像素点邻域块特征相似的其他邻域块，并采用加权平均的思想，使得相似性高的邻域块对待估计像素点邻域块的贡献大，相似度低的邻域块贡献小或者不贡献。非局部算法利用相似度大的邻域块进行加权平均，以去除原邻域块的噪声。这种尽量减小无关邻域块影响的做法，不仅提高了算法的效率，也增强了算法的去噪能力。因此，非局部权函数的构造成为设计 NLM 滤波的关键步骤之一。

NLM 算法的计算公式如下：

$$\hat{u}(x)=\int_{\Omega}\omega(x,y)u_0(y)\mathrm{d}y \tag{5-1}$$

$$\omega(x,y)=\frac{1}{c(x)}\exp\left(-\frac{d_{\alpha}\left(u_0(x),u_0(y)\right)}{h^2}\right) \tag{5-2}$$

式中，$c(x)=\int_{\Omega}\omega(x,y)\mathrm{d}y$，为归一化因子；$h$ 为指数衰减参数；d_{α} 为高斯加权 L^2 范数：

$$d_{\alpha}\left(u_0(x),u_0(y)\right)=\int_{\Omega}g_{\alpha}(t)\left|u_0(x+t)-u_0(y+t)\right|^2\mathrm{d}t \tag{5-3}$$

式中，$g_{\alpha}(t)$ 为标准差为 α 的高斯核函数；t 为邻域半径。

NLM 算法对应的离散形式为

$$\mathrm{NL}(v)(i)=\sum_{j}\omega(i,j)v(j) \tag{5-4}$$

$$\omega(i,j)=\frac{1}{Z_i}\exp\left(\frac{-\left\|v(\mathcal{N}_i)-v(\mathcal{N}_j)\right\|_{2,\alpha}^2}{h^2}\right) \tag{5-5}$$

式中，$v(i)=u(i)+n(i)$，为在像素 $i\in\Omega$ 点的观测值；$v(\mathcal{N}_i)=\{v(j):j\in\mathcal{N}_i\}$；$\mathcal{N}_i$ 为以像素 i 为中心的邻域；$\|\cdot\|_{2,\alpha}^2$ 为高斯加权距离，即加权 L^2 范数；$\alpha>0$，为高斯核函数的标准差。

和单个像素相比，图像块因为蕴含了更多的结构信息，能更好地描述图像的特征，所以式(5-5)能够更准确地度量像素之间的实际相似性，也就是说 NLM 算法在图像的结构特征保持方面更具优势，特别是针对具有重复性的结构特征，如纹理等。这也正是 NLM 算法优于其他邻域平均去噪方法，如双边滤波方法的原因。图 5-1 给出了 NLM 算法的去噪结果。

(a) 噪声图像($\sigma=20$)　(b) NLM算法(PSNR=31.35)　(c) 原始图像(PSNR=33.97)

图 5-1　NLM 算法的去噪结果

但是，NLM 算法也存在下述不足：因为相似性度量是根据两个像素点对应的含有噪声的图像块来确定，所以其准确性会受到噪声的干扰，使其不能有效地区分相似点和非相似点，从而导致重构图像的细节和纹理区域出现模糊，在强噪声的情况下，这种现象尤为明显。因此，如何通过提高相似性度量的准确性来改进 NLM 算法的去噪效果成为广泛关注的问题。图 5-1(c)是由不含噪声的原始图像计算权函数，再对噪声图像做加权平均所得的结果，其去噪效果远远优于经典的 NLM 算法。这表明如果相似性度量足够准确，那么非局部算法的去噪效果将会非常好。

5.1.2 相似性度量和搜索窗的改进

NLM 算法一经提出，就得到了广泛的应用和迅速的发展。Kervrann 等[2]将局部点列方法和非局部块相结合，从相似性度量和搜索窗两个方面对 NLM 算法进行了改进，提出的优化的空间自适应非局部平均(optimal spatial adaptation-NLM, OSA-NLM)方法为

$$\hat{u}_n(x_i)=\sum_{x_j\in\varDelta_{i,n}}\omega_{i-j,n}u_0(x_j) \tag{5-6}$$

$$\omega_{i-j,n}=\frac{K\left(\lambda_\alpha^{-1}\mathrm{dist}\left(\hat{u}_{n-1}(x_i),\hat{u}_{n-1}(x_j)\right)\right)}{\sum_{x_j\in\varDelta_{i,n}}K\left(\lambda_\alpha^{-1}\mathrm{dist}\left(\hat{u}_{n-1}(x_i),\hat{u}_{n-1}(x_j)\right)\right)} \tag{5-7}$$

式中，$K(\cdot)$为单调递减函数。$\hat{u}_{i,n-1}=\left(\hat{u}_{i,n-1}^{(p^1)},\cdots,\hat{u}_{i,n-1}^{(p^2)}\right)^r$ 表示第 $n-1$ 次迭代所得的以 x_i 为中心，$p\times p$ 为大小的矩形图像块的列向量。规范化距离 $\mathrm{dist}\left(\hat{u}_{i,n-1},\hat{u}_{j,n-1}\right)$ 和最优搜索窗 $\varDelta_{i,n}$ 按如下公式计算：

$$\begin{aligned}\mathrm{dist}\left(\hat{u}_{i,n-1},\hat{u}_{j,n-1}\right)=\frac{1}{2}\Big[&\left(\hat{u}_{i,n-1}-\hat{u}_{j,n-1}\right)^\gamma\hat{V}_{i,n-1}^{-1}\left(\hat{u}_{i,n-1}-\hat{u}_{j,n-1}\right)\\&+\left(\hat{u}_{j,n-1}-\hat{u}_{i,n-1}\right)^\gamma\hat{V}_{j,n-1}^{-1}\left(\hat{u}_{j,n-1}-\hat{u}_{i,n-1}\right)\Big]\end{aligned} \tag{5-8}$$

$$\hat{\varDelta}(x_i)=\underset{\varDelta_{i,n}\in\mathcal{N}_\varDelta}{\arg\max}\left\{\left|\varDelta_{i,n}\right|:\left|\hat{u}_{i,n}-\hat{u}_{i,n'}\right|\leqslant\rho\hat{v}_{i,n},\ 1\leqslant n'<n\right\} \tag{5-9}$$

式中，$\hat{v}_{i,n}^2=\hat{\sigma}^2\sum_{x_j\in\varDelta_{i,n}}\omega_{i-j,n}^2$；$\hat{V}_{i,n-1}^{-1}=\mathrm{diag}\left(\left(\hat{v}_{i,n-1}^{(p^1)}\right)^2,\cdots,\left(\hat{v}_{i,n-1}^{(p^2)}\right)^2\right)$。OSA-NLM 模型利用最优搜索窗，减小了 NLM 算法的计算量，取得了满意的去噪效果。

因为图像在边缘区域会突然缺乏冗余信息，所以很多去噪算法会在该区域出现“噪声光环”。统计结果表明，NLM 估计在边缘区域的方差也是较大的。为克服该点不足，Deledalle 等[3]提出了一种基于形状自适应块的非局部平均(NLM-shape adaptive patches，NLM-SAP)方法，用形状函数 $S_\tau(\cdot)$ 控制图像块的形状：

$$d_S^2(x,x')=\sum_{\tau\in\varOmega}S_\tau\left(u_0(x+\tau)-u_0(x'+\tau)\right)^2 \tag{5-10}$$

显然，根据图像特征选择合适的形状函数 $S_{\tau}(\cdot)$，式(5-10)就可以起到各向异性的作用，相比于方形领域，自适应的图像块能更好地保护图像结构信息，而且可以避免产生伪影。

针对 NLM 算法相似性计算，已提出了许多改进方法，如文献[4]～[11]。值得注意的是，Takeda 和 Chatterjee 等提出一种使用核回归方法的非局部平均的推广模型[5,6](一阶 NLM 和二阶 NLM)。因为 NLM 算法可以看成是一种零阶回归算法，隐含着待恢复图像是分片常数的假设，所以可将其推广到高阶的情形，即假定待恢复图像是分片的多项式函数，该算法利用高阶导数来改进权函数，提高了去噪能力。文献[10]考虑到 NLM 算法只利用了图像的灰度值信息来度量像素点之间的相似性，不能很好地刻画图像的结构信息，因此建议利用含有梯度信息的结构张量来改进算法，得到带结构张量的非局部平均(structure tensor-NLM，ST-NLM)算法。

设图像为 I，二维结构张量可表示为

$$S_{\omega}(x,y)=\sum_{i,j=-d}^{d}\omega(i,j)S_0(x-i,y-j)$$

式中，(x,y) 是图像 I 中像素的坐标；d 是给定的常数；ω 是给定的 $2d+1$ 阶方阵。S_0 的定义如下：

$$S_0(x,y)=\begin{bmatrix}\left(I_x(x,y)\right)^2 & I_x(x,y)I_y(x,y)\\ I_y(x,y)I_x(x,y) & \left(I_y(x,y)\right)^2\end{bmatrix}$$

如此定义的结构张量包含了该邻域内图像变化的方向，以及沿着这些方向变化的大小等结构信息，反映了该邻域内图像的复杂结构，且具有较好的鲁棒性。结构张量 $S_{\omega}(p)$ 和 $S_{\omega}(q)$ 之间的相似性度量为

$$d_s\left(S_{\omega}(p),S_{\omega}(q)\right)=\sqrt{\operatorname{tr}\left[\ln\left(S_{\omega}(p)\right)-\ln\left(S_{\omega}(q)\right)\right]}$$

利用结构张量对 NLM 算法中的权函数做以下改进：

$$\omega(p,q)=\frac{1}{Z(p)}\exp\left(-\frac{d^2(p,q)+\alpha d_s^2\left(S_{\omega}(p),S_{\omega}(q)\right)}{h^2}\right)$$

式中，$d(p,q)$ 是 NLM 算法使用的加权欧氏距离；$Z(p)$ 是归一化因子；h 是衰减参数；α 是平衡 $d(p,q)$ 和 $d_s\left(S_{\omega}(p),S_{\omega}(q)\right)$ 的参数。

5.1.3　基于稀疏梯度场的非局部图像去噪算法

由于噪声的存在和梯度对噪声的敏感性，传统的利用局部信息计算梯度的方

法同样受到噪声干扰，特别是在强噪声的情况下，使得以上算法效果的提升不可避免地受到影响。为了克服上述问题，利用第 1 章提出的全局稀疏梯度模型，设计出基于稀疏梯度场的 NLM(sparse gradient-NLM，SG-NLM)算法[11]。图 5-2 给出了两阶段 SG-NLM 模型的计算流程。

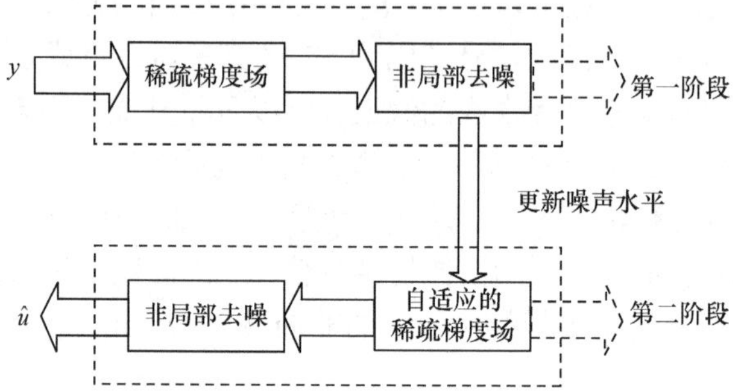

图 5-2　两阶段 SG-NLM 模型的计算流程

首先，针对传统梯度算子对噪声敏感的问题，利用梯度的稀疏性先验计算稀疏梯度场。区别于传统的基于局部的梯度算子，稀疏梯度场模型是基于全局的，即利用噪声图像的所有像素点来估计每个像素点的梯度，使用权函数来确定每个像素点对被估计点处梯度的贡献大小，并对梯度场施加稀疏性约束，使得到的梯度场更加准确、鲁棒。进一步可以给出自适应的稀疏梯度场模型，使该模型在光滑区域能有效地去除噪声的干扰，同时保持纹理区域的结构。利用稀疏梯度场模型得到的梯度信息来改进 NLM 算法中的权函数，有效地提高相似性度量的准确性。

SG-NLM 模型由图 5-2 给出。具体地，有

$$\hat{u}(i)=\mathrm{SGNL}(y)(i)=\sum_{j\in N}\omega(i,j)\,y(i)$$

式中，$\omega(i,j)$ 由式(5-11)给出：

$$\omega(i,j)=\frac{1}{Z(i)}\exp\left(-\left(\alpha\frac{\left\|y(N_j)-y(N_i)\right\|_{2,a}^2}{h^2}+(1-\alpha)\frac{\left\|\nabla u(N_j)-\nabla u(N_i)\right\|_{2,a}^2}{h^2}\right)\right) \tag{5-11}$$

式中，$\nabla u(N_i)$ 是梯度值向量；α 是平衡两项的参数。

例 5-1　几种 NLM 改进算法的比较。

将 NLM 算法、文献[5]和[6]中提出的基于核回归方法的高阶非局部模型(一阶 NLM 和二阶 NLM)、文献[10]中利用结构张量改进的 NLM 算法(ST-NLM)，与本节提出的 SG-NLM 算法进行比较。图 5-3 给出了 ST-NLM 算法和 SG-NLM 算法

在噪声水平 $\sigma = 20$ 时的去噪结果。表 5-1 则展示了不同去噪算法的 PSNR 值，加粗数字表示在该噪声水平下同一图像表现最好的算法。可以看出，除了利用两轮计算的 BM3D 方法以外，SG-NLM 算法的 PSNR 值基本上是最高的。

(a) ST-NLM算法　　(b) SG-NLM算法

图 5-3　ST-NLM 算法和 SG-NLM 算法在噪声水平 $\sigma = 20$ 时的去噪结果

表 5-1　不同去噪算法的 PSNR 值

噪声水平	算法	莱娜	芭芭拉	船	山	房子	莱娜 256	辣椒	摄影师	男人
20	NLM	31.35	29.82	29.22	29.2	32.15	29.49	29.65	32.15	29.21
	一阶 NLM	31.56	29.84	29.22	29.05	32.29	29.88	29.83	32.1	29.14
	二阶 NLM	31.8	30.12	29.75	29.59	32.19	30.06	30.37	32.12	29.65
	ST-NLM	32.01	30.21	29.88	29.72	32.5	30.13	30.44	32.35	29.86
	SG-NLM	32.15	30.48	29.98	30.1	32.56	30.13	30.18	32.73	30.09
	BM3D	**33.06**	**31.78**	**30.88**	**30.72**	**33.79**	**30.91**	**31.23**	**33.88**	**30.59**
30	NLM	29.29	27.25	27.15	27.29	29.61	27.36	27.24	30.01	27.33
	一阶 NLM	29.25	27.13	27.04	26.99	29.46	27.59	27.25	29.93	27.08
	二阶 NLM	29.56	27.57	27.64	27.75	29.67	27.78	28.04	29.91	27.68
	ST-NLM	29.84	27.71	27.82	27.96	29.98	27.92	28.17	30.31	27.97
	SG-NLM	30.43	28.56	28.24	28.37	31.05	28.42	28.35	30.91	28.39
	BM3D	**31.29**	**29.81**	**29.07**	**29.15**	**32.12**	**28.82**	**29.14**	**31.43**	**28.86**
40	NLM	27.79	25.49	25.7	26.04	27.63	25.8	25.42	28.42	26.04
	一阶 NLM	27.56	25.23	25.49	25.68	27.25	25.85	25.22	28.26	25.68
	二阶 NLM	27.91	25.75	26.13	26.51	27.76	26.15	26.24	28.2	26.32
	ST-NLM	28.33	25.94	26.31	26.76	28.07	26.33	26.42	28.72	26.63
	SG-NLM	29.04	26.97	26.94	27.12	29.48	27.06	26.83	**29.65**	27.15
	BM3D	**29.91**	**28.06**	**27.67**	**27.95**	**30.76**	**27.23**	**27.6**	29.52	**27.63**
50	NLM	26.59	24.23	24.62	25.13	26.1	24.53	23.94	27.08	25.05
	一阶 NLM	26.22	23.86	24.32	24.77	25.64	24.41	23.58	26.8	24.63

续表

噪声水平	算法	莱娜	芭芭拉	船	山	房子	莱娜256	辣椒	摄影师	男人
50	二阶 NLM	26.63	24.46	24.98	25.56	26.3	24.87	24.78	26.67	25.29
	ST-NLM	27.21	24.69	25.19	25.87	26.66	25.14	25.02	27.36	25.63
	SG-NLM	27.93	25.65	25.9	26.17	28.14	**25.97**	25.61	**28.64**	26.17
	BM3D	**28.82**	**26.85**	**26.45**	**26.96**	**29.42**	25.8	**26.11**	27.88	**26.62**

5.2 块匹配三维滤波算法

随着对图像自相似性和稀疏性的深入研究，基于这两种性质的非局部滤波算法得到了广泛的关注[12-15]。这类算法利用图像本身的信息寻找目标块的相似块，通过相似块的加权平均得到目标块的估计值。其中，最为著名的是由 Dabov 等[12]提出的块匹配三维滤波(BM3D)算法。BM3D 算法是一种非局部方法与变换域方法相结合的图像去噪算法，具有优越的去噪性能。该算法在块匹配思想和三维变换域滤波等技术基础上，依次进行基础估计和最终估计两次估计。其中，最终估计根据基础估计提供的权值参数在对图像块聚集时进行细节处理，得到了更佳的去噪效果。和简单的非局部平均算法相比，BM3D 算法的视觉效果和客观指标都有所改善。

5.2.1 标准的块匹配三维滤波算法

BM3D 算法的实现主要分为两个阶段，每个阶段又包含三个小步骤，如下所示。

1. 基础估计

1) 图像块分组

对图像进行分块，首先确定块的大小和形状，其次以图像中每个像素点为中心确定其邻域，最后将邻域组合在一起构成图像块。BM3D 算法中，在确定好邻域图像块之后，利用欧氏距离度量这些图像块之间的相似性，把具有相似性的图像块组合在一起构成三维图像块数组。图像块之间距离越小，表明图像块之间的相似程度越高。对于给定的目标块，在一定的范围内寻找与其相似的图像块，当两个图像块之间的欧氏距离小于某个给定的阈值时，则将其判定为相似块并划归到一组。遍历整个搜索窗口，可将该目标块的所有相似块组成一个三维图像块数组。定义图像块之间的欧氏距离如下：

$$d\left(Z_{x_R}, Z_x\right)=\frac{\left\|\gamma'\left(T_{2D}\left(Z_{x_R}\right)\right)-\gamma'\left(T_{2D}\left(Z_x\right)\right)\right\|_2^2}{N^2} \tag{5-12}$$

式中，Z_x、Z_{x_R} 分别表示噪声图像目标块和参考图像块；γ' 表示给定阈值；T_{2D} 表示二维线性变换；邻域图像块的形状一般为大小是 $N \times N$ 的正方形。

将目标块的所有相似块组成一个三维图像块数组，对应的三维矩阵表示为

$$S_{x_R}^{ht} = \left\{ Z_x: \ d\left(Z_x, Z_{x_R}\right) \leqslant \tau_{match}^{ht} \right\} \tag{5-13}$$

式中，τ_{match}^{ht} 为判定两个图像块相似的最大距离。

2) 联合硬阈值收缩滤波

当三维图像块数组给定后，利用联合硬阈值收缩方法对每个图像块进行滤波处理，具体分为三个步骤：三维线性变换、通过硬阈值收缩变换系数和三维逆线性变换。经过这三个步骤，就得到了每个图像块的处理值。三维线性变换分两步进行：首先进行二维变换滤波处理，其次对剩余一维进行小波变换，具体表示为

$$\hat{Y}_{S_{x_R}^{ht}}^{ht} = T_{3D}^{ht^{-1}}\left(\gamma\left(T_{3D}^{ht}\left(Z_{S_{x_R}^{ht}}\right)\right)\right) \tag{5-14}$$

式中，γ 表示硬阈值算子；$Z_{S_{x_R}^{ht}}$ 表示相似块组对应的三维数据矩阵；T_{3D}^{ht}、$T_{3D}^{ht^{-1}}$ 分别表示一个三维变换和其相应的三维逆变换。一般地，当三维图像块数组含有 N 个图像块时，利用协同滤波能够得到 N 个估计值，且每个图像块都能与搜索范围内其他块之间的滤波相互关联。在变换域中，高维线性变换的稀疏性要高于相应的低维线性变换的稀疏性，因此采用三维变换能够极大地提高 BM3D 算法抑制噪声的能力[16]。

3) 图像块聚集

联合滤波之后，得到了每个图像块相应的估计值。但由于图像块在分组时，块之间发生重叠等问题。例如，如果图像块 1 和图像块 2、图像块 3 相似，经过分组滤波后，会得到关于图像块 1 的三个估计结果，且三个估计结果一般不一样。因此，为了得到更为准确真实的图像块估计值，应该在联合滤波之后，对每个图像块的所有估计值进行加权平均。权重的计算根据相似度的大小进行，具体计算公式为

$$w_{x_R}^{ht} = \begin{cases} \dfrac{1}{\sigma^2 N_{harr}^{x_R}}, & N_{harr}^{x_R} \geqslant 1 \\ 1, & 其他 \end{cases} \tag{5-15}$$

式中，$N_{harr}^{x_R}$ 为阈值处理非零系数的个数；σ 为噪声标准差。然后，以加权平均的方式得到目标图像块对应的估计值。

综上所述，噪声图像经过基础估计得到的估计值为

$$\hat{Y}_{\text{basic}}(x)=\frac{\sum_{x_R\in X}\sum_{x_m\in S_{x_R}^{\text{ht}}} w_{x_R}^{\text{ht}}\hat{Y}_{x_m}^{\text{ht},x_R}}{\sum_{x_R\in X}\sum_{x_m\in S_{x_R}^{\text{ht}}} w_{x_R}^{\text{ht}}},\quad \forall x\in X$$

2. 最终估计

最终估计在基础估计的基础上进行。与基础估计相类似，最终估计也分为三个步骤。一般地，对图像进行逐块估计，所得估计值会发生重叠等问题，也就是说所得估计值存在过完备问题。因此，对基础估计图像重复基础估计的操作流程，以此得到噪声图像的最终估计，具体流程如下。

1) 图像块分组

最终估计在基础估计的基础上进行图像块匹配处理，采用同样的分组方式处理基础估计，得到三维估计块数组。与基础估计的块匹配距离定义相类似，最终估计的块匹配距离定义为

$$d\left(Y_{x_R}^{\text{basic}},Y_x^{\text{basic}}\right)=\frac{\left\|Y_{x_R}^{\text{basic}}-Y_x^{\text{basic}}\right\|_2^2}{\left(N_1^{\text{wie}}\right)^2} \tag{5-16}$$

式中，$Y_{x_R}^{\text{basic}}$ 和 Y_x^{basic} 分别表示基础估计的目标图像块和相似图像块；N_1^{wie} 表示图像块大小。因此，最终估计的三维图像块数组可表示为

$$S_{x_R}^{\text{wie}}=\left\{d\left(Y_{x_R}^{\text{basic}},Y_x^{\text{basic}}\right)\leqslant\tau_{\text{match}}^{\text{wie}}\right\} \tag{5-17}$$

2) 联合维纳滤波

记基础估计过程中得到的噪声图像三维块组矩阵和估计图像三维块组矩阵分别为 $Z_{S_{x_R}^{\text{ht}}}$ 和 $Z_{S_{x_R}^{\text{wie}}}$。经过分组后，近似能量谱选择估计图像三维块组矩阵的经验值[16]，然后对噪声图像三维块组矩阵进行经验维纳滤波，即

$$W_{S_{x_R}^{\text{wie}}}=\frac{\left|T_{3\text{D}}^{\text{wie}}\left(\hat{Y}_{S_{x_R}^{\text{wie}}}^{\text{basic}}\right)\right|^2}{\left|T_{3\text{D}}^{\text{wie}}\left(\hat{Y}_{S_{x_R}^{\text{wie}}}^{\text{basic}}\right)\right|^2+\sigma^2} \tag{5-18}$$

同理，对处理后的图像块矩阵进行三维逆线性变换，得到去噪后的图像块矩阵，具体公式为

$$\hat{Y}_{S_{x_R}^{\text{wie}}}^{\text{wie}}=T_{3\text{D}}^{\text{wie}^{-1}}\left(\gamma\left(T_{3\text{D}}^{\text{wie}}\left(Z_{S_{x_R}^{\text{wie}}}\right)\right)\right) \tag{5-19}$$

由于最终估计利用了基础估计来引导维纳滤波，因此与基础估计单纯的硬阈值处

理相比，最终估计的估计值更准确、更有效。

3) 图像块聚集

最终估计的权重计算公式为

$$w_{x_R}^{\text{wie}} = \sigma^{-2} \left\| W_{x_{S_{x_R}^{\text{wie}}}} \right\|_2^{-2}$$

类似地，噪声图像的最终估计为

$$\hat{Y}^{\text{final}}(x) = \frac{\sum_{x_R \in X} \sum_{x_m \in S_{x_R}^{\text{wie}}} w_{x_R}^{\text{wie}} \hat{Y}_{x_m}^{\text{wie},x_R}}{\sum_{x_R \in X} \sum_{x_m \in S_{x_R}^{\text{wie}}} w_{x_R}^{\text{wie}} \chi_{x_m}}, \quad \forall x \in X$$

图 5-4 为 BM3D 算法流程图。大量的实验证明，BM3D 算法是目前去噪性能最好的算法之一。但是该算法仍然存在缺陷，如整个去噪算法主要分为两个阶段，每个阶段又含有三个小步骤，搜索相似块的过程中都要与图像中所有图像块进行距离运算，所以整体来说，BM3D 算法的运算量非常大。该算法在变换过程中粗略地考虑了变换系数与权值函数之间的关系，所以 BM3D 算法仍然有很多改进和完善之处。可以利用小波的多尺度特性，结合 BM3D 算法的非局部性质，进一步提升图像去噪的效果。

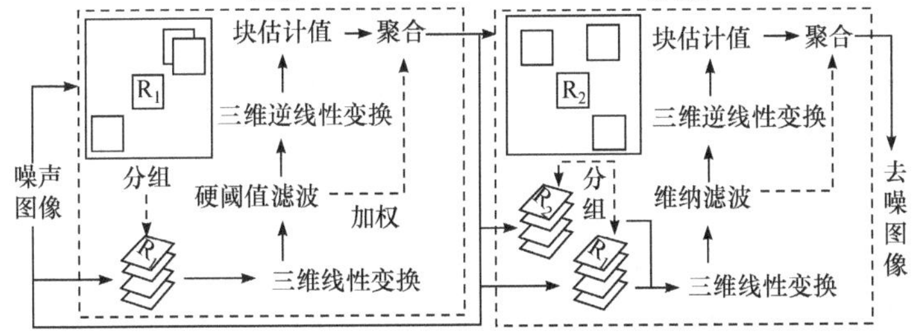

图 5-4　BM3D 算法流程图

5.2.2　BM3D 算法的小波子空间分析

本小节对 BM3D 算法的去噪结果进行子空间分解，可以得到 BM3D 算法的小波子空间分析[17]。首先，利用 BM3D 算法进行去噪得到初步的去噪图像 $\tilde{y}$ 。在小波域中给定一个合适的阈值，利用该阈值将去噪图像 $\tilde{y}$ 对应的小波系数分解成三部分，分别是低频、高频大于给定阈值和高频小于该阈值。小波重构时，每部分对应位置的小波系数保持不变，其余位置的小波系数置为 0，从而得到相应的三个子带：低频子带 $\tilde{y}_1$ 、高频大于给定阈值子带 $\tilde{y}_2$ 和高频小于给定阈值子带 $\tilde{y}_3$ 。由于三个子带之间内积为 0，因此子带之间相互垂直，且有 $\tilde{y} = \tilde{y}_1 + \tilde{y}_2 + \tilde{y}_3$ 。类似地，原始图像 y 和噪声图像 z 也可以分解为三部分：$y_t(t=1,2,3)$ 和 $z_t(t=1,2,3)$ 且 $y=y_1+y_2+y_3$，$z=z_1+z_2+z_3$。应该注意的是，相同下标的子带 $y_t(t=1,2,3)$ 和 $z_t(t=1,2,3)$ 应该与 $\tilde{y}_t(t=1,2,3)$ 有相同的位置坐标，如 y_1 与 z_1 和 $\tilde{y}_1$ 的位置坐标相同。可以选择常见的阈值作为划分三部分子带的阈值，其相应的数值计算公式为

$$\text{thr}=\sigma\sqrt{2\lg(M\times N)} \tag{5-20}$$

式中，σ 为估计出的噪声标准差($\sigma=\text{Median}(|X|)/0.6745$)，$X$ 为图像最高尺度小波系数。阈值越大，越多的小波系数被划分到 $\tilde{y}_3$ 子带；反之，则被划分到 $\tilde{y}_2$ 子带。当三个子带相互垂直时，计算去噪图像 $\tilde{y}$ 与其三个子带 $\tilde{y}_t(t=1,2,3)$ 之间的 MSE 关系，则有

$$\text{MSE}(\tilde{y})=\text{MSE}(\tilde{y}_1)+\text{MSE}(\tilde{y}_2)+\text{MSE}(\tilde{y}_3) \tag{5-21}$$

式中，

$$\text{MSE}(\tilde{y}_t)=\frac{1}{MN}\left\|\tilde{y}_t(i,j)-y_t(i,j)\right\|_2^2,\quad t=1,2,3 \tag{5-22}$$

实际上，

$$\begin{aligned}\text{MSE}(\tilde{y})&=\frac{1}{MN}\left\|(\tilde{y}_1+\tilde{y}_2+\tilde{y}_3)-(y_1+y_2+y_3)\right\|_2^2\\&=\frac{1}{MN}\left(\|\tilde{y}_1-y_1\|_2^2+\|\tilde{y}_2-y_2\|_2^2+\|\tilde{y}_3-y_3\|_2^2\right)\\&=\text{MSE}(\tilde{y}_1)+\text{MSE}(\tilde{y}_2)+\text{MSE}(\tilde{y}_3)\end{aligned} \tag{5-23}$$

式中，$\text{MSE}(\tilde{y})$ 为去噪图像 $\tilde{y}$ 的均方误差；$\text{MSE}(\tilde{y}_t)(t=1,2,3)$ 为子带 $\tilde{y}_t$ 的均方误差。相应地，去噪图像 $\tilde{y}$ 与其三个子带 $\tilde{y}_t(t=1,2,3)$ PSNR 之间的关系如下：

$$\frac{1}{10^{\frac{P}{10}}}=\frac{1}{10^{\frac{P_1}{10}}}+\frac{1}{10^{\frac{P_2}{10}}}+\frac{1}{10^{\frac{P_3}{10}}}$$

根据上述理论，对 BM3D 算法的去噪结果进行子空间分解，分析所得每个子带的 PSNR 值。表 5-2 给出了噪声图像 z 和 BM3D 去噪图像 $\tilde{y}$ 的每个子带的 PSNR 值，粗体表示最优值。

表 5-2　噪声图像 z 和 BM3D 去噪图像 $\tilde{y}$ 的每个子带的 PSNR 值

测试图像 (256 像素×256 像素)	σ	噪声图像 z	去噪图像 $\tilde{y}$	z_1	$\tilde{y}_1$	z_2	$\tilde{y}_2$	z_3	$\tilde{y}_3$
飞行器	20	22.08	34.93	46.66	47.51	43.93	46.87	22.13	**35.48**
	30	18.56	32.92	43.13	44.27	43.72	46.91	18.59	**33.45**
	40	16.06	31.41	40.63	41.78	43.07	45.88	16.09	**32.01**
房子	20	22.08	33.77	46.66	47.56	42.67	45.38	22.14	**34.28**

续表

测试图像(256 像素×256 像素)	σ	噪声图像 z	去噪图像 $\tilde{y}$	z_1	$\tilde{y}_1$	z_2	$\tilde{y}_2$	z_3	$\tilde{y}_3$
房子	30	18.56	32.09	43.13	44.69	42.10	44.69	18.60	**32.59**
	40	16.06	30.65	40.63	42.25	41.43	44.11	16.09	**31.18**
辣椒	20	22.08	31.29	46.66	47.56	38.67	41.15	22.20	**31.87**
	30	18.56	29.28	43.13	43.95	37.67	40.61	18.63	**29.78**
	40	16.06	27.70	40.63	41.47	37.67	40.56	16.11	**28.13**
椰子	20	22.08	34.84	46.66	47.45	44.18	46.18	22.13	**35.43**
	30	18.56	32.93	43.13	44.29	43.50	46.16	18.50	**33.49**
	40	16.06	31.41	40.63	42.05	43.09	45.93	16.09	**31.97**

从表 5-2 中可以看出，BM3D 去噪图像的子带 $\tilde{y}_1$、$\tilde{y}_2$ 的 PSNR 和去噪图像 $\tilde{y}$ 的 PSNR 相比，均有较高的值，且 $\tilde{y}_1$ 和 $\tilde{y}_2$ 的 PSNR 值相差不大。高频小于阈值子带 $\tilde{y}_3$ 的 PSNR 值则很明显小于其他两个子带的值。这意味着 BM3D 算法处理噪声图像的子带 z_3 的效果要弱于其余两个子带 z_1 和 z_2。依据三个子带 PSNR 之间的关系式(5-21)，如果提高子带 $\tilde{y}_3$ 的 PSNR 值，则去噪图像 $\tilde{y}$ 的 PSNR 值最终也将有所提高。

为了保留更多的图像信息 $\tilde{y}$ 以及提高去噪结果中子带 $\tilde{y}_3$ 的 PSNR 值，对噪声图像的子带 z_3 进行再次处理。子带 z_3 代表了图像高频小于阈值的部分，其中包含了图像的一些细节信息和大部分噪声。利用 BM3D 算法处理高噪声图像时，图像的一些细节会丢失。因此，为了保留更多的细节，可以在子带 $\tilde{y}_3$ 的基础上利用各向异性扩散的方法从子带 z_3 中寻找出更多的细节。

5.2.3　方向扩散方程修正 BM3D

利用各向异性方向扩散方程去噪具有较强的保持图像细节特征的优势[17,18]。利用方向扩散方程进行图像去噪，基本思想是寻找初始近似图像与噪声图像之间的一个中间状态[19,20]。在这个中间状态中，初始近似图像含有的大量已知信息被保留，同时保留了原始噪声图像的有用信息。假设 f 为待去噪的图像，b 为原始噪声图像的一个初始近似逼近，且由已知的一些原始图像先验信息构成。二维的方向扩散方程定义为

$$\frac{\partial}{\partial t} f = b\Delta f - f\Delta b \tag{5-24}$$

式中，$\Delta f = \frac{\partial^2 f}{\partial x^2} + \frac{\partial^2 f}{\partial y^2}$。当 $t \to \infty$ 时，方程的解 f 恒等于 b，因此称方向扩散方

程(5-24)是方向性地扩散到 b 。

为了能快速扩散去除噪声并很好地保留图像的边缘，利用各向异性扩散算子和扩散系数来对扩散方程(5-24)进行改进，具体的模型如下：

$$\begin{cases}\dfrac{\partial}{\partial t}f=\lambda_1 b\,\operatorname{div}\left(c\left(|\nabla f|\right)\nabla f\right)-\lambda_2 f\Delta b\\ f\left(0,x,y\right)=f_0\left(x,y\right)\end{cases}$$

式中，λ_1 和 λ_2 分别为第一个方程中第一项与第二项的扩散系数；$f_0\left(x,y\right)$ 为待处理的噪声图像；b 为原始图像的一个初始近似逼近；$c\left(|\nabla f|\right)$ 为与梯度模 $|\nabla f|$ 相关的一个递减函数，用来控制图像不同位置的扩散程度。理想的扩散过程是在光滑区域扩散比较迅速，而在边缘区域扩散较慢，甚至静止。$c\left(|\nabla f|\right)$ 可定义为 Perona-Malik 扩散函数的两种形式：$c\left(|\nabla f|\right)=e^{-\left(|\nabla f|/K\right)^2}$ 或 $c\left(|\nabla f|\right)=1\Big/\left(1+\left(|\nabla f|/K\right)^2\right)$，其中 K 为梯度幅值阈值系数[15,18,21]。

方向扩散方程修正 BM3D 算法的主要思想：将 BM3D 算法去噪结果进行正交小波子空间分解，对其高频的小系数部分 $\tilde{y}_3'$ 进行 z_3 引导的扩散修正，将修正后的 $\tilde{y}_3'$ 和 $\tilde{y}$ 的其余部分进行小波重构[17,22]。图 5-5 给出了方向扩散方程修正 BM3D 图像去噪改进算法的流程图。表 5-3 表明 BM3D 去噪结果的高频小于阈值的子带修正前后 PSNR 值的提升情况，表 5-4 则给出了不同算法处理结果的 PSNR 值对比。最后，图 5-6 展示了不同算法去噪的视觉效果。

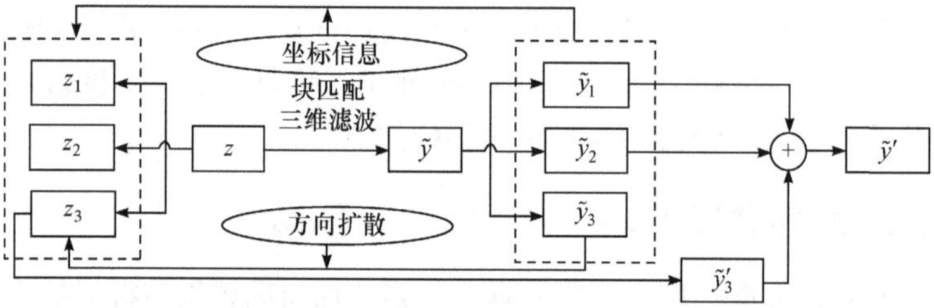

图 5-5 方向扩散方程修正 BM3D 图像去噪改进算法的流程图

表 5-3 BM3D 去噪结果的高频小于阈值的子带修正前后 PSNR 值

测试图像(256 像素×256 像素)	状态	$\sigma=20$	$\sigma=30$	$\sigma=40$	$\sigma=50$
飞行器	修正前	35.48dB	33.45dB	32.01dB	30.82dB
	修正后	35.64dB	33.65dB	32.20dB	30.94dB
房子	修正前	34.28dB	32.59dB	31.18dB	30.21dB
	修正后	34.30dB	32.64dB	31.27dB	30.25dB

续表

测试图像 (256 像素×256 像素)	状态	$\sigma=20$	$\sigma=30$	$\sigma=40$	$\sigma=50$
辣椒	修正前	31.87dB	29.79dB	28.13dB	27.09dB
	修正后	31.94dB	29.84dB	28.23dB	27.15dB
椰子	修正前	35.43dB	33.49dB	31.97dB	31.03dB
	修正后	35.53dB	33.62dB	32.15dB	31.15dB

表 5-4　不同算法处理结果的 PSNR 值

测试图像 (256 像素×256 像素)	算法	$\sigma=20$	$\sigma=30$	$\sigma=40$	$\sigma=50$
飞行器	EPLL	34.65dB	32.59dB	31.09dB	29.95dB
	NCSR	34.67dB	32.52dB	31.10dB	29.90dB
	BM3D	34.93dB	32.92dB	31.41dB	30.22dB
	本节算法	35.07dB	33.10dB	31.58dB	30.33dB
房子	EPLL	32.98dB	31.23dB	29.88dB	28.76dB
	NCSR	33.87dB	32.07dB	30.81dB	29.62dB
	BM3D	33.77dB	32.08dB	30.65dB	29.69dB
	本节算法	33.79dB	32.13dB	30.73dB	29.74dB
辣椒	EPLL	31.17dB	29.16dB	27.73dB	26.63dB
	NCSR	31.19dB	29.10dB	27.68dB	26.63dB
	BM3D	31.29dB	29.28dB	27.70dB	26.68dB
	本节算法	31.34dB	29.34dB	27.79dB	26.74dB
椰子	EPLL	34.57dB	32.49dB	30.97dB	29.79dB
	NCSR	34.80dB	32.76dB	31.37dB	30.23dB
	BM3D	34.84dB	32.93dB	31.41dB	30.46dB
	本节算法	34.92dB	33.05dB	31.56dB	30.55dB

注：EPLL 算法为期望块对数似然算法；NCSR 算法为非局部中心化稀疏表示算法。

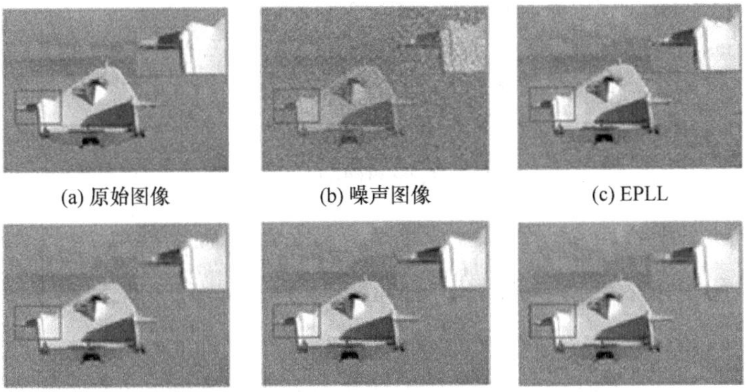

(a) 原始图像　(b) 噪声图像　(c) EPLL

(d) NCSR　(e) BM3D　(f) 本节算法

图 5-6　不同算法去噪的视觉效果

5.3　方法噪声正则模型

5.3.1　基于 L^2 范数的非局部平均正则模型

在众多的 NLM 改进算法中，5.2 节的 BM3D 算法是很有效的。该算法首先将相似图像块组成三维矩阵，并对它进行三维小波变换，其次对小波系数进行阈值处理，并利用三维小波逆变换进行重构，最后将每个图像块放回原位置，并根据它们的重要性对重叠的部分进行加权平均。BM3D 算法充分利用了局部和非局部方法的优点，能在引入较少虚假信息的前提下，较好地保留图像的结构信息。Buades 等[23]在 2006 年提出了新的正则模型：非局部平均模型，即取正则项 $J(u)=\|u-\mathrm{NLM}_f(u)\|_2^2$，则该模型可描述为

$$\hat{u}=\arg\min_u\|u-\mathrm{NLM}_f(u)\|_2^2 \quad \text{s.t.}\|Au-f\|_2^2\leqslant\sigma^2 \tag{5-25}$$

式中，$\mathrm{NLM}_f(u)$ 表示在执行 NLM 去噪算法时，权重值由观测图像 f 计算得到。

事实上，早在 2005 年，$u-D(u)$ 就被 Buades 等[1]定义为方法噪声，用来衡量去噪算法的去噪效果，并给出了一些不同去噪算法作用下的方法噪声图像。由图 5-7 所示结果可知，对原始图像 u，方法噪声 $u-D(u)$ 的能量较低，因此可以用来作为图像的先验。

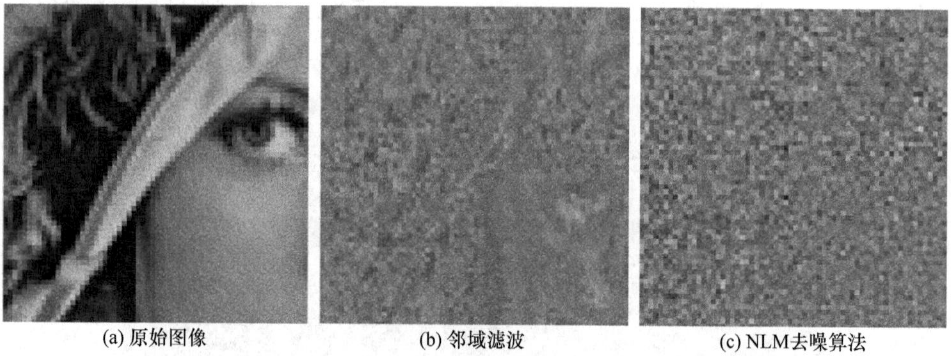

(a) 原始图像　(b) 邻域滤波　(c) NLM去噪算法

图 5-7　自然图像的方法噪声

Wang 等[24]基于 Buades 等[1]提出的非局部均值正则模型，对 $\mathrm{NLM}(\cdot)$ 的权重进行改进，从而提出了 L^2 非局部平均(L^2-nonlocal mean，L^2-NLM)正则模型，该模型可描述为

$$\hat{u}=\arg\min_u\|u-\mathrm{NLM}_u(u)\|_2^2 \quad \text{s.t.}\|Au-f\|_2^2\leqslant\sigma^2 \tag{5-26}$$

式中，$\mathrm{NLM}_u(u)$ 表示在执行 NLM 去噪算法时，权重值由原始图像 u 计算得到。

$\mathrm{NLM}_u(u)$ 可以用迭代式(5-27)近似估计：

$$u^{k+1} = \mathrm{NLM}_{u^k}(u^k) \tag{5-27}$$

应用分裂算法对模型(5-26)进行求解，得迭代式(5-28)：

$$\begin{cases} v^{k+1} = u^k - \delta A^{\mathrm{T}}(Au^k - f^k) \\ u^{k+1} = \arg\min\limits_u \left(\left\| u - \mathrm{NLM}_{v^{k+1}}(v^{k+1}) \right\|_2^2 + \lambda \left\| u - v^{k+1} \right\|_2^2 \right) \\ f^{k+1} = f^k + f - Au^{k+1} \end{cases} \tag{5-28}$$

式中，δ 为常参数；λ 为正则化参数；u^k 为迭代恢复图像；f^k、v^{k+1} 为含有噪声的迭代模糊图像。式(5-28)中的第二个方程可以通过求导得到 u^{k+1} 的显式解：

$$u^{k+1} = \frac{1}{1+\lambda}\mathrm{NLM}_{v^{k+1}}(v^{k+1}) + \frac{\lambda}{1+\lambda}v^{k+1} \tag{5-29}$$

所以用分裂方法求解 L^2-NLM 正则模型可以完整写为

$$\begin{cases} v^{k+1} = u^k - \delta A^{\mathrm{T}}(Au^k - f^k) \\ u^{k+1} = \frac{1}{1+\lambda}\mathrm{NLM}_{v^{k+1}}(v^{k+1}) + \frac{\lambda}{1+\lambda}v^{k+1} \\ f^{k+1} = f^k + f - Au^{k+1} \end{cases} \tag{5-30}$$

5.3.2　基于 L^1 范数的非局部平均正则模型

模型(5-26)利用方法噪声 $u - \mathrm{NLM}(u)$ 的 L^2 范数作为正则项。根据文献[25]和[26]，通常残差图像的概率密度函数分布服从拉普拉斯分布。因为 $u - \mathrm{NLM}(u)$ 属于残差图像，所以理论上 $u - \mathrm{NLM}(u)$ 的概率密度函数分布也应该近似服从拉普拉斯分布。为了验证上述理论分析的准确性，用 Matlab 对 10 张原始图像的 $u - \mathrm{NLM}(u)$ 进行概率密度函数分布拟合，拟合结果如图 5-8 所示。为了使验证结果准确合理，选取的 10 张测试图(a)~(j)包括多结构图像、多纹理图像、既有纹理又有结构的图像等。

通过图 5-8 所示结果，可以看出 $u - \mathrm{NLM}_u(u)$ 的概率密度函数分布与拉普拉斯分布更接近。根据文献[27]，拉普拉斯分布的最大后验估计对应的是 l_1 范数，所以在非局部平均正则模型中，l_1 范数约束更能反映原始图像的先验分布。以上分析表明，方法噪声先验模型中的正则项用 l_1 范数比用 l_2 范数更合理。基于此，提出了 L^1-NLM 正则模型，该模型可以描述为

$$\hat{u} = \arg\min_u \left\| u - \mathrm{NLM}_u(u) \right\|_1 \quad \text{s.t.} \left\| Au - f \right\|_2^2 \leqslant \sigma^2 \tag{5-31}$$

利用分裂算法求解模型(5-31)：

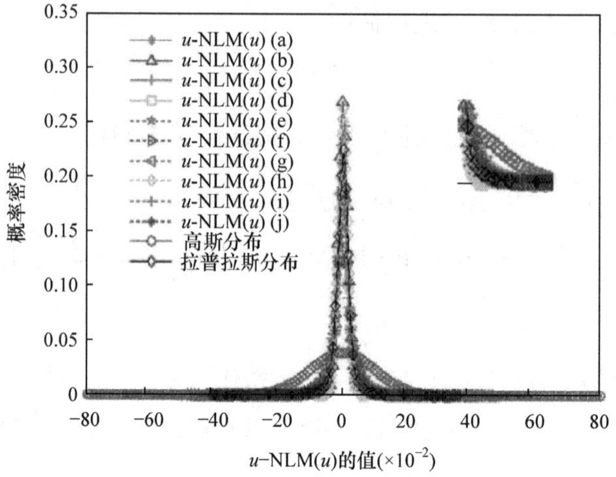

图 5-8　不同图像 $u-\mathrm{NLM}(u)$ 的概率密度函数分布

$$v^{k+1}=u^k-\delta A^{\mathrm{T}}(Au^k-f^k) \tag{5-32}$$

$$u^{k+1}=\arg\min_u\left(\left\|u-\mathrm{NLM}_{v^{k+1}}(v^{k+1})\right\|_1+\lambda\left\|u-v^{k+1}\right\|_2^2\right) \tag{5-33}$$

$$f^{k+1}=f^k+f-Au^{k+1} \tag{5-34}$$

令 $u-\mathrm{NLM}_{v^{k+1}}(v^{k+1})=p$，则式(5-33)可以写成：

$$u^{k+1}=\arg\min_u\left(\left\|p\right\|_1+\lambda\left\|p-(v^{k+1}-\mathrm{NLM}_{v^{k+1}}(v^{k+1}))\right\|_2^2\right) \tag{5-35}$$

使用软阈值(soft thresholding)方法[28]对式(5-35)进行求解，得到：

$$u^{k+1}=T_{1/(2\lambda)}(v^{k+1}-\mathrm{NLM}_{v^{k+1}}(v^{k+1}))+\mathrm{NLM}_{v^{k+1}}(v^{k+1}) \tag{5-36}$$

$T_\alpha:R^n\to R^n$ 定义为[13]

$$T_\alpha(x_i)=\max\left\{\left|x_i\right|-\alpha,0\right\}\cdot\mathrm{sgn}(x_i)$$

所以式(5-32)～式(5-34)可以被重新写为

$$v^{k+1}=u^k-\delta A^{\mathrm{T}}(Au^k-f^k) \tag{5-37}$$

$$u^{k+1}=T_{1/(2\lambda)}(v^{k+1}-\mathrm{NLM}_{v^{k+1}}(v^{k+1}))+\mathrm{NLM}_{v^{k+1}}(v^{k+1}) \tag{5-38}$$

$$f^{k+1}=f^k+f-Au^{k+1} \tag{5-39}$$

算法 5-1 总结了迭代式(5-37)～式(5-39)的 L^1-NLM 算法：

算法 5-1　L^1 范数约束的非局部平均正则模型去模糊算法

输入： 含噪模糊图像 f，模糊核 A，参数 σ、δ。

预处理： 使用吉洪诺夫正则化去卷积方法对 f 进行处理，得到 u^0。

初始值： $k=0$，$u^0=f$，$f^0=f$。

开始迭代： $k \leqslant$ 迭代次数，

　更新 v：$v^{k+1}=u^k-\delta A^{\mathrm{T}}(Au^k-f^k)$。

　更新 u：$u^{k+1}=T_{1/(2\lambda)}(v^{k+1}-\mathrm{NLM}_{v^{k+1}}(v^{k+1}))+\mathrm{NLM}_{v^{k+1}}(v^{k+1})$。

　更新 f：$f^{k+1}=f^k+f-Au^{k+1}$。

　更新 k：$k=k+1$。

输出： u^k。

比较 L^1-NLM 模型和 L^2-NLM 模型的分裂算法，发现其不同点仅在式(5-29)和式(5-38)。式(5-29)为含有噪声的迭代模糊图像 v^k 经 NLM 去噪算法处理后的图像 $\mathrm{NLM}_u(u)$ 与 v^k 的加权平均 $u^{k+1}=\dfrac{1}{1+\lambda}\mathrm{NLM}_{v^{k+1}}(v^{k+1})+\dfrac{\lambda}{1+\lambda}v^{k+1}$，而式(5-38)为 $\mathrm{NLM}_{v^{k+1}}(v^{k+1})$ 与残差阈值的和，其中残差为 v^k 与 $\mathrm{NLM}_{v^{k+1}}(v^{k+1})$ 的差。相比 L^2-NLM 而言，L^1-NLM 加入了残差阈值，该项中含有丰富的原始图像边缘细节信息，因而能达到保护图像边缘、细节信息的目的。

值得注意的是，当 $\lambda=0$ 时，式(5-29)和式(5-38)均可退化为

$$u^{k+1}=\mathrm{NLM}_{v^{k+1}}(v^{k+1}) \tag{5-40}$$

退化模型可完整写为

$$\begin{cases} v^{k+1}=u^k-\delta A^{\mathrm{T}}(Au^k-f^k) \\ u^{k+1}=\mathrm{NLM}_{v^{k+1}}(v^{k+1}) \\ f^{k+1}=f^k+f-Au^{k+1} \end{cases} \tag{5-41}$$

式(5-41)恰好为文献[29]和[30]中描述的即插即用(plug-and-play, P&P)先验模型。将退化模型(5-41)记为 P^3-NLM。从式(5-41)中可以看出，P^3-NLM、L^2-NLM、L^1-NLM 的区别仅在于式(5-40)、式(5-38)、式(5-29)。因为式(5-29)和式(5-38)均有余项加回到恢复图像中，所以理论上 L^2-NLM 和 L^1-NLM 比 P^3-NLM 在保护图像边缘、细节信息方面有更好的性能。

表 5-5 给出了 Buades 等[1]提出的非局部正则算法、P^3-NLM 算法、L^2-NLM 算法和 L^1-NLM 算法对 10 张测试图像去模糊的具体表现。从表中结果可以看出，

本节提出的 L^1-NLM 算法在加有 7 像素×7 像素的均值模糊核和标准差为 5 的高斯白噪声下，PSNR 平均值比 Buades 等[1]提出的非局部正则算法高 1.1dB 左右，比 P^3-NLM 算法高 0.3dB 左右，比 L^2-NLM 算法高 0.2dB。

表 5-5　不同算法的图像去模糊的峰值信噪比　　(单位：dB)

测试图像	模糊图	Buades 等[1]	P^3-NLM	L^2-NLM	L^1-NLM
莱娜	23.02	26.44	26.94	27.09	27.31
辣椒	23.89	27.63	28.59	28.68	28.72
男人	21.36	24.44	25.25	25.33	25.80
船	22.41	24.36	25.84	25.97	26.07
芭芭拉	23.81	25.65	26.68	26.72	27.04
狒狒	22.12	23.08	23.41	23.53	23.75
房子	25.06	29.63	30.39	30.42	30.61
山	24.08	27.11	27.74	27.81	27.89
补丁	19.04	21.32	21.94	22.08	22.33
夫妇	22.71	25.46	26.03	26.11	26.16
平均	22.75	25.51	26.28	26.37	26.57

5.3.3　修正的方法噪声正则模型

在 L^2-NLM 模型和 L^1-NLM 模型中的正则项都使用了 $u-\mathrm{NLM}_u(u)$，一般去噪算法中的去噪算子 $D(u)$，可以进一步将 $u-\mathrm{NLM}_u(u)$ 推广为更一般的 $u-D(u)$。实际上，$u-D(u)$ 恰好为 Buades 等提出的方法噪声，由图 5-7 可知本节算法噪声是稀疏的，这意味着 $u-D(u)$ 的 l_0 范数应该较小。然而，由于 l_0 范数相应的优化问题难以求解，故利用 l_1 范数来替代 l_0 范数。基于此，提出了新的正则项 $J(u)=\|u-D(u)\|_1$，新正则模型(l_1-Denoiser)为

$$\hat{u}=\arg\min_u\|u-D(u)\|_1 \quad \text{s.t.}\|Au-f\|_2^2\leqslant\sigma^2 \tag{5-42}$$

为了进一步加强对图像边缘的保护能力，即希望模型在图像光滑区域能有效地去除模糊，同时又能保持图像边缘区域的结构，给 l_1-Denoiser 模型的正则项中加入了一个扩散权重 $w(u)=1\Big/\left(1+\dfrac{|\nabla u|}{t}\right)$，该权重可以使 l_1-Denoiser 模型对图像边缘的处理弱于对图像非边缘的处理，从而达到保护图像边缘的目的。然而，因为仅已知观测图像 f，所以可以利用全局稀疏梯度(GSG)算法在噪声模糊等污染的

环境下相对准确、鲁棒地估计出图像梯度，从而得到所需的权重。基于此，给出 l_1-MDenoiser 模型：

$$\hat{u}=\arg\min_{u}\|w(f)(u-D(u))\|_1 \quad \text{s.t.}\|Au-f\|_2^2\leqslant\sigma^2 \tag{5-43}$$

当权值 $w(f)=1$ 时，l_1-MDenoiser 模型可退化成 l_1-Denoiser 模型，因此该模型可以看作 l_1-Denoiser 模型的修正。

利用分裂算法求解式(5-43)：

$$v^{k+1}=u^k-\delta A^{\mathrm{T}}(Au^k-f^k) \tag{5-44}$$

$$u^{k+1}=\arg\min_{u}\left(\left\|w(f)(u-D(v^{k+1}))\right\|_1+\lambda\left\|u-v^{k+1}\right\|_2^2\right) \tag{5-45}$$

$$f^{k+1}=f^k+f-Au^{k+1} \tag{5-46}$$

令 $u-D(v^{k+1})=p$ ，则式(5-45)可写成式(5-47)：

$$u^{k+1}=\arg\min_{u}\left(\lambda\left\|p-(v^{k+1}-D(v^{k+1}))\right\|_2^2+\|w(u)p\|_1\right) \tag{5-47}$$

因为 $w(f)$ 可从观测图像 f 中获取，所以式(5-47)的本质为 l_1 正则下的逼近问题，使用软阈值方法求解，得到：

$$u^{k+1}=T_{w(u)/(2\lambda)}(v^{k+1}-D(v^{k+1}))+D(v^{k+1}) \tag{5-48}$$

式(5-48)可以理解为对去噪的结果补充了一个阈值项。l_1-MDenoiser 模型的求解算法可整理为

$$v^{k+1}=u^k-\delta A^{\mathrm{T}}(Au^k-f^k) \tag{5-49}$$

$$u^{k+1}=T_{\frac{w(u)}{2\lambda}}(v^{k+1}-D(v^{k+1}))+D(v^{k+1}) \tag{5-50}$$

$$f^{k+1}=f^k+f-Au^{k+1} \tag{5-51}$$

l_1-MDenoiser 的完整算法描述见算法 5-2：

算法 5-2　修正的方法噪声正则模型去模糊算法

输入：含噪模糊图像 f ，模糊核 A ，参数 σ 、δ 。

预处理：使用吉洪诺夫正则化去卷积方法对 f 进行处理，得到 u^0 。

初始值： $k=0$ ，$u^0=f$ ，$f^0=f$ 。

开始迭代： $k\leqslant$ 迭代次数，

　　通过迭代式(5-49)更新 v ；

　　通过迭代式(5-50)更新 u ；

通过迭代式(5-51)更新 f ;

更新 k : $k=k+1$ 。

输出: u^k 。

当正则化参数 $\lambda=0$ 时，式(5-50)可退化为

$$u^{k+1}=D(v^{k+1}) \tag{5-52}$$

退化模型可完整写为

$$\begin{cases} v^{k+1}=u^k-\delta A^{\mathrm{T}}(Au^k-f^k) \\ u^{k+1}=D(v^{k+1}) \\ f^{k+1}=f^k+f-Au^{k+1} \end{cases} \tag{5-53}$$

如前所述，这与文献[29]和[30]中描述的即插即用先验算法一致，记为 P^3-Denoiser 。相对于式(5-53)而言，式(5-50)有阈值余项加回到恢复图像中，该余项中含有丰富的边缘细节信息，因此能对图像边缘细节信息起到保护作用。因此，理论上 l_1-MDenoiser 在保护图像边缘、细节信息等方面比 P^3-Denoiser 有更好的性能。

本节实验中去噪算子 $D(u)$ 分别采用 NLM 算法和 BM3D 算法，并将去噪算法采用的 NLM 算法和 BM3D 算法的 P^3-Denoiser 算法、l_1-Denoiser 算法、l_1-MDenoiser 算法，分别记为 P^3-NLM 、P^3-BM3D 、l_1-NLM 、l_1-BM3D 、l_1-MNLM 、l_1-MBM3D 。为了验证提出模型和算法的有效性，本节给出了不同模型和算法在大小为 256 像素×256 像素的 5 幅灰度图像(莱娜、摄影师、辣椒、船、芭芭拉)分别受到不同强度模糊(5 像素×5 像素、7 像素×7 像素、9 像素×9 像素的均值模糊核，并且均加有标准差为 5、均值为 0 的高斯白噪声)污染的去模糊效果。图 5-9 给出了所用的测试图像。采用峰值信噪比(PSNR)、结构相似性指标(SSIM)对去模糊效果进行客观评价。表 5-6 给出了不同去模糊算法的 PSNR 值对比。所有实验均在 Windows 7 操作系统下，4GB 内存、Inter-Xeon 2.40GHz 的 PC 上由 Matlab2012b 完成。

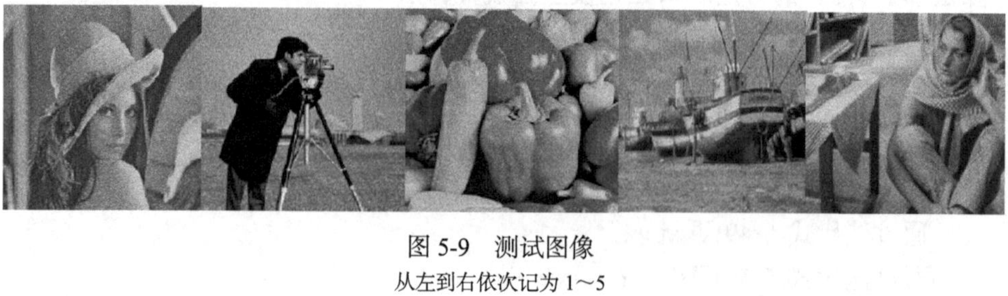

图 5-9 测试图像

从左到右依次记为 1～5

表 5-6　不同去模糊算法的 PSNR 值对比　(单位:dB)

模糊核	图像	Buades 等[1]	P^3-NLM	l_1-NLM	l_1-MNLM	P^3-BM3D	l_1-BM3D	l_1-MBM3D
5 像素×5 像素	1	27.62	28.41	28.65	28.74	28.87	28.93	29.05
	2	25.94	26.89	27.17	27.29	27.45	27.58	27.62
	3	29.03	29.78	30.02	30.11	30.24	30.23	30.43
	4	26.19	27.07	27.34	27.45	27.58	27.62	27.71
	5	27.25	28.10	28.30	28.43	28.59	28.64	28.72
	平均值	27.20	28.05	28.30	28.40	28.55	28.60	28.71
7 像素×7 像素	1	26.44	26.94	27.31	27.43	27.60	27.62	27.78
	2	24.44	25.25	25.80	25.91	26.05	26.13	26.21
	3	27.63	28.59	28.72	28.80	28.94	29.00	29.12
	4	24.36	25.84	26.07	26.22	26.32	26.41	26.54
	5	25.65	26.68	27.04	27.16	27.23	27.30	27.43
	平均值	25.70	26.67	26.99	27.10	27.23	27.29	27.42
9 像素×9 像素	1	25.62	26.31	26.59	26.70	26.87	26.93	27.02
	2	23.67	24.56	24.72	24.83	25.01	25.04	25.15
	3	26.58	27.30	27.59	27.72	27.90	27.91	28.03
	4	24.10	24.85	25.07	25.21	25.34	25.38	25.50
	5	25.13	25.94	26.15	26.26	26.42	26.45	26.54
	平均值	25.02	25.79	26.02	26.14	26.31	26.34	26.45

5.4　非局部能量泛函

5.4.1　非局部滤波算子的变分形式

非局部滤波算子的变分形式为

$$J(u)=\iint_{\Omega\times\Omega} g\left(\frac{|u(x)-u(y)|^2}{h^2}\right)\omega(|u(x)-u(y)|)\,\mathrm{d}x\mathrm{d}y \tag{5-54}$$

式中，$g:R^+\to R$ 为可微滤波函数；非负函数 $\omega(\cdot)$ 为对应的权值；h 为参变量。该正则化泛函可通过构造不同的可微滤波函数 g 解决各种不同的图像处理问题。继而 Gilboa 等[31]提出了一个凸的二次泛函极小化问题：

$$\arg\min_u \frac{1}{4}\iint_{\Omega\times\Omega}(u(x)-u(y))^2\,\omega(x,y)\,\mathrm{d}x\mathrm{d}y \tag{5-55}$$

问题(5-55)对应的欧拉–拉格朗日方程为

$$\int_{\Omega} u(x)\omega(x,y)\mathrm{d}y - \int_{\Omega} u(y)\omega(x,y)\mathrm{d}y = 0 \tag{5-56}$$

对它利用固定点迭代法进行求解，可得式(5-56)的迭代格式为

$$u^{k+1}(x) = \frac{1}{c(x)}\int_{\Omega} u^k(y)\omega(x,y)\mathrm{d}y \tag{5-57}$$

即

$$u^{k+1}(x) = \mathrm{NL}(u^k(x)) \tag{5-58}$$

显然，当取 $k=0$ 时，式(5-58)即为 NLM 算法，这说明非局部平均算子 NL 是非局部能量泛函(5-55)迭代求解一步的结果。

因此，泛函(5-54)是 NLM 算法的另一种推广形式。实际上，NLM 算法的变分理解首次被表达在文献[30]中，作者是在一个非凸框架下讨论的。随后 Gilboa 等[31]提出了一个凸的二次泛函，解释了 NLM 算法是最小化问题求解的一次迭代。这个非局部泛函记为

$$J_1(u) = \frac{1}{4}\iint_{\Omega\times\Omega} (u(x)-u(y))^2 \omega(x,y)\mathrm{d}x\mathrm{d}y \tag{5-59}$$

以输入图像 f 作为初始条件，非局部泛函(5-59)的最速下降流为

$$\begin{cases} u_t = -cDJ_1(u) = c(\mathrm{NL}(u)-u) \\ u|_{t=0} = f \end{cases} \tag{5-60}$$

类似于局部能量泛函，带有数据项的非局部能量泛函为

$$E_1(u,f) = J_1(u) + \frac{\alpha}{2}\|u-f\|^2 \tag{5-61}$$

求解最小化问题：

$$\min_u E_1(u,f) \tag{5-62}$$

u 满足欧拉–拉格朗日方程为

$$-DJ_1(u) + \alpha(f-u) = 0$$

使用固定点迭代法：

$$u(x) = \frac{c(x)}{c(x)-\alpha}\mathrm{NL}(u)(x) - \frac{\alpha}{c(x)-\alpha}f(x) \tag{5-63}$$

在文献[32]～[34]中，Gilboa 等表达了更一般的凸框架。进一步，基于谱图分析与扩散几何理论，Gilboa 等[31]使用非局部算子定义了新型的流与泛函。非局部方法是非常有效的图像正则化方法，可用于许多图像处理任务，成为许多学者关注的焦点。

5.4.2 非局部滤波算子的扩散形式

文献[35]中给出了非局部滤波算子的扩散形式。为了表达的一般性，记非局部滤波算子为

$$Tu(x)=\frac{1}{c(x)}\int_{\Omega}u(y)w(x,y)\mathrm{d}y$$

式中，$c(x)=\int_{\Omega}w(x,y)\mathrm{d}y$，为正规化因子；$w(x,y)\in L^{\infty}(\Omega)$，为 x、y 两点的非负测度，满足对称性，即 $w(x,y)=w(y,x)$。文献[11]对非局部滤波算子 T 有一个新的洞察：如果考虑算子 T 的特征向量，那么图像去噪是通过抑制那些具有小特征值的特征向量的分布(被认为是噪声的分布)完成的。简言之，将算子 T 应用于信号 X，则有

$$TX(x)=\sum_{j}\lambda_j b_j\psi_j(x)$$

式中，ψ_j 是算子 T 的右特征向量；λ_j 是特征值，满足 $1=\lambda_0\geqslant\lambda_1\geqslant\lambda_2\geqslant\cdots$；$b_j=\langle\phi_j,X\rangle$，$\phi_j$ 是算子 T 的左特征向量。注意这里 $\lambda_0=1$ 是最大特征值。应用算子 T 作用 n 次得到：

$$T^nX(x)=\sum_{j}\lambda_j^{\,n}b_j\psi_j(x)$$

如果直接利用算子 T 迭代会导致模糊效应。Coifman 建议利用算子 $T_2=2T-T^2$，T_2 具有与 T 相同的特征向量，并且如果 λ 是 T 的特征值，那么 $2\lambda-\lambda^2$ 是 T_2 的特征值。算子 T_2 对大特征值有更小的抑制。

可以利用一个更一般的算子：

$$T_n=nT^{n-1}-(n-1)T^n,\quad n\geqslant 2\tag{5-64}$$

T_n 也具有与 T 相同的特征向量，当 $n=2$ 时，$T_2=2T-T^2$；当 $n\geqslant 3$ 时，算子 T_n 对小特征值有更大的抑制(对噪声的抑制)，同时对大特征值(图像的真正特征)有更小的抑制，见图 5-10。这正是新方法实验结果优于 NLM 算法的理论原因所在。直接利用算子 T_n 是在滤波理论的框架下讨论，下面将给出算子 T_n 的一个变分解释。

5.4.3 基于算子 T_n 的变分模型

1. 变分模型

这一小节将给出一个正则化泛函，并且证明式(5-64)中的迭代算子 T_n 源自利用变分原理寻找能量正则化泛函的最小值点。为了这个目的，首先定义下面的核函数：

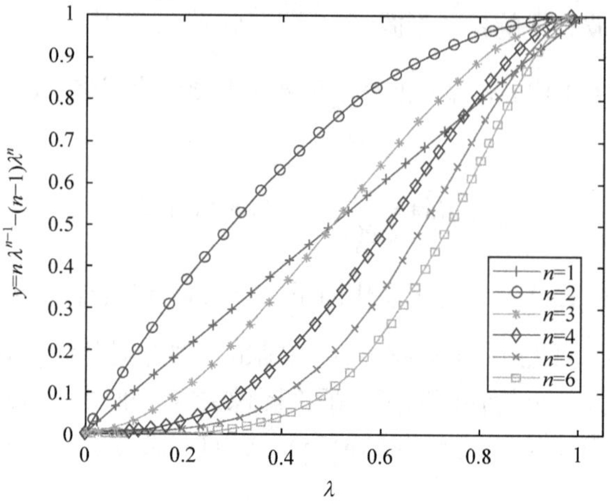

图 5-10　特征值函数

$$w_n(x,y)=\begin{cases}2w(x,y)-\int_{\Omega}\dfrac{w(x,z_1)w(z_1,y)}{c(z_1)}\mathrm{d}z_1, & n=2\\ n\int_{\Omega^{n-2}}\dfrac{w(x,z_1)\cdots w(z_{n-2},y)}{c(z_1)\cdots c(z_{n-2})}\mathrm{d}z_1\cdots\mathrm{d}z_{n-2} & \\ -(n-1)\int_{\Omega^{n-1}}\dfrac{w(x,z_1)\cdots w(z_{n-1},y)}{c(z_1)\cdots c(z_{n-1})}\mathrm{d}z_1\cdots\mathrm{d}z_{n-1}, & n\geqslant 3\end{cases} \tag{5-65}$$

式中，$c(z_n)=\int_{\Omega}w(z_n,y)\mathrm{d}y$，是正规化因子。因为 $w(x,y)=w(y,x)$，所以 $w_n(x,y)$ 也满足对称性，即 $w_n(x,y)=w_n(y,x)$。定义下面的非局部凸泛函：

$$J_n(u)=\frac{1}{4}\iint_{\Omega\times\Omega}(u(x)-u(y))^2 w_n(x,y)\mathrm{d}x\mathrm{d}y \tag{5-66}$$

式中，$\Omega\in R^2$。令 $v(x)\in L^2(R^2)$，$t\in R$，可以得到：

$$\frac{\mathrm{d}}{\mathrm{d}t}J_n(u+tv)\big|_{t=0}=\frac{1}{2}\int_{\Omega\times\Omega}(u(x)-u(y))(v(x)-v(y))w_n(x,y)\mathrm{d}x\mathrm{d}y$$

将此积分分成分别包含 $v(x)$ 与 $v(y)$ 的两部分，在包含 $v(y)$ 的部分中，使用变量替换 $(x,y)\to(y,x)$ 和 $w_n(x,y)$ 的对称性，可以得到与包含 $v(x)$ 的部分相同的积分，因此：

$$\frac{\mathrm{d}}{\mathrm{d}t}J_n(u+tv)\big|_{t=0}=\iint_{\Omega}(u(x)-u(y))v(x)w_n(x,y)\mathrm{d}x\mathrm{d}y$$

由此得到 J_n 的 Frechet 导数：

$$J_n'(u)(x)=\int_\Omega (u(x)-u(y))w_n(x,y)\mathrm{d}y \tag{5-67}$$

假定 u 是 $J_n(u)$ 的一个稳定点，由式(5-67)可知，u 是下面固定点方程的解：

$$\begin{cases} u(x)=F_{w_n}(u)=\dfrac{1}{c_n(x)}\displaystyle\int_\Omega u(y)w_n(x,y)\mathrm{d}y \\ c_n(x)=\displaystyle\int_\Omega w_n(x,y)\mathrm{d}y \end{cases} \tag{5-68}$$

(1) 下面证明 $c_n(x)=c(x)$。不失一般性，以 $n=2$ 为例，由式(5-65)得

$$c_2(x)=\int_\Omega w_2(x,y)\mathrm{d}y=2\int_\Omega w(x,y)\mathrm{d}y-\iint_{\Omega\times\Omega}\frac{w(x,z)w(z,y)}{c(z)}\mathrm{d}z\mathrm{d}y$$

在最后一项中，改变积分次序得到：

$$c_2(x)=\int_\Omega w_2(x,y)\mathrm{d}y=2\int_\Omega w(x,y)\mathrm{d}y-\int_\Omega\frac{w(x,z)c(z)}{c(z)}\mathrm{d}z=c(x)$$

同理可证，当 $n\geqslant 3$ 时，$c_n(x)=c(x)$。

这样，式(5-68)第一个方程等号的右端可以表示为

$$\overline{T_n}u(x)=\frac{1}{c(x)}\int_\Omega u(y)w_n(x,y)\mathrm{d}y \tag{5-69}$$

(2) 进一步证明算子 $\overline{T_n}=T_n=nT^{n-1}-(n-1)T^n$，$n\geqslant 2$。不失一般性，以 $n=2$ 为例，通过改变积分次序和使用对称性 $w(x,y)=w(y,x)$，可以推导：

$$\begin{aligned}
\overline{T_2}u(x)&=\frac{1}{c(x)}\int_\Omega u(y)w_2(x,y)\mathrm{d}y\\
&=\frac{1}{c(x)}\left[\int_\Omega u(y)\left(2w(x,y)-\int_\Omega\frac{w(x,z)w(z,y)}{c(z)}\mathrm{d}z\right)\mathrm{d}y\right]\\
&=\frac{1}{c(x)}\left[\int_\Omega 2u(y)w(x,y)\mathrm{d}y-\int_\Omega u(y)\mathrm{d}y\int_\Omega\frac{w(x,z)w(z,y)}{c(z)}\mathrm{d}z\right]\\
&=\frac{1}{c(x)}\left[\int_\Omega 2u(y)w(x,y)\mathrm{d}y-\int_\Omega Tu(z)w(x,z)\mathrm{d}z\right]\\
&=\frac{2}{c(x)}\int_\Omega u(y)w(x,y)\mathrm{d}y-\frac{1}{c(x)}\int_\Omega Tu(z)w(x,z)\mathrm{d}z\\
&=(2T-T^2)u(x)
\end{aligned}$$

同理可得，当 $n\geqslant 3$ 时，$\overline{T_n}=nT^{n-1}-(n-1)T^n$。

(3) 综上所述，在式(5-68)中，初始化 $u_0=f$，使用固定点迭代法求解正则化泛函 $J_n(u)(n\geqslant 2)$ 的稳定点，即 $u_{m+1}=F_{w_n}(u_m)$，第一步迭代即为将算子 $T_n=nT^{n-1}-$

$(n-1)T^n$ 应用于 f 上。

由式(5-67)～式(5-69)得到：

$$J_n'(u)(x)=c(x)(u(x)-T_n u(x)) \tag{5-70}$$

将式(5-70)应用到带有数据项的非局部能量泛函得到：

$$E_n(u,f)=J_n(u)+\frac{\alpha}{2}\|u-f\|^2 \tag{5-71}$$

式中，等号右边第一项是正则项(惩罚项)；第二项是数据项，$\frac{\alpha}{2}$ 是拉格朗日乘子。可以得到下列最小化问题：

$$\min_u E_n(u,f) \tag{5-72}$$

显然，式(5-72)的解 u 应该满足相应的欧拉–拉格朗日方程：

$$-J_n'(u)(x)+\alpha(f-u)=0$$

可以使用固定点迭代法迭代求解：

$$u(x)=\frac{c(x)}{c(x)-\alpha}T_n u(x)-\frac{\alpha}{c(x)-\alpha}f(x) \tag{5-73}$$

2. 数值实验

首先描述权重 $w(x,y)$ 的计算。若按 NLM 算法的权函数定义来计算权重 $w(x,y)$，则需要在整个图像域上计算块距离度量，计算量非常大。为提高运算速度，实验中不是搜索整个图像，而是采用 11 像素×11 像素的搜索窗，相似块邻域取为 5 像素×5 像素。滤波参数 h 取为噪声方差 σ [12]。实验中算子 T_n 的本质是迭代 NLM 算法的组合，如果每次迭代时都计算权重，将会导致运算速度过慢。注意到这里的权重每次迭代时不更新，故可以先计算出加权图，在迭代时直接调用，这样可以大大提高运算速度。

图 5-11 为莱娜和芭芭拉的原始图像和噪声图像($\sigma=20$)。图 5-12 和图 5-13 分别为不同算子下高斯白噪声污染的莱娜图像(512 像素×512 像素)和芭芭拉图像(512 像素×512 像素)的去噪结果。在这两个实验中，对比了算子 T_n($n=2,3,4$)和 NLM 算法($n=1$)对给定噪声图像($\sigma=20$)的去噪算法。从结果图像的细节信息看出，实验结果与理论分析一致。具体地说，相比于 NLM 算法(图 5-12 和图 5-13 的子图(c))，应用算子 T_n，当 $n=2$ 时(图 5-12 和图 5-13 的子图(d))，虽然保留了图像的主要特征，但图像中仍然残留噪声(小特征值较原来的大)；当 $n=3$ 时(图 5-12 和图 5-13 的子图(e))，一方面去除了图像的噪声(小特征值较原来的小)，另一方面图像的特征被很好地保留(大特征值较原来的大)；当 $n=4$ 时(图 5-12 和图 5-13 的子

图(f))，T_4 由于对小特征值的抑制程度过高，图像会过于光滑；当 $n\geqslant 5$ 时，有类似的结果。在实验中取 $n=3$ 时(图 5-12 和图 5-13 的子图(e))效果最好。

(a) 莱娜的原始图像
(512像素×512像素)

(b) 莱娜的噪声图像

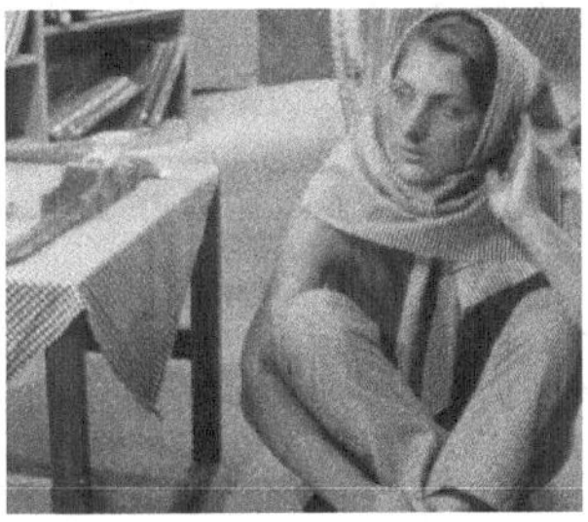

(c) 芭芭拉的原始图像
(512像素×512像素)

(d) 芭芭拉的噪声图像

图 5-11　莱娜和芭芭拉的原始图像和噪声图像($\sigma=20$)

(a) 原始图像的局部放大

(b) 加噪图像的局部放大

(c) NLM算法去噪

(d) 算子 T_2 去噪

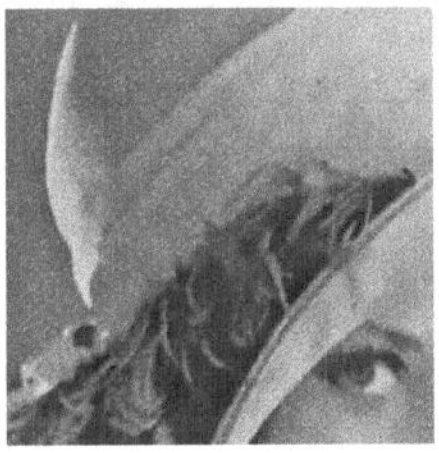

(e) 算子 T_3 去噪

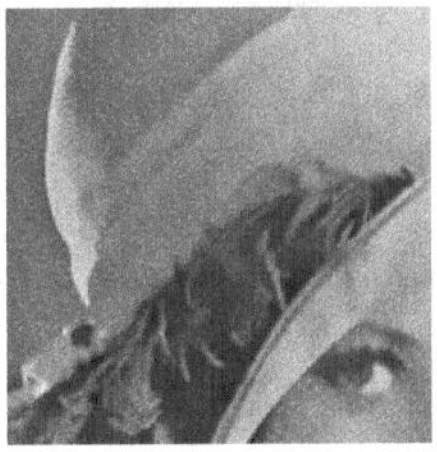

(f) 算子 T_4 去噪

图 5-12　不同算子下高斯白噪声污染的莱娜图像(512 像素×512 像素)的去噪结果($\sigma=20$)

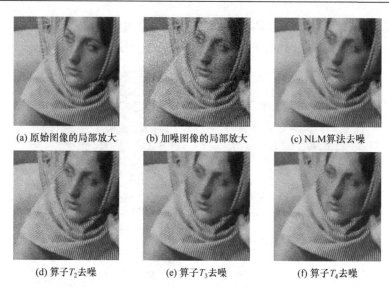

(a) 原始图像的局部放大　(b) 加噪图像的局部放大　(c) NLM算法去噪

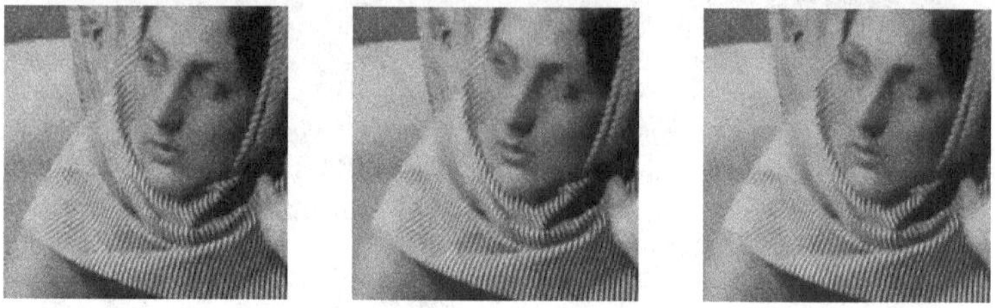

(d) 算子T_2去噪　(e) 算子T_3去噪　(f) 算子T_4去噪

图 5-13　不同算子下高斯白噪声污染的芭芭拉图像(512 像素×512 像素)的去噪结果($\sigma = 20$)

图 5-14 和图 5-15 是使用 Gilboa 和 Osher 给出的非局部变分模型与本节建议的新模型分别对莱娜图像和芭芭拉图像的实验结果比较。两个模型均采用固定点迭代算法，能量泛函中的参数α都取为 0.1，停止标准采用$\mathrm{var}(u-f)\leqslant\sigma^2$，其中$\sigma=20$为噪声方差。实验结果表明：较其他方法，新模型在$n=3,4$时(图 5-14(c)和(d)与图 5-15(c)和(d))，均有好的效果。

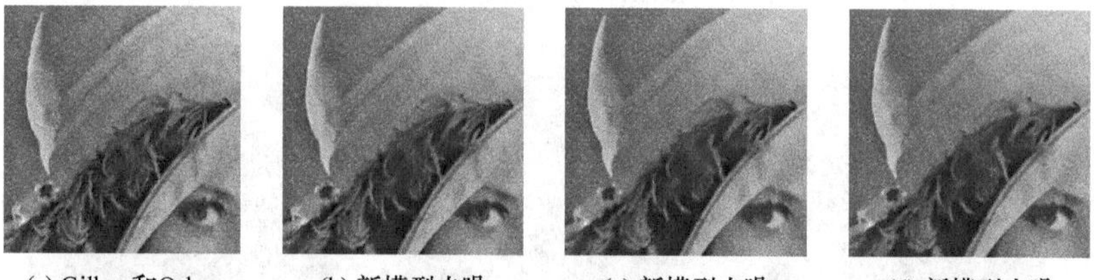

(a) Gilboa和Osher模型去噪　(b) 新模型去噪(n=2)　(c) 新模型去噪(n=3)　(d) 新模型去噪(n=4)

图 5-14　基于新模型的高斯白噪声污染的莱娜图像(512 像素×512 像素)的去噪结果($\sigma = 20$)

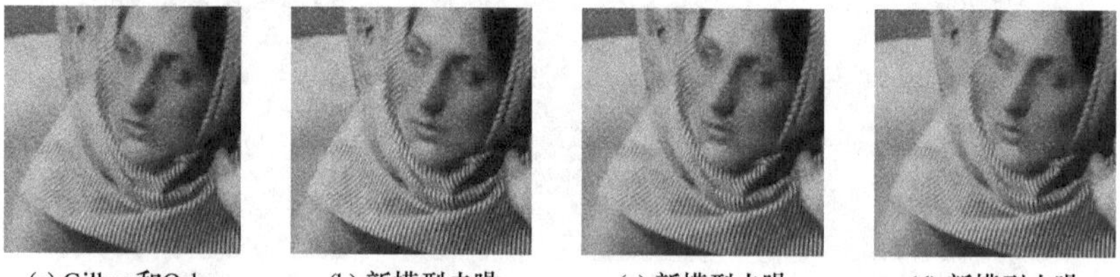

(a) Gilboa和Osher模型去噪　(b) 新模型去噪(n=2)　(c) 新模型去噪(n=3)　(d) 新模型去噪(n=4)

图 5-15　基于新模型的高斯白噪声污染的芭芭拉图像(512 像素×512 像素)的去噪结果($\sigma = 20$)

非局部平均去噪算法与 Gilboa 和 Osher 给出的非局部变分模型都有很好的去噪效果。从局部放大图(图 5-14 和图 5-15)的细节信息上可以看到，新模型在视觉效果上有了进一步的提升。

对加入不同噪声方差的图像进行去噪实验，表 5-7、表 5-8 分别给出了莱娜图像和芭芭拉图像(512 像素×512 像素)去噪后的实验性能参数比较，加粗部分表示同噪声下的最优值。从峰值信噪比上可以看到新模型的去噪结果指标优于 Gilboa 和 Osher 模型。对于其他的图像(包括自然图像和人工合成图像)，可以得到类似的实验结果。

表 5-7　莱娜图像(512 像素 × 512 像素)去噪后的实验性能参数比较

σ	噪声图 PSNR	NLM	T_2	T_3	T_4	Gilboa 和 Osher 模型	新模型 $n=2$	新模型 $n=3$	新模型 $n=4$
10	28.5157 dB	34.6314 dB	34.2288 dB	34.7953 dB	34.2517 dB	35.1570 dB	34.2737 dB	35.2064 dB	**35.2534 dB**
15	25.3592 dB	32.6707 dB	31.7690 dB	33.0322 dB	32.5953 dB	33.3451 dB	32.2072 dB	33.3947 dB	**33.4788 dB**
20	23.2111 dB	31.1767 dB	29.9589 dB	31.7151 dB	31.3103 dB	31.5167 dB	30.2594 dB	**32.0640 dB**	31.8385 dB
25	21.6099 dB	29.9595 dB	28.4849 dB	30.6515 dB	30.2940 dB	29.9498 dB	28.6594 dB	**30.9858 dB**	30.3891 dB
30	20.4950 dB	28.9313 dB	27.2691 dB	29.7609 dB	29.4650 dB	28.8490 dB	27.2994 dB	**30.0833 dB**	29.5369 dB

表 5-8　芭芭拉图像(512 像素×512 像素)去噪后的实验性能参数比较

σ	噪声图 PSNR	NLM	T_2	T_3	T_4	Gilboa 和 Osher 模型	新模型 $n=2$	新模型 $n=3$	新模型 $n=4$
10	28.4805 dB	33.4918 dB	33.1658 dB	33.7032 dB	33.1898 dB	33.5929 dB	32.9991 dB	**33.7614 dB**	33.6714 dB
15	25.4332 dB	31.3520 dB	31.0259 dB	31.8067 dB	31.0975 dB	31.8413 dB	30.9558 dB	**32.1708 dB**	31.8762 dB
20	23.3843 dB	29.6504 dB	29.3661 dB	30.2440 dB	29.8329 dB	30.2458 dB	29.4707 dB	**30.6622 dB**	30.3136 dB
25	21.8954 dB	28.2442 dB	27.9866 dB	28.9513 dB	28.0742 dB	28.4836 dB	27.9569 dB	**29.0717 dB**	28.3357 dB
30	20.8336 dB	27.0796 dB	26.9170 dB	27.8499 dB	26.8502 dB	27.2714 dB	26.8371 dB	**28.0321 dB**	27.2357 dB

5.5　非局部 TV 和非局部逆尺度空间

5.5.1　非局部 ROF 和非局部 TV-L^1

考虑非局部正则化泛函[34]：

$$J(u)=\frac{1}{2}\iint_{\Omega\times\Omega}\phi(|u(x)-u(y)|)\omega(x,y)\mathrm{d}x\mathrm{d}y$$

式中，函数$\phi(\cdot)$是凸的、非负的，且满足$\phi(0)=0$，如$\phi(s)=\frac{1}{2}s^2$或$\phi(s)=s$。权函数$\omega(x,y)\in\Omega\times\Omega$是非负的：$\omega(x,y)\geqslant 0$，对称的：$\omega(x,y)=\omega(y,x)$。

设$p(u)$是J的一个次梯度：

$$p(u)(x)\in J'(u)(x)=\int_{\Omega}\phi'(|u(x)-u(y)|)\frac{u(x)-u(y)}{|u(x)-u(y)|}\omega(x,y)\mathrm{d}y$$

如果$\phi(s)=\frac{1}{2}s^2$，则对应的负梯度(次梯度)为

$$-p(u)(x)|_{\phi(s)=\frac{1}{2}s^2}=\int_{\Omega}(u(y)-u(x))\omega(x,y)\mathrm{d}y$$

以输入图像f作为初始条件，非局部正则化泛函的最速下降方程为

$$u_t(x)=-p(u)(x),\quad u_{t=0}=f(x)$$

如果用不动点原理，则在平稳点应有

$$u(x)=\frac{1}{\int_{\Omega}\omega(x,y)\mathrm{d}y}\int_{\Omega}u(y)\omega(x,y)\mathrm{d}y$$

应用迭代法求解，得

$$u^{k+1}(x)=\frac{1}{\int_{\Omega}\omega(x,y)\mathrm{d}y}\int_{\Omega}u^k(y)\omega(x,y)\mathrm{d}y,\quad u^0(x)=f(x)$$

可以看出，上述迭代的第一步就是使用 NLM 算法，这就给出了 NLM 算法的非局部正则化泛函的解释。如果$\phi(s)=s$，对应的下降流称为非局部 TV 流。

拓展导数的定义到非局部情形，定义非局部梯度为

$$\partial_y u(x)=\frac{u(y)-u(x)}{\tilde{d}(x,y)},\quad y,x\in\Omega$$

或

$$\partial_y u(x)=(u(y)-u(x))\omega(x,y)$$

因而，非局部 TV 可以定义为

$$J_{\text{NL-TV}}(u)=\frac{1}{2}\iint_{\Omega\times\Omega}|u(x)-u(y)|\,\omega(x,y)\mathrm{d}x\mathrm{d}y$$

相应地，非局部 ROF(nonlocal-ROF，NL-ROF)泛函如下：

$$E(u,f)=J_{\text{NL-TV}}(u)+\frac{\lambda}{2}\|u-f\|_2^2 \tag{5-74}$$

对应的欧拉–拉格朗日方程为

$$p(u) + \lambda(u - f) = 0$$

式中，

$$p(u)(x) \in J'(u)(x) = \int_{\Omega} \frac{u(x) - u(y)}{|u(x) - u(y)|} \omega(x, y) \mathrm{d}y \tag{5-75}$$

对非局部 ROF 泛函(5-74)，有下述命题[34,36]成立。

命题 5-1　设 u^{λ} 为 NL-ROF 的极小点，则下列性质成立。

(1) 均值不变：$\frac{1}{|\Omega|}\int_{\Omega} u^{\lambda}(x)\mathrm{d}x = \frac{1}{|\Omega|}\int_{\Omega} f(x)\mathrm{d}x, \forall \lambda \geqslant 0$。

(2) 极值原理：$\min_{x}(f(x)) \leqslant u^{\lambda}(x) \leqslant \max_{x}(f(x)), \forall x \in \Omega, \forall \lambda \geqslant 0$。

(3) 解的均值收敛到常数：$\lim_{\lambda \to 0} u^{\lambda}(x) = \mathrm{const} = \int_{\Omega} f(x)\mathrm{d}x$。

(4) $\frac{1}{2}\frac{\mathrm{d}}{\mathrm{d}\lambda}\|f - u^{\lambda}\|_{L^2}^2 \leqslant 0$。

图 5-16 和图 5-17 分别给出了 ROF 方法、非局部 ROF 方法、非局部平均(NLM)方法和非局部 TV 流去噪的实验结果。可以看出，非局部方法有较好的去噪效果，残差中只有很少的原图结构信息。

例 5-2　ROF 方法、非局部 ROF 方法和 NLM 方法去噪，$\sigma = 20$，如图 5-16 所示。

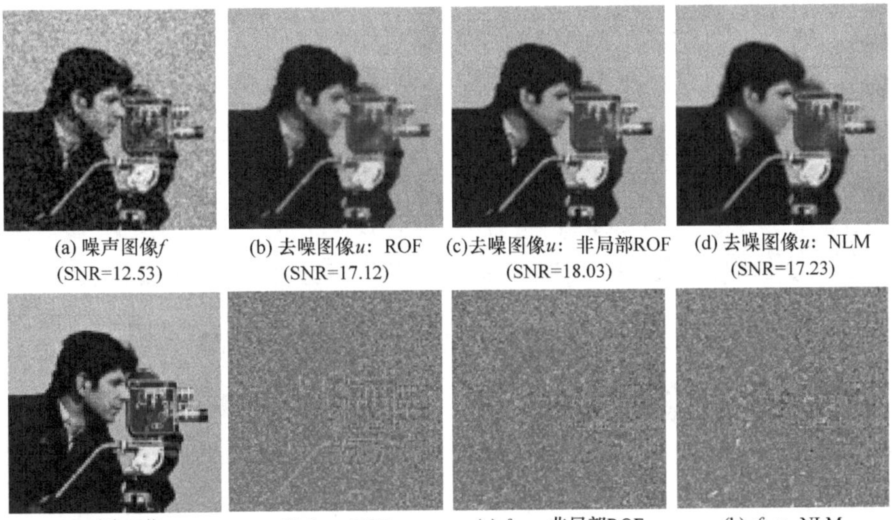

(a) 噪声图像f (SNR=12.53)　(b) 去噪图像u：ROF (SNR=17.12)　(c)去噪图像u：非局部ROF (SNR=18.03)　(d) 去噪图像u：NLM (SNR=17.23)

(e) 干净图像g　(f) f–u：ROF　(g) f–u：非局部ROF　(h) f–u：NLM

图 5-16　ROF 方法、非局部 ROF 方法和非局部平均方法去噪的实验结果

例 5-3　ROF 方法、非局部 ROF 方法和非局部 TV 流去噪，σ= 20，如图 5-17 所示。

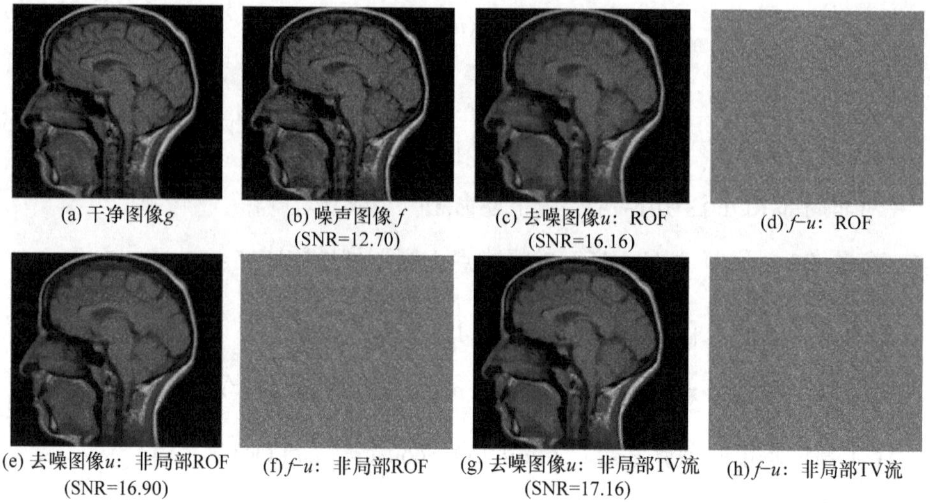

(a) 干净图像g　(b) 噪声图像f (SNR=12.70)　(c) 去噪图像u：ROF (SNR=16.16)　(d) $f-u$：ROF

(e) 去噪图像u：非局部ROF (SNR=16.90)　(f) $f-u$：非局部ROF　(g) 去噪图像u：非局部TV流 (SNR=17.16)　(h) $f-u$：非局部TV流

图 5-17　ROF 方法、非局部 ROF 方法和非局部 TV 流去噪的实验结果

类似于非局部 ROF，Gilboa 和 Osher 还给出了非局部 TV-L^1模型。若记非局部 TV 正则项为$J_{\text{NL-TV}}(u)$，则非局部 TV-L^1模型为

$$J_{\text{NL-TV}}(u)+\lambda\|f-Au\|_{L^1}$$

图 5-18 给出了局部 TV 和非局部 TV 图像修补实验结果。图 5-19 给出了非局部 TV-L^1图像修补实验结果。可以看到非局部方法均取得了很好的结果。

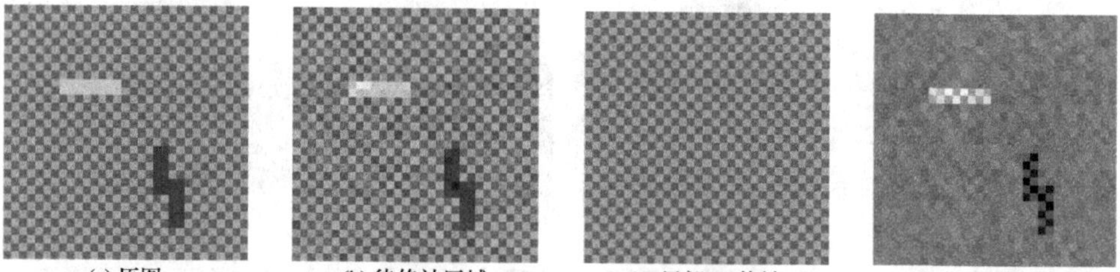

(a) 原图　(b) 待修补区域　(c) 局部TV修补　(d) 非局部TV修补

图 5-18　局部 TV 和非局部 TV 图像修补实验结果

(a) 待修补的图像　(b) 加噪声　(c) 算法输出结果u　(d) 算法输出残差v

图 5-19　非局部 TV-L^1图像修补实验结果

5.5.2 非局部逆尺度空间

非局部正则化泛函还可以推广到更一般的情况。

(1) 针对非局部正则化泛函 $J(u)=\frac{1}{4}\iint_{\Omega\times\Omega}(u(x)-u(y))^2\omega(x,y)\mathrm{d}x\mathrm{d}y$ 中的权函数 $\omega(x,y)$，Gilboa 和 Osher 讨论了权函数 $\omega(x,y)=g(x,y)$ 的各种不同的形式[34]，具体如下：

强度、局部形式为

$$\begin{cases}g(F_f(x),F_f(y))=e^{-\left(\left|F_f(x)-F_f(y)\right|/h\right)^2}\\ F_f(x)=f(x),\Omega_\omega(x)=\left\{y\in\Omega:\left|y-x\right|\leqslant\Delta x\right\}\end{cases}$$

强度、半局部形式为

$$\begin{cases}g(F_f(x),F_f(y))=e^{-\left(\left|F_f(x)-F_f(y)\right|/h\right)^2}e^{-\left|x-y\right|^2/(2\sigma_d^2)}\\ F_f(x)=f(x),\Omega_\omega(x)=\left\{y\in\Omega:\left|y-x\right|\leqslant r\right\}\end{cases}$$

针对纹理图像，权函数可以取为

$$\begin{cases}g(F_f(x),F_f(y))=e^{-\left(\left|F_f(x)-F_f(y)\right|/h\right)^2}\\ F_f(x)=(v^1,v^2,\cdots,v^M)(x),\Omega_\omega(x)=\left\{y\in\Omega:\left|y-x\right|\leqslant r\right\}\end{cases}$$

若取权函数为

$$\begin{cases}g(F_f(x),F_f(y))=e^{-\left(\left\|F_f(x)-F_f(y)\right\|_{2,\alpha}/h\right)^2}\\ F_f(x)=f(x)\in B_x,\Omega_\omega(x)=\Omega\end{cases}$$

则回到了标准的非局部平均。

(2) 针对非局部正则化泛函 $J(u)=\iint_{\Omega\times\Omega}g\left(\frac{\left|u(x)-u(y)\right|^2}{h^2}\right)\omega(\left|x-y\right|)\mathrm{d}x\mathrm{d}y$ 中的函数 $g(\cdot)$，Kindermann 等[32]讨论了如下的各种形式：

$$\begin{cases}J_{1,h}(u)=\iint_{\Omega\times\Omega}\left(1-e^{-\frac{\left|u(x)-u(y)\right|^2}{h^2}}\right)\omega\left(\left|x-y\right|\right)\mathrm{d}x\mathrm{d}y\\ J_{2,h}(u)=\iint_{\Omega\times\Omega}\left(1-e^{-\frac{C_\sigma-\left|u(x)-u(y)\right|^2}{h^2}}\right)\omega\left(\left|x-y\right|\right)\mathrm{d}x\mathrm{d}y\end{cases}$$

以及更一般形式的非局部 TV/BV 正则化泛函 $F(u)=\iint_{\Omega\times\Omega}g\left(\left|\nabla u(x)-\nabla u(y)\right|^2\right)\cdot$

$\omega(x-y)\mathrm{d}x\mathrm{d}y$ 的各种不同的变形，如：

$$\begin{cases}\mathrm{NLBV}(u)=\iint_{\Omega\times\Omega}\left|\nabla u(x)-\nabla u(y)\right|\mathrm{d}x\mathrm{d}y\\ \mathrm{NLBV}_{\tau}(u)=\iint_{\{(x,y)\in\Omega\times\Omega\|x-y\leqslant\tau|\}}\left|\nabla u(x)-\nabla u(y)\right|\mathrm{d}x\mathrm{d}y\end{cases}$$

(3) 利用上述各种非局部正则化泛函 $J(u)$，可以将前面章节的许多模型推广到非局部情形。例如，定义非局部布雷格曼迭代:

$$u_k=\arg\min_u(J(u)-J(u_{k-1})-\langle u-u_{k-1},p_{k-1}\rangle+\lambda H(u,f))$$

其中，布雷格曼距离为

$$D(g,u)=J(g)-J(u)-\langle g-u,p(u)\rangle$$

(4) 类似地，也可以定义非局部逆尺度空间。实际上，逆尺度空间方程 $\frac{\mathrm{d}}{\mathrm{d}t}p(u)=(f-u)$ 在非局部情形是非平凡的。换句话说，很难将这个方程直接推广到非局部情形。然而，利用式(5-75)的次梯度 $p(u)$，可以将松弛的逆尺度空间方程推广到非局部的情形：

$$\begin{cases}\dfrac{\partial u}{\partial t}=-p(u)+\lambda(f-u+v)\\ \dfrac{\partial v}{\partial t}=\alpha(f-u)\end{cases}$$

取初值为 $u(0)=v(0)=0$。

参 考 文 献

[1] BUADES A,COLL B,MOREL J. A non-local algorithm for image denoising [C]. 2005 IEEE Computer Society Conference on Computer Vision and Pattern Recognition, San Diego, 2005: 60-65.

[2] KERVRANN C, BOULANGER J. Optimal spatial adaptation for patch-based image denoising [J]. IEEE Transactions on Image Processing, 2006, 15(10): 2866-2878.

[3] DELEDALLE C A, DUVAL V, SALMON J. Non-local methods with shape-adaptive patches (NLM-SAP) [J]. Journal of Mathematical Imaging and Vision, 2011, 43(2): 103-120.

[4] KATKOVNIK V, FOI A, EGIAZARIAN K, et al. From local kernel to nonlocal multiple-model image denoising [J]. International Journal of Computer Vision, 2010, 86(1):1-32.

[5] TAKEDA H, FARSIU S, MILANFAR P. Kernel regression for image processing and reconstruction [J]. IEEE Transactions on Image Processing, 2007, 16(2): 349-366.

[6] CHATTERJEE P, MILANFAR P. A generalization of non-local means via kernel regression [C]. Proceedings of the 2008 International Society for Optical Engineering, San Jose, 2008: 68140.

[7] RAM I, ELAD M, COHEN I. Image denoising using NL- means via smooth patch ordering [C]. 2013 IEEE International Conference on Acoustics, Speech and Signal Processing, Vancouver, 2013: 1350-1354.

[8] RAJWADE A, RANGARAJAN A, BANERJEE A. Image denoising using the higher order singular value decomposition[J]. IEEE Transactions on Pattern Analysis and Machine Intelligence, 2013, 35(4): 849-862.

[9] LUO L, FENG X, ZHANG X,et al. An image denoising method based on non-local two-side random projection and low rank approximation [J]. Journal of Electronics and Information Technology, 2013, 35: 99-105.

[10] WU X, XIE M, WU W, et al. Nonlocal mean image denoising using anisotropic structure tensor [J]. Advances in Optical Technologies, 2013, 2013: 794728.

[11] 张瑞, 冯象初, 王斯琪, 等. 基于稀疏梯度场的非局部图像去噪算法[J]. 自动化学报, 2015, 41(9): 1542-1552.

[12] DABOV K, FOI A, KATKOVNIK V, et al. Image denoising by sparse 3-D transform-domain collaborative filtering[J]. IEEE Transactions on Image Processing, 2007, 16(8): 2080-2095.

[13] LU L, JIN W, WANG X. Non-local means image denoising with a soft threshold [J]. IEEE Signal Processing Letters, 2015, 22(7): 833-837.

[14] ZHANG X, FENG X, WANG W, et al. Image denoising via 2D dictionary learning and adaptive hard thresholding [J]. Pattern Recognition Letters, 2013, 34(16): 2110-2117.

[15] AUBERT G, KORNPROBST P. Mathematical Problems in Image Processing [M]. New York :Springer Verlag, 2002.

[16] 侯迎坤.非局部变换域图像去噪与增强及性能评价研究[D]. 南京: 南京理工大学, 2012.

[17] FENG X, LI X, WANG W, et al. Improvement of BM3D algorithm based on wavelet and directed diffusion [C]. 2017 International Conference on Machine Vision and Information Technology, Singapore, 2017, 15:28-33.

[18] 冯象初,王卫卫. 图像处理的变分和偏微分方程方法[M].北京:科学出版社, 2013.

[19] YUAN J. Improved anisotropic diffusion equation based on new non-local information scheme for image denoising[J]. IET Computer Vision, 2015, 9(6): 864-870.

[20] 孙晓丽,冯象初,宋国乡. 一种改进的方向扩散方程滤波方法[J]. 信号处理, 2008, 24(5): 828-830.

[21] TSIOTSIOS C, PETROU M. On the choice of the parameters for anisotropic diffusion in image processing [J]. Pattern Recognition, 2013, 46(5): 1369-1381.

[22] 冯象初, 李晓晖, 王卫卫, 等. 方向扩散方程修正 BM3D 图像去噪改进算法[J]. 西安电子科技大学学报, 2017, 44(5): 102-108.

[23] BUADES A, COLL B, MOREL J M. Image enhancement by non-local reverse heat equation[J]. Preprint CMLA, 2006, 22: 2006.

[24] WANG Z, BAO H. A new regularization model based on non-local means for image deblurring [J]. Applied Mechanics and Materials, 2013, 411: 1164-1169.

[25] LANZA A, MORIGI S, SGALLARI F, et al. Variational image denoising while constraining the distribution of the residual [J]. Electronic Transactions on Numerical Analysis, 2014, 42: 64-84.

[26] AGARWAL V, GRIBOK A, ABIDI M A. Image restoration using L_1 norm penalty function [J]. Inverse Problems in Science and Engineering, 2007, 15(8): 785-809.

[27] QIAO Y, ZHAO G. Texture segmentation using laplace distribution-based wavelet-domain hidden markov tree models[J]. Entropy, 2016, 18(11): 384-389.

[28] ZUO W, REN D, ZHANG D, et al. Learning iteration-wise generalized shrinkage thresholding operators for blind deconvolution [J]. IEEE Transactions on Image Processing, 2016, 25(4): 1751-1764.

[29] CHAN S H, WANG X, ELGENDY O A. Plug-and-play ADMM for image restoration: Fixed-point convergence and applications[J]. IEEE Transactions on Computational Imaging, 2017, 3(1): 84-98.

[30] SREEHARI S, VENKATAKRISHNAN S V, WOHLBERG B, et al. Plug-and-Play priors for bright field electron

tomography and sparse interpolation [J]. IEEE Transactions on Computational Imaging, 2016, 2(4): 408-423.

[31] GILBOA G, OSHER S. Nonlocal linear image regularization and supervised segmentation [J]. Multiscale Modeling and Simulation, 2007, 6(2): 595-630.

[32] KINDERMANN S, OSHER S, JONES P. Deblurring and denoising of images by nonlocal functionals [J]. Multiscale Modeling and Simulation, 2005, 4(4): 1091-1115.

[33] GILBOA G, DARBON J, OSHER S,et al. Nonlocal convex functionals for image regularization[J]. UCLA CAM Report, 2006: 6-57.

[34] GILBOA G, OSHER S. Nonlocal operators with applications to image processing[J]. Multiscale Modeling and Simulation, 2009, 7(3): 1005-1028.

[35] SINGER A,SHKOLNISKY Y, NADLER B. Diffusion interpretation of nonlocal neighborhood filters for signal denoising [J]. SIAM Journal on Imaging Sciences, 2009, 2(1): 118-139.

[36] ZHANG R, FENG X, YANG L, et al. Global sparse gradient guided variational Retinex model for image enhancement[J]. Signal Processing Image Communication, 2017, 58: 270-281.

第 6 章　基于深度学习的图像恢复

设原始图像为 $x \in R^n$，观察图像为 $y \in R^m \left(m \leqslant n\right)$，退化过程一般表示为[1-3]

$$y = Ax + \eta \tag{6-1}$$

式中，A 为退化算子；η 为加性噪声。大多数文献中考虑标准差为 σ 的加性高斯白噪声(additive white Gaussian noise，AWGN)，其他噪声模型见文献[4]和[5]。不同的退化算子 A 对应不同的图像恢复问题：A 为恒等算子时，对应图像去噪问题；A 为模糊算子时，对应图像去模糊问题；A 为下采样算子时，对应图像超分辨率问题。

6.1　图像恢复相关方法

图像恢复问题是一个具有挑战性的不适定问题，现有的基于数学模型的方法大多采用问题(6-2)的正则化框架[1-3]：

$$x^* = \arg\min_x \frac{1}{2\sigma^2}\|y - Ax\|_2^2 + \lambda g(x) \tag{6-2}$$

式中，等号右端第一项为数据拟合项，σ 为 y 中的噪声水平；第二项为正则项，其作用是对理想的解进行约束，λ 为权衡参数。

已有的正则项大致可以分为光滑性正则、稀疏性正则和自相似性正则三类。

光滑性正则假设自然图像属于一个光滑函数空间(如索伯列夫空间、贝索夫空间和有界变差空间等)[3]。吉洪诺夫正则模型[6]是最早提出的正则模型之一，它假设原始图像属于一阶索伯列夫空间 $W^{1,2}$，并用图像梯度模的 L^2 范数作为正则项。但该正则项对图像边缘惩罚过强，不利于保护图像边缘。全变差正则模型[7]及其改进[8,9]假设图像属于有界变差(bounded variation，BV)函数空间，并使用 BV 空间的半范数–全变差作为正则项。

稀疏性正则假设图像或图像块在适当的字典(dictionary)中有稀疏表示，即图像或图像块可以用较少的字典原子线性表示。常用的传统解析字典包括小波(wavelet)[10]、曲线波(curvelet)[11]和带波(bandelet)[12,13]等。传统的解析字典可以稀疏表示特定类型的图像。例如，小波可以稀疏表示具有点奇异性质的信号，脊波可以稀疏表示具有直线奇异性质的信号，曲线波可以稀疏表示具有曲线奇异性质的信号。然而这些解析字典不具有信号自适应性，不能很好地表示具有复杂结构的图像。为了解决此问题，一些算法开始尝试从图像本身自适应地学习字典[14,15]，其中最著名的算法是 K-SVD 算法[14]。K-SVD 算法[14]学习的字典具有图像自适应性，能够更好地刻画图像块的内在结构，从而取得更好的图像恢复效果。

自然图像中存在大量相似的局部变化模式或结构，如相似的光滑块、含有边缘的块或纹理块，这些相似的结构在空间上可能相距很近，也可能很远，这种性质称为图像的非局部自相似性(nonlocal self-similarity，NSS)[16,17]。自相似性正则就是利用图像内在的非局部自相似性构造图像的正则模型，其代表性算法包括非局部平均(NLM)[16]、块匹配三维滤波(BM3D)算法[18,19]、加权核范数最小化(weighted nuclear norm minimization，WNNM)算法[20]、期望块对数似然(expected patch log likelihood，EPLL)算法[21]等。

先进的图像去噪模型不断涌现并取得成功，激发了研究者利用它们来构造新的图像正则化并用于其他图像处理任务。例如，迭代解耦去模糊 BM3D(iterative decoupled deblurring BM3D，IDDBM3D)[19]模型在 BM3D 去噪算法中嵌入一个广义纳什均衡(generalized Nash equilibrium，GNE)框架的分析和合成模块，用于解决图像去模糊问题。Romano 等[22]在图像恢复模型中，利用已有的去噪算法定义了去噪正则化(regularizing by denoising，RED)。此外，研究者还尝试在图像恢复的迭代优化算法中直接嵌入现有的去噪算子，充分利用已有的优秀去噪算法解决其他图像恢复任务。文献[23]～[25]采用即插即用先验概念，利用优秀的图像去噪算法定义图像正则项，用于图像重建和图像插值任务。文献[26]讨论了即插即用迭代算法的收敛性。

深度神经网络在图像分类、图像分割等任务中的成功应用激发了它在其他图像处理，如图像去噪、图像恢复、超分辨率等任务中的应用。近年来，出现了许多基于卷积神经网络(convolutional neural network，CNN)的学习方法，其目标是从包含 N 对 $\{(y_i,x_i)\}_{i=1}^N$ 退化图像和相应的真实对照图像的大规模训练数据集中学习从观测图像到恢复图像的带参数映射 f_Θ，总框架可表示为

$$\begin{cases}\min\limits_{\Theta} L\left(\{x_i\},\{\hat{x}_i\}\right)\\ \text{s.t.}\hat{x}_i = f_\Theta\left(x_i\right)\end{cases} \tag{6-3}$$

式中，$\hat{x}_i$ 是利用神经网络从观测图像 y_i 估计出的图像；Θ 是可训练参数；$L\left(\{x_i\},\{\hat{x}_i\}\right)$ 是损失函数，用来度量估计图像与真实对照图像的保真度，常用的损失函数是平方误差或绝对误差[1]。

现有方法大多是基于迭代优化算法来设计式(6-3)中的深度神经网络，常用的迭代优化算法包括梯度下降法(gradient descent method，GDM)[27]、投影梯度下

降法[28]、交替方向乘子法(ADMM)[29-31]、半二次分裂(half quadratic splitting, HQS)法[32-34]、近端分裂法[35]、变分期望最大化(variational expectation maximization，VEM)[36]和其他算法[37,38]。递归梯度下降网络(recurrent gradient descent network，RGDN)[27]推广了求解问题(6-2)的梯度下降迭代过程，并利用推广后的迭代设计了一个递归展开网络，其中正则项的梯度计算用一个深度卷积网络来实现。文献[28]针对多光谱图像融合问题，将投影梯度下降迭代过程展开为一个端到端网络，称为展开投影梯度下降(unrolled projected gradient descent，UPGD)网络，其中投影算子用一个 CNN 实现。文献[29]针对磁共振图像重建方面的应用，将 ADMM 迭代过程展开为一个端到端网络，称为 ADMM-net，其中投影算子和阈值算子都用 CNN 来实现。半二次分裂法[32-34]是将问题(6-2)分裂为如下两个子问题进行交替迭代：

$$x^{k+1} = \arg\min_x \|y - Ax\|_2^2 + \mu\sigma^2 \|x - v^k\|_2^2 \tag{6-4}$$

$$v^{k+1} = \arg\min_v \frac{\mu}{2}\|x^{k+1} - v\|_2^2 + \lambda g(v) \tag{6-5}$$

子问题(6-4)中关于 x 的子问题是对中间图像 v^k 和观察图像进行数据拟合，称为数据拟合子问题；子问题(6-5)中关于 v 的子问题是处理正则项，称为正则化子问题。深度展开超分辨率网络(deep unfolding super-resolution network，USRNet)[33]将子问题(6-4)与子问题(6-5)的交替迭代展开成一个深度网络，其中子问题(6-4)采用傅里叶域解析解，而子问题(6-5)的求解用 ResUNet[33]卷积神经网络来实现，其结构结合了残差网络 Resnet[39]的残差结构和 U 型网络 Unet[40,41]的多尺度结构。去噪先验驱动的神经网络(denoising prior driven neural network，DPDNN)[34]与 USRNet[33]类似，不同的是，DPDNN 对子问题(6-4)采用非精确解析解，对子问题(6-5)采用改进的 UNet[40]去噪器。近端分裂网络(proximal splitting network，PSN)[35]对子问题(6-4)采用空域解析解，将子问题(6-5)的解作为正则化函数定义的近端映射。PSN 用一个 CNN 代替该近端映射，并与子问题(6-4)的解析解交替迭代构成一个展开网络。文献[36]用变分期望最大化建立盲噪声情况下图像去模糊优化模型，并将求解该模型的期望最大(expectation maximization，EM)迭代算法展开为一个端到端网络，称为 VEMnet。除了上述基于优化算法的神经网络外，深度维纳解卷积网络(deep Wiener deconvolution network，DWDN)[42]利用 CNN 学习图像的多通道深层特征，并在特征域利用维纳滤波实现反卷积，也获得了很好的效果。

文献[43]基于 HQS 给出了一个即插即用深度神经网络，称为深度残差 U 型网络(deep residual unet，DRUNet)[43]。该方法也是基于子问题(6-4)和子问题(6-5)的交替迭代，但文献作者将正则化子问题看作 x^{k+1} 到 v^{k+1} 的映射，其目的是去噪，并用神经网络将其参数化：$v^{k+1}=f_{\Theta}(x^{k+1})$，然后训练一个去噪神经网络 DRUNet 来模拟该映射。值得注意的是，DRUNet 在训练时将噪声水平图和噪声图像都作为网络输入，这一网络结构是对早期提出的图像恢复卷积神经网络(IRCNN)[44]的改进。文献[45]基于 ADMM 算法[29]，也是将其中的正则化理解为去噪，用一个即插即用去噪网络来实现去噪运算。使用即插即用去噪网络的算法[44-46]中通常有一些超参数需要手动选择，文献[46]讨论了学习超参数的方法。

展开的端到端网络与即插即用深度神经网络的主要区别在于：前者训练一个端到端的图像恢复网络，网络训练时考虑了特定的数据拟合任务和优化模型参数，因此训练好的网络只能用于特定的图像恢复，但不需要手动调节优化模型参数；后者训练一个通用的去噪网络(不考虑数据拟合任务)，训练好的去噪网络可用于各种图像恢复问题，但优化模型中的超参数需要手动调节。其他网络结构参见文献[47]和[48]。

6.2　深度去噪正则展开网络

6.1 节的深度展开网络和即插即用深度神经网络取得了良好的图像恢复性能，但它们直接用卷积神经网络代替正则化子问题，正则项是完全隐式和无法解释的。相反，文献[22]中的去噪正则化(RED)是半隐式和部分可解释的，其最小化使估计的原始图像与噪声独立。鉴于 RED[22,49-51]和展开框架的优点，利用 RED[22,49-51]给出一个新的展开端到端深度网络模型，称为深度去噪正则展开网络(deep regularized denoising unfolding net，DRED-DUN)[1]。首先，设计一个新的深度卷积神经网络，并将其嵌入 RED 函数中。新的深度卷积神经网络采用了 Unet[40]的结构，并使用小波滤波[10]进行重采样，因此它可以有效地学习输入图像的多尺度结构信息，并能有效地扩展感受野，减少计算负担。其次，通过 RED 的线性近似给出正则化子问题(6-4)的不精确闭式解，在一定条件下，可以证明对应的迭代算法收敛。最后，将正则化子问题的不精确闭式解与数据拟合项的傅里叶域解析解结合到一个端到端的展开网络。通过实验分析得出，当展开网络(迭代次数较少的情况)中两个子问题的配置是先去噪再数据拟合时，恢复性能更好。

6.2.1　网络模型

下面具体讨论基于子问题(6-4)和子问题(6-5)交替迭代的深度去噪正则展开网络模型。首先，对数据拟合子问题(6-4)，参考深度残差 U 型网络[43]，本小节采用傅里叶域的闭式解：

$$x^{k+1}=F^{-1}\left(\frac{\overline{F(A)}F(y)+\alpha_k F\left(v^k\right)}{\overline{F(A)}F(A)+\alpha_k}\right) \tag{6-6}$$

式中，$\alpha_k=\mu_k\sigma^2$，μ_k 是参数 μ 在第 k 次迭代中的取值，根据文献[43]，参数 μ 的取值应随迭代次数依次增大。式(6-6)中的乘法和除法都是对应元素进行运算，$F(\cdot)$ 表示快速傅里叶变换(FFT)，$F^{-1}(\cdot)$ 表示 FFT 的逆变换，$\overline{F(\cdot)}$ 表示 FFT 的复共轭。

其次，对于正则化子问题(6-5)，假设 $g(v)$ 是凸、可微的，利用 $g(v)$ 在 x^{k+1} 处的线性逼近代替 $g(v)$，并将子问题(6-5)松弛为

$$v^{k+1}=\arg\min_v\frac{\mu}{2}\left\|x^{k+1}-v\right\|_2^2+\lambda\left(g\left(x^{k+1}\right)+\nabla g\left(x^{k+1}\right)^{\mathrm{T}}\left(v-x^{k+1}\right)\right) \tag{6-7}$$

问题(6-7)有以下闭式解：

$$v^{k+1}=x^{k+1}-\mu_k^{-1}\nabla g\left(x^{k+1}\right) \tag{6-8}$$

将式(6-8)作为子问题(6-5)的近似解。

采用文献[22]中 RED 的正则项：

$$g(x)=\frac{1}{2}x^{\mathrm{T}}(x-D(x)) \tag{6-9}$$

式中，$D(\cdot)$ 表示去噪器，可以是离线训练的深度神经网络，如 IRCNN，也可以是传统的解析方法，如 BM3D[18]。在一定条件下，$g(x)$ 关于 x 的梯度可近似为[22]

$$\nabla g(x)\approx x-D(x) \tag{6-10}$$

将式(6-10)代入式(6-8)，得到子问题(6-5)的如下近似解：

$$v^{k+1}\approx\left(1-\beta_k\right)x^{k+1}+\beta_k D\left(x^{k+1}\right) \tag{6-11}$$

式中，$\beta_k=\lambda/\mu_k$。注意，上述推导虽然不严格，但在形式上是合理的。本小节所提去噪算子(式(6-11))与 RGDN[27]、USRNet[33]、DPDNN[34]中的去噪算子相比，有如下优势：后者直接对恢复图像 x^{k+1} 进行去噪得到 v^{k+1}，是式(6-11)中 $\beta_k=1$ 的特例，而本小节的 v^{k+1} 是对恢复图像 x^{k+1} 及其去噪后的图像 $D\left(x^{k+1}\right)$ 进行加权平均，可以更好地保留 x^{k+1} 的细节。本小节设计一个新的 CNN 来实现去噪器 $D\left(x^{k+1}\right)$。具体来说，本小节网络采用 UNet[40]的基本结构，但加入了残差块[39]和小波变换[10]，因此称为混合残差块和小波的 U 型网络(residual wavelet unet, ResWUNet)。ResWUNet 结构如图 6-1(b)所示，由两部分组成：①依次降低特征空间分辨率的特征收缩路径；②依次提高特征空间分辨率的特征扩展路径。参考 DRUNet[43]的做法，在特征收缩路径和特征扩展路径中，分别利用离散小波变换(DWT)[10]及其反变换 WT(IWT)[10]进行下采样和上采样。DWT 和 IWT 的优点是它们可以减少网

络参数的数量，增加感受野。为了丰富特征表示和减少计算负担，本小节模型采用了特征串联的方法，将来自特征收缩路径和特征扩展路径的特征图拼接起来，这样可以捕捉到多尺度的信息，从而获得更好的特征表示。需要注意的是，ResWUNet 只将 x^k 作为输入，输出去噪后的图像 $D(x^k)$。该网络可以通过一个单一的模型处理各种噪声水平，不需要估计输入图像的噪声水平。值得一提的是，除了最后一个卷积层外，每个卷积层后面都有一个 ReLU 层，并且 ResWUNet 在 K 次迭代中共享参数，以减少参数量。ResWUNet 模型还可以通过在 ResWUNet 模块中为每个卷积层设置三个通道，并在数据拟合模块中对这三个通道分别应用模糊核来扩展处理彩色图像。

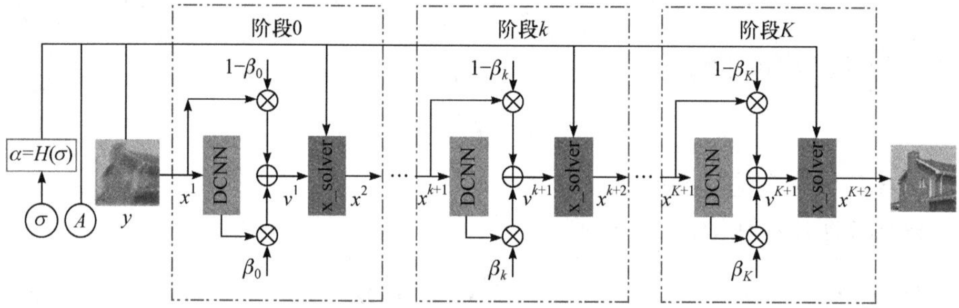

(a) 深度去噪正则展开网络的整体架构(有K个迭代/阶段)

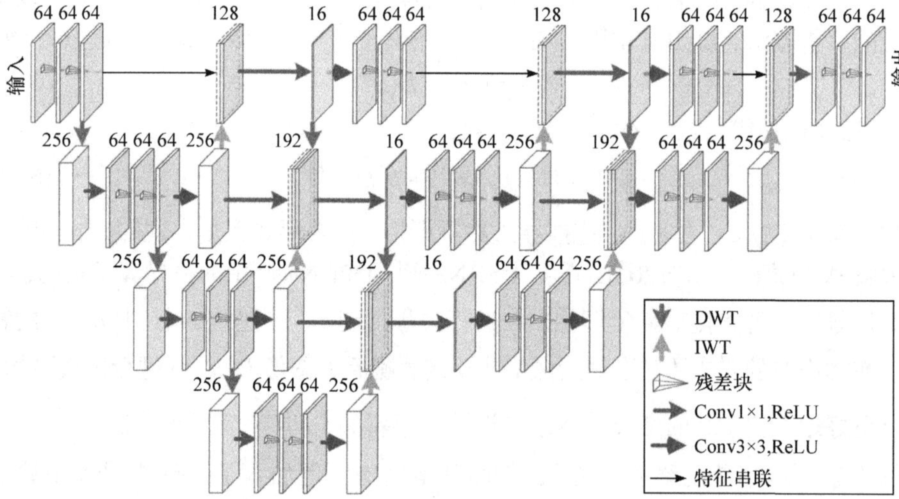

(b) ResWUNet结构

图 6-1　用于图像去模糊的深度去噪正则展开网络结构

DCNN 为深度卷积神经网络

将子问题(6-5)的近似解(6-11)与子问题(6-4)的闭式解(6-6)结合，并展开为一个端到端网络，称为深度去噪正则展开网络，其基本结构如图 6-1 所示，其中图 6-1(a)

是 DRED-DUN 的整体架构，图 6-1(b)是 ResWUNet 去噪模块的结构，式(6-6)可以简单地表示为

$$x^{k+1}=x\_\mathrm{solver}\left(y,A,\alpha_k,v^k\right) \tag{6-12}$$

注意，在 DRED-DUN 模型中，去噪模块被置于正则模块前面，这是因为根据经验发现，如果在每次迭代的数据拟合求解之前进行去噪，可以获得更好的恢复效果。算法 6-1 总结了整个计算过程。

算法 6-1　深度去噪正则展开网络(DRED-DUN)

输入： 观测图像 y，模糊核 A，参数 α_k 和 β_k，$k=0,1,\cdots,K,x^1=y$。

迭代： $k=k+1$，

1) 通过式(6-11)计算 v^{k+1}；

2) 通过式(6-12)计算 x^{k+1}；

输出： x^K。

使用文献[52]中的单一超参数模块 H 来预测超参数 $\alpha=[\alpha_1,\alpha_2,\cdots,\alpha_K]$，即 $\alpha=H(\sigma)$。注意，β_k 在第 K 个递归阶段后通过 S 型(Sigmoid)激活函数将其取值限制在 $(0,1)$。根据经验设置 $K=6$，以获得速度与准确度之间的良好权衡。

算法 6-1 中的迭代可以改写为以下不动点迭代：

$$x^{k+1}=T_{1,k}\left(T_{2,k}\left(x^k\right)\right) \tag{6-13}$$

式中，

$$T_{1,k}=F^{-1}\left(\frac{\overline{F(A)}F(y)}{\left|F(A)\right|^2+\alpha_k}\right)+F^{-1}\left(\frac{\alpha_k}{\left|F(A)\right|^2+\alpha_k}F\right)$$

$T_{2,k}=\left(1-\beta_k\right)I+\beta_k D$，$I$ 为恒等算子。设 E 是复合算子 $T_{1,k}T_{2,k}$ 的不动点集。事实上，不动点迭代(6-13)是文献[53]中算法 1.2 的一个特例。根据文献[53]中的定理 3.2，序列 x^k 在某些条件下弱收敛于 $T_{1,k}T_{2,k}$ 的不动点。在命题 6-1 中说明了这些条件和收敛性。

命题 6-1　(算法 6-1 的收敛性)：假设 $\beta_k\in(0,1)$，$\overline{\lim\limits_{k\to\infty}}\beta_k<1$，并且 D 是非膨胀的(文献[53]中的定义 1.1)，或者：

$$\left\|D(x)-D(y)\right\|\leqslant\left\|x-y\right\|,\quad \forall x,y\in R^{m\times n} \tag{6-14}$$

则 x_k 收敛到 E (若 E 非空)中的一个不动点。

证明：根据文献[53]中的定理 3.2，要证明上述条件下的收敛性，只需要验证本节算法中的 $T_{1,k}$ 和 $T_{2,k}$ 是 β -平均算子(文献[53]中的定义 1.1)，$\beta \in (0,1)$。根据该定义可知，$T_{2,k} = (1-\beta_k)I + \beta_k D$ 是 β -平均算子。如果 $\beta_k \in (0,1)$，并且 D 是非膨胀的，则 $\beta=\beta_k$。至于 $T_{1,k}$，只需要证明 $F^{-1}\left(\dfrac{\alpha_k}{|F(A)|^2+\alpha_k}F\right)$ 是 β -平均算子。设 $T_k=F^{-1}\left(\dfrac{\alpha_k}{|F(A)|^2+\alpha_k}F\right)$，$R_k=\left(1-\dfrac{1}{\beta}\right)I+\dfrac{1}{\beta}T_k$，则 $T_k=(1-\beta)I+\beta R_k$。因此，如果存在 $\beta \in (0,1)$ 使得 R_k 是非膨胀的，那么 T_k 就是 β -平均算子。注意，T_k 是线性的，F 和 F^{-1} 是正交的，从而有

$$
\begin{aligned}
\|R_k x - R_k y\|^2 &= \left\|\left(\left(1-\frac{1}{\beta}\right)I+\frac{1}{\beta}T_k\right)(x-y)\right\|^2 \\
&= \left\|\left(\left(1-\frac{1}{\beta}\right)I+\frac{1}{\beta}F^{-1}\left(1-\frac{|F(A)|^2}{|F(A)|^2+\alpha_k}\right)F\right)(x-y)\right\|^2 \\
&= \left\|F^{-1}\left(1-\frac{1}{\beta}\frac{|F(A)|^2}{|F(A)|^2+\alpha_k}\right)F(x-y)\right\|^2 \\
&= \left\|\left(1-\frac{1}{\beta}\frac{|F(A)|^2}{|F(A)|^2+\alpha_k}\right)F(x-y)\right\|^2 \\
&\leqslant \|F(x-y)\|^2 \max_{i,j}\left|1-\frac{1}{\beta}\frac{|F(A)|^2}{|F(A)|^2+\alpha_k}\right|_{i,j}^2 \\
&= \|x-y\|^2 \max_{i,j}\left|1-\frac{1}{\beta}\frac{|F(A)|^2}{|F(A)|^2+\alpha_k}\right|_{i,j}^2
\end{aligned}
$$

第四个和最后一个方程使用了 Parseval 恒等式。容易看出，如果取 $\beta=\max\limits_{i,j}\left(\dfrac{|F(A)|^2}{|F(A)|^2+\alpha_k}\right)_{i,j}$，则有 $\beta \in (0,1)$ 和 $0<1-\dfrac{1}{\beta}\left(\dfrac{|F(A)|^2}{|F(A)|^2+\alpha_k}\right)_{i,j}<1$，所以 $\rho=\max\limits_{i,j}\left|1-\dfrac{1}{\beta}\dfrac{|F(A)|^2}{|F(A)|^2+\alpha_k}\right|_{i,j}^2<1$，从而 R_k 是非膨胀的。

6.2.2 端到端训练策略

本小节主要描述训练数据、损失函数和训练设置。为了训练网络，采用两个数据集中的图像作为训练图像，其中，伯克利分割数据集(Berkeley segmentation dataset，BSD)[54]包括 400 个图像，DIV2K 数据集[55]包括 800 个图像。训练图像被随机裁剪成大小为 96 像素×96 像素的图像块，然后采用翻转和旋转来增加训练样本，总共生成 N=48×2400 个真实图像块用于训练。为了产生其相应的退化图像块，首先用模糊核对原始图像块进行卷积，产生模糊的图像块，然后加入具有特定噪声水平 σ 的加性高斯白噪声，噪声水平在[0,25]均匀采样。所用的模糊核是根据文献[56]中所提方法合成的模糊核中随机选取的，模糊核的大小在 13 像素×13 像素到 29 像素×29 像素之间随机取样。

参数初始化：对于参数 $\beta_k, k=0,1,\cdots,K$ ，其初始化采用[0,1]上的均匀分布采样，其他参数通过随机初始化方法[57]初始化。

在训练阶段，采用 Adam 求解器[58]最小化如下 L^1 损失函数来优化网络：

$$\Theta = \arg\min_{\Theta} \sum_{i=1}^{N} \left\| f\left(y_i;\Theta\right) - x_i \right\|_1 \tag{6-15}$$

式中，(x_i, y_i) 表示第 i 对原始图像块和退化图像块；$f\left(y_i;\Theta\right)$ 表示由参数集为 Θ 的网络恢复的图像块。

本小节使用 PyTorch 框架实现该网络，最小批的大小为 48，网络总共训练 50 个轮次，学习率初始化为 0.001，并在 30 个轮次后减小为 0.0001。利用 3 块 Nvidia Tesla P100 GPU 进行训练，大约需要两天时间达到收敛。

6.3 实验结果与讨论

本节通过实验分析所提 ResWUNet 模型在非盲/盲去模糊和单图像超分辨率(single image super resolution，SISR)应用中的性能。

6.3.1 小节为模型分析和消融研究，主要讨论所提 ResWUNet 模型的以下方面：首先，通过实验分析迭代次数 K 对去模糊性能的影响，并确定 K 的相对最优值。然后，给出三项消融实验：①分析所提 ResWUNet 模型在使用 RED 和不使用 RED 两种情形下的图像去模糊性能，从而验证 RED 的优势；②网络中数据拟合模块和正则化模块的顺序；③在所提 ResWUNet 模型中使用不同的神经网络去噪器进行去模糊，对比说明所提 ResWUNet 模型的网络结构的优势。

6.3.2 小节为非盲去模糊性能评价，在常用的三个灰度图像数据集和一个彩色图像数据集上进行非盲去模糊评价。灰度图像数据集包括 Set10 数据集[34]、Levin 等[59]的数据集和 Sun 等[60]的数据集。如图 6-2 所示，Set10 数据集由 8 幅 256 像素×256 像素的图像和 2 幅 512 像素×512 像素的图像组成，图像中包含不同的图案和精细的纹理。Levin 等[59]的数据集包含 4 幅 255 像素×255 像素的图像，Sun 等[60]的数据集包含 80 幅图像，尺寸大约是 900 像素×700 像素。对于彩色图像，本小节在 RGB 图像(DIV2K 数据集[55])上训练模型，并在 3 幅常用的彩色图像：Set6 数据集[43]中的“蝴蝶”、“叶子”和“海星”上进行测试。本小节采用文献[57]中的 8 个运动模糊核(图 6-3)产生模糊图像。用于测试的带噪模糊图像生成方式是首先用 8 个运动模糊核对原始图像进行卷积，然后加入不同噪声水平 σ 的加性高斯白噪声。对 Set10 数据集，生成了 80 幅测试图像；对 Levin 等的数据集，生成了 32 幅测试图像；对 Sun 等的数据集，生成了 640 幅测试图像；对 3 幅彩色图像，生成了 24 幅测试图像。在灰度图像上，比较的基准方法包括两种基于模型的方法：EPLL[21]和 IDDBM3D[19]，两种即插即用深度神经网络：IRCNN[44]、深度即插即用图像恢复(DPIR)[43]，四种深度展开神经网络：DPDNN[34]、VEMNet[36]、USRNet[33]、RGDN[27]，基于维纳滤波的端到端学习方法：DWDN[42]。在彩色图像上，比较的基准方法包括 IDDBM3D[19]、IRCNN[44]、DPIR[43]、USRNet[33]和 DWDN[42]。所有方法

(a) 芭芭拉　(b) 船　(c) 蝴蝶　(d) 摄影师　(e) 房子

(f) 叶子　(g) 莱娜　(h) 鹦鹉　(i) 辣椒　(j) 海星

图 6-2　用于图像去模糊的 Set10 数据集[34]

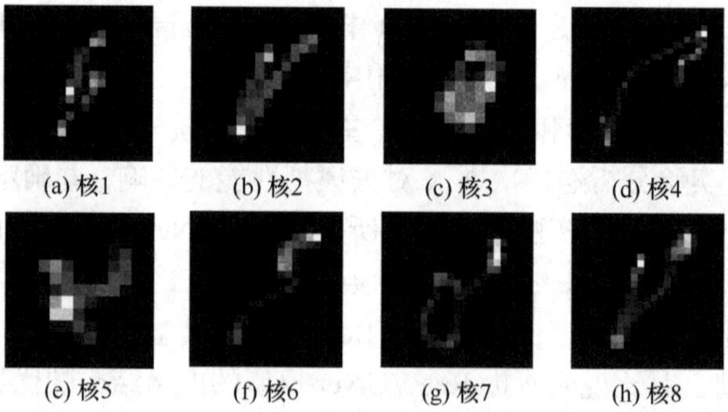
(a) 核1　(b) 核2　(c) 核3　(d) 核4

(e) 核5　(f) 核6　(g) 核7　(h) 核8

图 6-3　8 个运动模糊核[57]

各模糊核的大小分别为(a) 19 像素×19 像素；(b) 17 像素×17 像素；(c) 15 像素×15 像素；(d) 27 像素×27 像素；(e) 13 像素×13 像素；(f) 21 像素×21 像素；(g) 23 像素×23 像素；(h) 23 像素×23 像素

都使用常用的峰值信噪比(PSNR)进行定量评估，本小节中还对一些恢复图像进行视觉评价。

6.3.3 小节和 6.3.4 小节分别展示本节方法在真实图像去模糊和单幅图像超分辨率方面的有效性。

6.3.1　模型分析和消融研究

1. 迭代次数 K

迭代次数 K 对应图 6-1(a)的深度去噪正则展开网络中阶段的个数。图 6-4 给出了噪声水平为 $\sigma = 2.55$ 的情形下，Set10 数据集中去运动模糊的平均 PSNR 结果随 K 的变化情况。正如预期的那样，随着迭代次数 K 的增加，网络的性能迅速提高，但是当 $K \geqslant 7$ 时，迭代次数的增加对恢复图像的质量改善非常小。因此，考虑到性能和网络复杂性之间的权衡，在后面的实验中选择 $K = 6$ 。

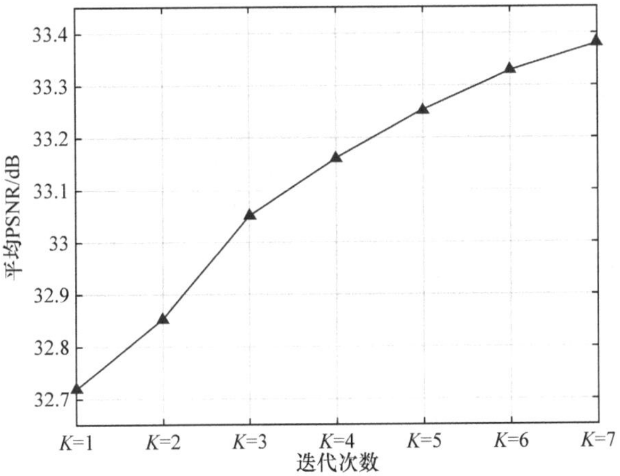

图 6-4　在 $\sigma = 2.55$ 的噪声水平下所提模型在 Set10 数据集上的去运动模糊性能与迭代次数的关系

2. 所提模型中学习参数的对比实验

所提模型中的去噪器是 RED 的近似解，即式(6-11)，其中 D 是本节中设计的神经网络 ResWUNet[1]，其结构见图 6-1(b)，而 DPDNN[34]、USRNet[33]直接用一个神经网络实现去噪器，相当于式(6-11)中直接取参数 $\beta_k = 1$ 的特殊情形。为了说明 RED 导出的式(6-11)与后者(式(6-11)中 $\beta_k = 1$ 的特例)相比的优势，本小节给出一个消融实验，两种方法都使用相同的训练图像块和相同的网络结构：ResWUNet[1]。注意，训练时，参考快速灵活去噪卷积神经网络(FFDNet)[61]模型，将噪声水平图与 x^{k+1} 的通道拼接起来作为 ResWUNet[1]的输入。在 Set10 数据集[34]的所有图像上测试了不同的噪声水平，模糊核为 19 像素×19 像素的运动模糊核[57]。表 6-1 给出了所提模型与其特例($\beta_k=1$)在 Set10 数据集[34]的所有测试图像的平均 PSNR。可以看到，在无噪声的情况下，与 $\beta_k=1$ 的特例相比，所提模型的平均 PSNR 高出 3.49dB；在有噪声的情况下($\sigma=2.55$)，所提模型的平均 PSNR 高出 1.16dB。图 6-5 给出两种模型恢复的芭芭拉图像，噪声水平为 7.65，模糊核显示在带噪模糊图像的左下角。可以看到，即使在噪声水平相对较高的情况下，所提模型在恢复小尺度的细节和纹理方面也比 $\beta_k=1$ 的特例表现得更好。与直接使用 ResWUNet 模型[1]相比，使用 RED 导出的去噪器进行图像去模糊的性能更好。

表 6-1　所提模型与其特例($\beta_k=1$)在 Set10 数据集[34]的所有测试图像的平均 PSNR

σ	0	1.28	2.55	3.83	5.10	7.65
特例($\beta_k=1$)	40.63dB	35.15dB	32.30dB	30.85dB	29.83dB	28.49dB
所提模型	44.12dB	36.29dB	33.46dB	31.97dB	30.95dB	29.77dB

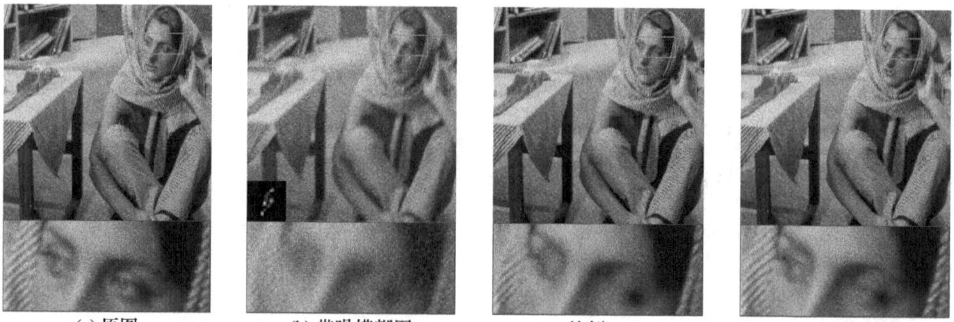

(a) 原图　(b) 带噪模糊图　(c) 特例(β_k=1)　(d) 所提模型

图 6-5　所提模型及其特例对芭芭拉的去模糊结果($\sigma=7.65$ ，19 像素×19 像素的运动模糊核[57])

3. 所提模型中去模糊和去噪的顺序

所提模型的每个阶段包括两个基本模块：去模糊模块和去噪模块，分别对应数据拟合子问题和正则化子问题。实验结果表明，当迭代有限次时，这两个模块的顺序对结果有显著影响，进一步，先去噪再去模糊的结果优于先去模糊再去噪的结果。图 6-6 展示了所提模型由低级阶段到高级阶段所得中间结果的可视化。第一行：每个阶段先去模糊再去噪，这是大多数即插即用深度神经网络模型和深度展开网络模型常用的配置。第二行：每个阶段先去噪再去模糊。输入的测试图像是通过退化方程式(6-1)产生的，即先模糊(23 像素×23 像素的运动模糊核，显示在输入图像的左下角)，再加入高斯白噪声，噪声水平 $\sigma=2.55$ ，输入图像的 PSNR 为 19.95dB。可以看出，如果在每个阶段先去噪再去模糊，则得到的结果明显优于先去模糊再去噪的结果，前者得到的最终恢复图像的 PSNR 比后者有 1.58dB 的提升。特别是，先去噪再去模糊在恢复小尺度细节方面比先去模糊再去噪表现得更好

(在方框中显示，并在最后一栏中放大)。得到提升的原因可解释如下：由图 6-6 中的 x^1 可以看出，去模糊运算通常会提高恢复图像的噪声水平，如果先去噪再去模糊，可以在去模糊之前先抑制噪声，从而有利于恢复。因此本小节的所提模型中采用了先去噪再去模糊的配置。

x^0　x^1　v^1　v^5　x^6　v^6　局部放大

(a) 针对先去模糊再加噪声模型的先去模糊再去噪方法

x^0　x^1　v^1　v^5　x^6　v^6　局部放大

(b) 针对先去模糊再加噪声模型的先去噪再去模糊方法

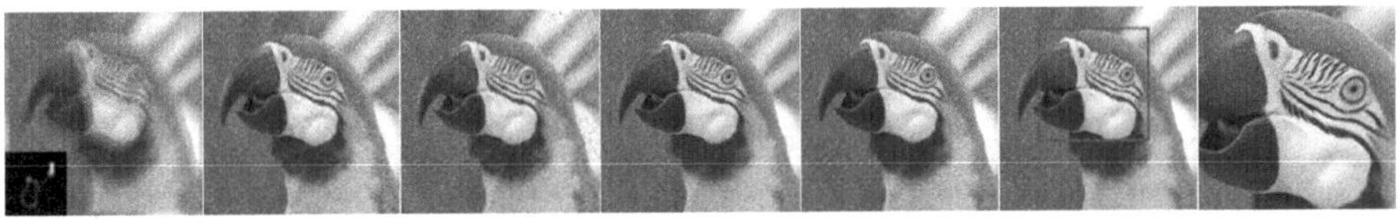

x^0　x^1　v^1　v^5　x^6　v^6　局部放大

(c) 针对先加噪声再去模糊模型的先去模糊再去噪方法

x^0　x^1　v^1　v^5　x^6　v^6　局部放大

(d) 针对先加噪声再去模糊模型的先去噪再去模糊方法

图 6-6　所提模型由低级阶段到高级阶段所得中间结果的可视化

交换两种退化过程，即 $y = A(x+\eta')$，先在输入图像中加入高斯白噪声再进行模糊退化。23 像素×23 像素大小的运动模糊核与上面实验相同，噪声水平更大：$\sigma = 7.65$，模糊图像和带噪模糊图像的 PSNR 分别为 30.50dB 和 19.99dB(这意味着此实验与上个实验中输入图像的 PSNR 相当)。图 6-6 中第三行和第四行分别显示了每个阶段的中间图像。结果仍然表明，先去噪再去模糊的结果更好，特别是边缘和小尺度纹理这些显著特征得到了很好的恢复。

4. ResWUNet 与其他网络结构的对比研究

本实验对 ResWUNet[1]结构与两个较先进的深度网络：去噪卷积神经网络

(DnCNN)[62]和残差 U 型网络(ResUNet)[33]进行比较。实验中，本小节将后两个网络嵌入图 6-1(a)所示的网络框架的 D 中，即替换 ResWUNet[1]。所有的模型都使用相同的设置进行训练。在 Set10 数据集上进行测试，使用 27 像素×27 像素的运动模糊核，噪声水平为 7.65。表 6-2 列出了不同网络的参数个数、测试中的运行时间、Set10 数据集中所有测试图像的 PSNR。本小节提出的 ResWUNet[1]以适度的参数量和时间效率得到了最佳的 PSNR。特别地，ResUNet[33]包含的参数几乎是 ResWUNet[1]包含参数的 18 倍，但本小节方法在 PSNR 上获得了 0.22dB 的增益；DnCNN[63]包含的参数比 ResWUNet[1]包含的参数少，但本小节方法在 PSNR 上获得了 0.73dB 的增益。总之，本小节提出的 ResWUNet[1]比 DnCNN[62]和 ResUNet[33]的性能更佳，比 ResUNet[33]的计算效率更高。

表 6-2 ResWUNet[1]、DnCNN[62]和 ResUNet[33]的对比

去噪器	参数个数/K	运行时间/s	PSNR/dB
DnCNN	561	0.129	28.90
ResUNet	32643	0.726	29.41
ResWUNet	1797	0.283	29.63

5. 模型超参数(α_k,β_k)的学习

本节模型涉及 12 个超参数(α_k,β_k)，$k=1,2,\cdots,6$，手动调整这些参数是很困难的，因此本节将这些参数纳入端到端网络中，使得它们可以和网络参数一起来学习。图 6-7 中显示了α_k和β_k随迭代次数变化的曲线，本小节采用了第 8 个模糊核(23 像素×23 像素)，噪声水平为 7.65。可以看到，随着迭代的进行，α_k的值增加而β_k的值逐渐减小，这一趋势与预期是一致的。实际上，如图 6-6(b)所示，x^k比v^{k-1}更清晰，v^k包含的噪声比x^k少得多。从更新x和v的式(6-6)和式(6-11)可以看到，α_k的增加使x^{k+1}包含更多v^k的信息，而不是噪声和观测图像y的信息；β_k

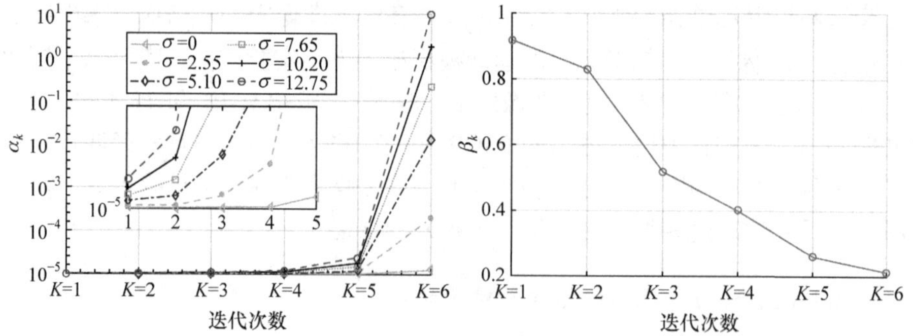

图 6-7 α_k和β_k随迭代次数变化的曲线

的减小使 v^{k+1} 包含更多 x^k 的信息，从而更好地保留 x^{k+1} 的细节(因为 D 有平滑效果)。

6.3.2　非盲去模糊性能评价

1. 合成测试图像上的性能评价

本实验所用测试图像中的噪声和模糊核都是人工合成的，而且去模糊时使用了已知的模糊核。这里主要通过客观指标和视觉效果评价所提方法在非盲去模糊应用中的性能，同时还与几种常用的基准方法进行比较。大部分方法是在 4 种不同的噪声水平和 8 个模糊核下进行评估的。基准方法的结果是通过运行相应方法的文献作者发布的代码或根据文献编写的代码获得的。表 6-3 给出了所有方法在四个数据集上获得的平均 PSNR，最高和次高的两个 PSNR 分别以粗体和斜体字给出。为了直观地进行比较，在图 6-8～图 6-13 中分别显示了 Set10 数据集中的房子、芭芭拉、摄影师，Levin 等数据集中的第 3 幅图像，Sun 等数据集中的第 40 幅图像，彩色图像数据集中的蝴蝶的恢复图像及其 PSNR。从这些结果中，可以给出以下分析。

表 6-3　本节方法与基准方法在四个数据集上获得的平均 PSNR (单位：dB)

数据集	σ	EPLL	IDD-BM3D	IRCNN	DPIR	DPDNN	RGDN	VEMNet	USRNet	DWDN	DRED-DUN
Set10	0	34.56	36.24	40.53	40.85	40.02	—	—	42.45	**43.95**	*43.67*
	2.55	29.29	30.75	31.83	33.07	32.17	32.33	31.71	33.10	**33.28**	*33.16*
	7.65	26.82	27.25	28.20	29.70	28.36	28.53	28.27	*29.72*	29.61	**29.80**
	12.75	24.62	25.71	26.35	27.24	27.00	26.64	26.62	*27.31*	26.92	**27.49**
文献[60]	0	35.00	37.14	40.82	41.43	40.39	—	—	42.21	**43.10**	*42.49*
	2.55	29.96	32.24	30.91	33.01	31.44	31.25	32.73	*34.35*	34.05	**34.43**
	7.65	27.23	28.74	27.93	29.48	28.39	28.47	29.41	*29.67*	29.11	**29.88**
	12.75	25.02	27.30	26.45	28.07	27.57	27.69	28.04	*28.11*	27.81	**28.20**
文献[59]	0	35.69	37.48	41.17	42.30	40.98	—	—	43.21	**46.13**	*45.56*
	2.55	32.05	33.75	32.66	34.89	33.26	33.96	34.31	35.87	**36.90**	*36.02*
	7.65	28.83	29.26	29.15	30.62	30.05	29.71	30.50	32.59	*32.77*	**32.87**
	12.75	26.13	27.33	27.24	28.71	28.11	27.45	28.52	*30.81*	30.77	**30.89**
Set6	0	—	39.71	42.60	42.86	—	—	—	42.99	**44.97**	*43.16*
	2.55	—	29.84	32.63	**34.79**	—	—	—	34.41	34.50	*34.54*
	7.65	—	25.68	28.96	30.29	—	—	—	*30.38*	29.71	**30.49**

EPLL 和 IDDBM3D 获得了很好的性能；IRCNN 和 DPIR 是部分训练的模型，这是因为它们只训练去噪网络；DPDNN、RGDN、VEMNet、USRNet、DWDN 和本小节提出的 DRED-DUN 模型是端到端(end-to-end，EtE)模型，其中几乎所有参数都是联合训练的。一般来说，EtE 方法明显优于部分训练的模型和解析方法，这是因为它们可以提取图像的内在、有助于图像恢复任务的特征。在 EtE 方法中，在所有数据集无噪声的情况下，DWDN 表现最好，本节方法排名第二；在弱噪声水平下，如 $\sigma=2.55$ 时，DWDN 在 Set10 和 Levin 等[59]这两个数据集上表现最好，本节方法在 Sun 等[60]数据集上表现最佳。然而，对较高的噪声水平：$\sigma=7.65$ 和 $\sigma=12.75$，本节方法在所有数据集上都优于其他方法。

此外，本节方法在恢复边缘和纹理方面相比其他方法具有显著的优势。为了进行直观的比较，本小节展示了四个测试数据集一些样本的真实图像、恢复后的图像和相应的 PSNR。具体来说，图 6-8～图 6-10 显示了 Set10 数据集的样本。图 6-11、图 6-12 和图 6-13 分别显示了 Levin 等[59]数据集、Sun 等[60]数据集和彩色图像数据集中的样本。为了便于对比细节，放大显示了方框中的局部区域，GT 表示真实原图像。

图 6-8 给出房子图像用各种方法恢复的结果，合成输入图像时，使用大运动

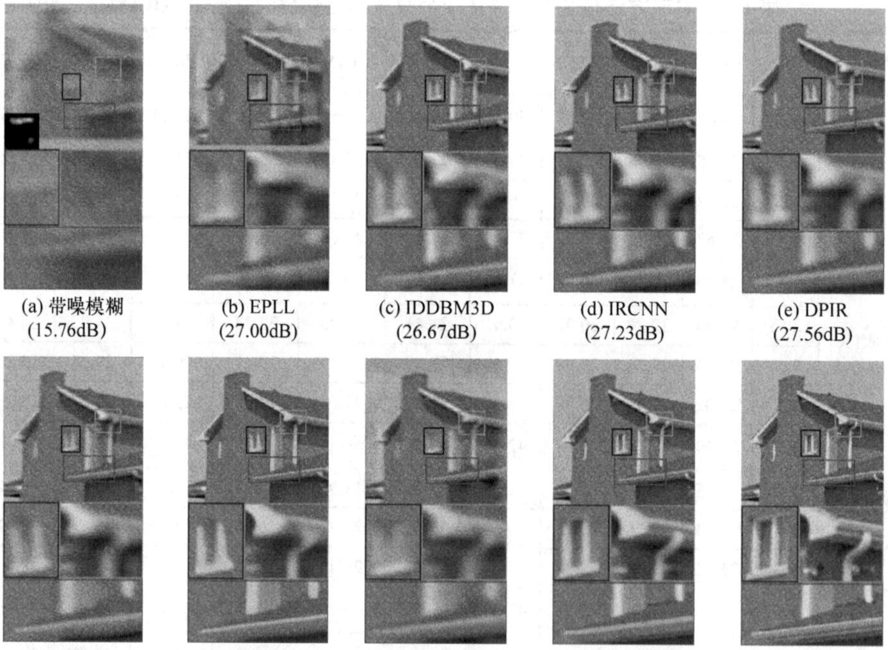

(a) 带噪模糊 (15.76dB)　(b) EPLL (27.00dB)　(c) IDDBM3D (26.67dB)　(d) IRCNN (27.23dB)　(e) DPIR (27.56dB)

(f) DPDNN (27.30dB)　(g)USRNet (28.63dB)　(h) DWDN (27.19dB)　(i) DRED-DUN (28.81dB)　(j) GT

图 6-8　房子图像的恢复结果(65 像素×65 像素的运动模糊核，噪声 $\sigma=2.55$)

模糊核(65 像素×65 像素)[56]和弱水平的噪声($\sigma = 2.55$)对原始图像进行了模糊和加噪处理，结果见图 6-8(a)。在这样一个大尺寸模糊核作用下，图像质量严重下降，一些视觉上显著的边缘(如方框里标注的区域)变得几乎不可见了。比较恢复后的图像，可以得出以下结论：EtE 方法通常优于解析方法和部分训练的模型；在 EtE 方法中，所提方法 DRED-DUN(28.81dB)和 USRNet 方法(28.63dB)恢复的图像整体质量(以 PSNR 值为参照)明显优于其他方法。然而，所提方法 DRED-DUN 在恢复边缘方面优于 USRNet，如相应恢复图像下的方框和放大图所示。

图 6-9 展示了芭芭拉图像的恢复结果，合成输入图像时，使用了中等大小(23 像素×23 像素)的运动模糊核和较高水平的噪声 ($\sigma = 7.65$) 。可以看到，原始图像包含丰富的纹理，经过模糊处理后，纹理被严重平滑了。所提方法 DRED-DUN 得到的恢复图像的 PSNR 和整体视觉效果都优于所有其他方法，所提方法 DRED-DUN 的 PSNR 达到最高：29.52dB，USRNet 的 PSNR 达到第二高：29.36dB。此外，在纹理恢复方面，所提方法 DRED-DUN 明显优于其他方法。

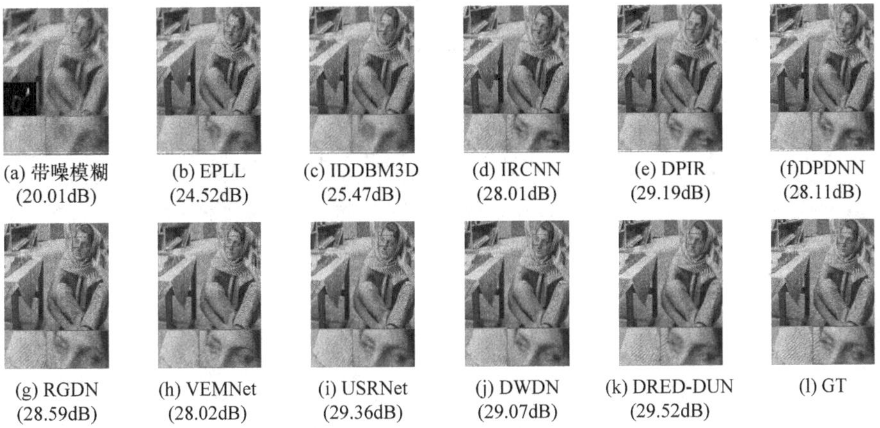

图 6-9 芭芭拉图像的恢复结果(23 像素×23 像素的运动模糊核，噪声 $\sigma = 7.65$)

图 6-10 展示了摄影师图像的恢复结果，合成输入图像时，模糊核是 27 像素×27 像素的运动模糊核，较高水平的噪声 $\sigma = 7.65$ 。由图 6-10(a)可以看到，该运动模糊核对原始图像造成了严重的模糊，远处背景中的塔楼几乎不可见。从恢复图像的整体视觉质量看，所提方法 DRED-DUN 优于其他方法，特别是所提方法 DRED-DUN 在恢复边缘和小尺度细节方面有更好的能力。例如，所提方法 DRED-DUN 恢复的图像中，摄影师的脸、塔顶和草地的整体视觉质量都比其他方法好得多，更接近真实原图像。

在 Levin 等[59]数据集、Sun 等[60]数据集和彩色图像数据集上，所提方法 DRED-DUN 与其他方法相比也有显著优势。图 6-11、图 6-12 和图 6-13 分别显示了这三个

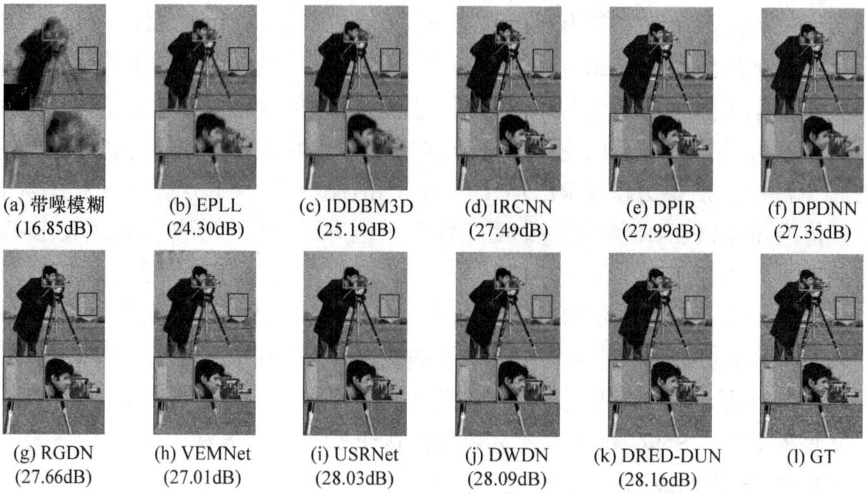

图 6-10　摄影师图像的恢复结果(27 像素×27 像素的运动模糊核，噪声 $\sigma = 7.65$)

数据集的实验结果。所提方法 DRED-DUN 得到的恢复图像具有最高的 PSNR 值。此外，从放大的区域来看，所提方法 DRED-DUN 可以更好地恢复出边缘、纹理和其他小尺度细节。总而言之，所提方法 DRED-DUN 比对比方法获得了更令人满意的结果。

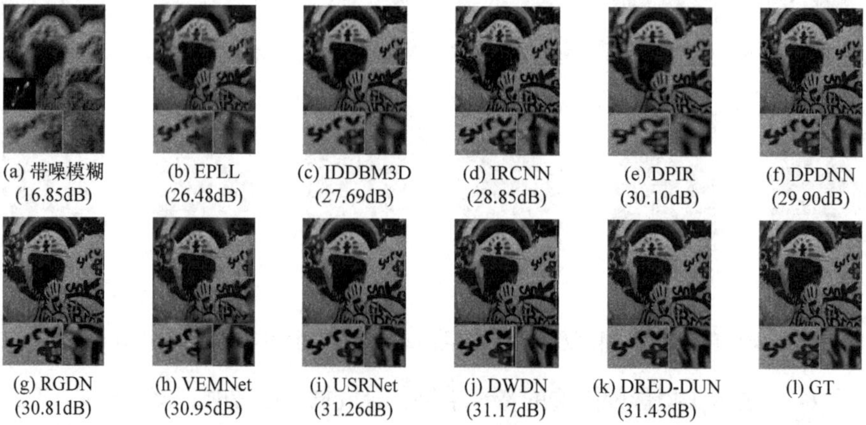

图 6-11　Levin 等[59]数据集中第 3 幅图像的去模糊结果(23 像素×23 像素的运动模糊核，噪声 $\sigma = 12.75$)

2. 真实噪声 RAW 图像

本实验针对含有真实噪声的 RAW 彩色图像[63,64]，测试所提方法 DRED-DUN 的恢复性能，并与 DPIR 和 USRNet 进行比较，所有的网络都是在 RGB 图像数据集上训练的。为了处理有真实噪声的 RAW 彩色图像，首先使用相机内处理通道将 RAW 空间图像转换到 sRGB 空间，然后用一些模糊核对它们进行退化处理。图 6-14 展示了 Darmstadt 数据集[64]的两幅裁剪过的 RAW 图像 0013(第一行，噪声水平：6.7065，

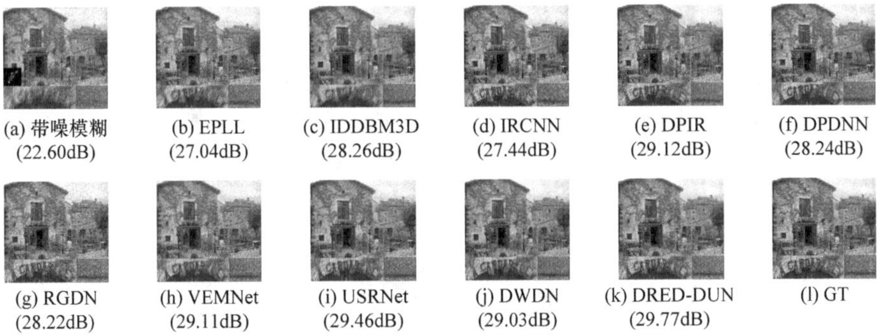

(a) 带噪模糊 (22.60dB)　(b) EPLL (27.04dB)　(c) IDDBM3D (28.26dB)　(d) IRCNN (27.44dB)　(e) DPIR (29.12dB)　(f) DPDNN (28.24dB)

(g) RGDN (28.22dB)　(h) VEMNet (29.11dB)　(i) USRNet (29.46dB)　(j) DWDN (29.03dB)　(k) DRED-DUN (29.77dB)　(l) GT

图 6-12　Sun 等[60]数据集中第 40 幅图像去模糊结果(17 像素×17 像素的运动模糊核，噪声 $\sigma = 7.65$)

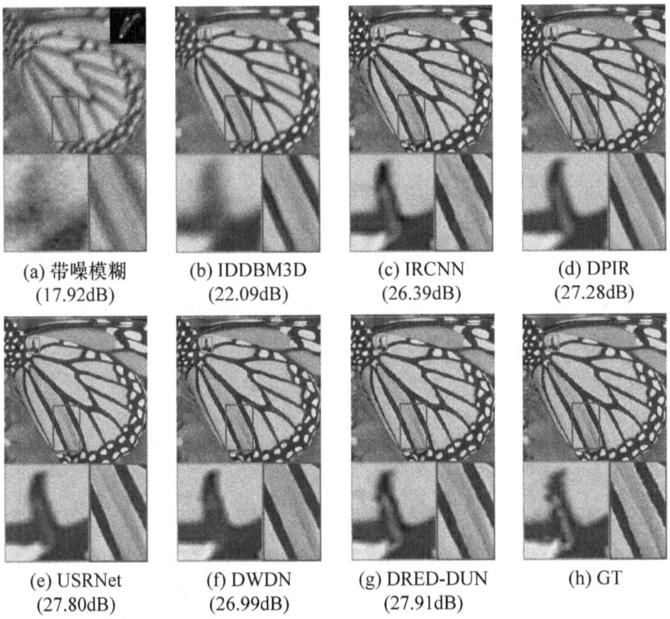

(a) 带噪模糊 (17.92dB)　(b) IDDBM3D (22.09dB)　(c) IRCNN (26.39dB)　(d) DPIR (27.28dB)

(e) USRNet (27.80dB)　(f) DWDN (26.99dB)　(g) DRED-DUN (27.91dB)　(h) GT

图 6-13　蝴蝶图像的去模糊结果(17 像素×17 像素的运动模糊核，噪声 $\sigma = 12.75$)

23 像素×23 像素的运动模糊核)和 0042(第二行，噪声水平：0.9435，21 像素×21 像素的运动模糊核)的去模糊结果。图 6-14(a)显示了有真实噪声的 RAW 图像(为了更好的可视化，RAW 图像的值被归一化为[0, 1])；图 6-14(b)显示了 sRGB 空间的模糊带噪 RAW 图像；图 6-14(c)、(d)和(e)分别显示了通过 DPIR、USRNet 和所提方法 DRED-DUN 恢复后的图像。可以看到，所提方法 DRED-DUN 恢复的图像比其他方法恢复的图像效果要好。特别是，如放大区域所示，所提方法 DRED-DUN 恢复的边缘和文本更加清晰。总之，在 PSNR 指标和视觉效果方面，本节提出的模型明显优于解析方法和其他基于学习的方法，特别是在恢复边缘、纹理和小尺度细节等视觉显著特征方面有明显优势。

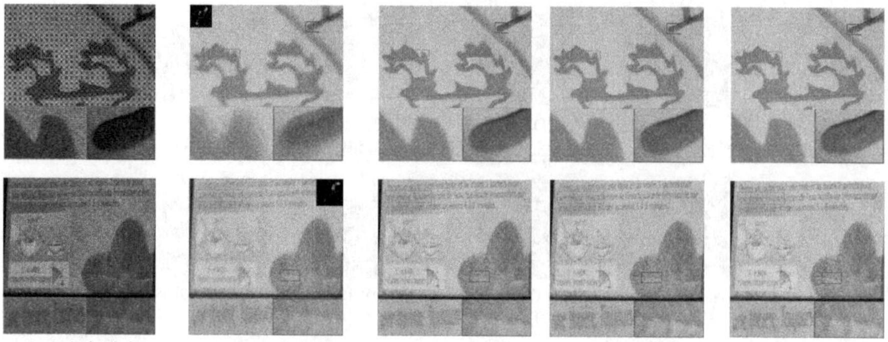

(a) 有真实噪声的RAW图像　(b) sRGB空间的模糊带噪RAW图像　(c) DPIR　(d) USRNet　(e) DRED-DUN

图 6-14　Darmstadt 数据集的 RAW 图像 0013(第一行)和 0042(第二行)的去模糊结果

6.3.3　真实图像去模糊性能评价

本小节实验主要评价所提模型在盲去模糊方面的性能。本小节采用文献[65]中的图片进行实验，模糊图像是由真实相机抖动[65]引起的，真实的模糊核和噪声水平均未知。对于所有的方法，模糊核和噪声水平分别通过使用文献[4]和[66]中的方法来估计，然后使用估计的模糊核和噪声水平进行图像去模糊处理。真实相机抖动导致模糊的图像[65]和用各种方法得到的恢复结果如图 6-15 所示。从视觉效果看，所提方法 DRED-DUN 明显优于其他方法，特别是用所提方法 DRED-DUN 恢复的文字和数字更加清晰。

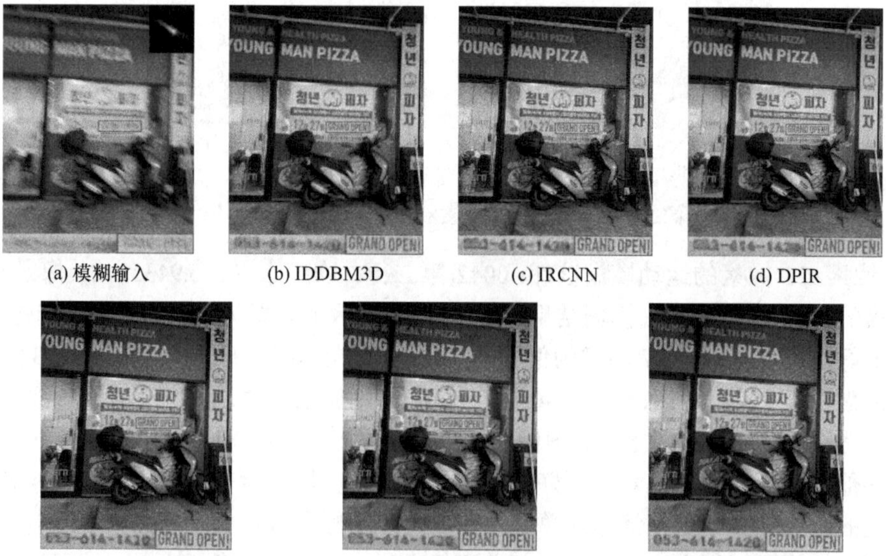

(a) 模糊输入　(b) IDDBM3D　(c) IRCNN　(d) DPIR

(e) USRNet　(f) DWDN　(g) DRED-DUN

图 6-15　真实相机抖动导致模糊的图像[65]和用各种方法得到的恢复结果

6.3.4　单图像超分辨率性能评价

本小节研究所提模型 DRED-DUN 在单图像超分辨率(SISR)中的应用。前面给出的 DRED-DUN 模型最初是为图像去模糊而提出的，但它可以扩展到 SISR，只要用适当的下采样算子代替卷积算子即可。按照文献[34]的设置，本小节考虑双三次下采样算子和高斯下采样算子。对于双三次下采样，高分辨率(high resolution，HR)图像通过缩放系数为 $1/s$(s=2,3,4)的双三次插值进行下采样，生成低分辨率(low resolution，LR)图像。对于高斯下采样，LR 图像是通过对 HR 图像使用高斯卷积，然后以下采样率 s=2、3 和 4 进行下采样合成的。与文献[34]和[44]相同，这里也使用标准偏差为 1.6 的 7 像素×7 像素的高斯模糊核。

选择常用的 DIV2K 数据集作为 HR 训练数据集，LR 图像是通过对 HR 图像进行双三次下采样或高斯下采样合成的。LR/HR 训练图像块被随机裁剪成小的训练图像块，HR 训练图像块尺寸大小为 96 像素×96 像素，LR 训练图像块尺寸大小为(96/s)像素×(96/s)像素(s=2,3,4)。此外，通过采用翻转和旋转来增加训练样本，总共有 N=48×3600 个训练图像块用于训练。本小节为两个下采样操作训练一个单一的模型。每个小批量样本只对应一个从{2,3,4}中随机选择的下采样率，其他参数设置与图像去模糊任务中的相同。

为了评估不同方法的性能，本小节在超分辨率(SR)文献中常用的数据集 Set5[67]、Set14[68]、BSD100[54]和 Urban100[69]上进行测试。Set5 数据集和 Set14 数据集分别由 5 幅图像和 14 幅图像组成，包含自然场景(如风景)、动物和人脸。这些图像的分辨率为 256 像素×256 像素～512 像素×768 像素。BSD100 数据集由 100 幅自然场景的测试图像组成，测试图像尺寸为 321 像素×481 像素或 481 像素×321 像素。Urban100 数据集包含 100 幅具有各种真实结构的 HR 图像，如室内、城市和建筑场景，图像的分辨率从 576 像素×1024 像素到 1024 像素×1024 像素不等。

对比的基准方法包括深层超分辨率(VDSR)[70]、DnCNN、IRCNN、DPIR、DPDNN 和 USRNet。对于 VDSR 和 DnCNN，只考虑双三次下采样，而对其余方法则考虑了双三次下采样和高斯下采样。值得注意的是，USRNet 使用特定的卷积核来近似双三次下采样，这些方法的主要区别在于 SR 操作。VDSR 和 DnCNN 都遵循类似的步骤：首先通过双三次插值对输入的 LR 图像进行上采样，得到初始的 HR 图像，然后使用训练好的深度网络来增强初始的 HR 图像。注意，这两种方法训练一个通用模型来处理所有的下采样率(2、3 和 4)。但它们的动机不同：VDSR 是专门针对超分辨率任务而设计的网络，旨在训练一个对所有下采样率通用的网络来增强初始的 HR 图像的细节；DnCNN 是专为去除图像噪声而训练的网络。IRCNN 和 DPIR 类似，都是基于即插即用的框架，它们迭代更新一个反投影步骤(模拟下采样和上采样)和一个高分辨率图像去噪的步骤。去噪步骤是由一个离线训练的去噪 DCNN 实现的，它可通用于双三次下采样和高斯下采样以及所有的下采样率。IRCNN 和 DPIR 之间的主要区别是，DPIR 使用了 Unet 结构，并在训练时将噪声水平图作为输入。DPDNN、USRNet 和本节方法 DRED-DUN 都是深度展开网络，交替解决数据拟合子问题和去噪子问题，其主要区别是，DPDNN 使用空域的非精确解解决数据拟合问题，并且针对双三次下采样和高斯下采样分别训练模型；USRNet 和本节方法 DRED-DUN 都使用傅里叶域的精确解解决数据拟合问题，USRNet 可以灵活地处理不同的下采样、下采样率和噪声水平。本节方法 DRED-DUN 和 USRNet 之间主要有两个区别：第一个区别在于本节方法 DRED-DUN 在每个阶段先正则化再数据拟合，且采用 RED 正则化，而 USRNet 在每个阶段先数据拟合再正则化，且正则化是直接用神经网络正则化；第二个区别在于数据拟合子问题，即 USRNet 的数据拟合项迫使高分辨率图像的低分辨率版本靠近输入的低分辨率图像，而本节方法 DRED-DUN 的做法是，先对输入的低分辨率图像应用双三次插值得到一个初始的高分辨率图像，然后通过数据拟合项迫使输出的高分辨率图像靠近这个初始的高分辨率图像。因此，数据拟合问题本质上是一个去模糊问题，本小节使用文献[33]中的方法估计下采样率为 2、3 和 4 情形下双三次下采样对应的近似模糊核。

表 6-4 给出了双三次下采样情形下不同方法在四个测试数据集上得到的恢复图像的平均 PSNR 值，粗体表示最佳结果。可以看到，在下采样率为 2 和 3 时，本节方法 DRED-DUN 在所有数据集上表现最好；在下采样率为 4 时，USRNet 较 DRED-DUN 表现更优。表 6-5 给出了高斯下采样情形下不同方法在 Set5 数据集和 Set14 数据集上得到的恢复图像的平均 PSNR 值，粗体表示最佳结果，可以得出类似的结论。图 6-16 和图 6-17 分别给出 Urban100 数据集中 img019 图像(双三次下采样，下采样率为 2)和 Set14 数据集中 zebra 图像(双三次下采样，下采样率为 4)的恢复图像及其 PSNR 值；图 6-18 给出 Set14 数据集中 ppt3 图像(高斯下采样，下采样率为 3)的恢复图像及其 PSNR 值。对于这三个图像，本节方法 DRED-DUN 获得了最高的 PSNR 值。此外，比较图 6-16 和图 6-17 中的放大区域：建筑物的网格和斑马的条纹，可以看到，本节方法 DRED-DUN 恢复的结果比其他方法更清晰。在下采样率为 4 的情形下，尽管 USRNet 获得了最好的平均 PSNR 值，但在恢复边缘、纹理和小尺度细节方面，本节方法 DRED-DUN 表现更好。

表 6-4　双三次下采样情形下不同方法在四个测试数据集上得到的恢复图像的平均 PSNR 值

数据集	下采样率	VDSR	DnCNN	IRCNN	DPIR	DPDNN	USRNet	DRED-DUN
Set5	2	37.53	37.58	37.25	36.91	37.75	37.72	**37.78**
	3	33.66	33.75	33.30	33.37	33.93	34.45	**34.52**
	4	31.35	31.40	30.93	31.31	31.72	**32.45**	31.91

续表

数据集	下采样率	VDSR	DnCNN	IRCNN	DPIR	DPDNN	USRNet	DRED-DUN
Set14	2	33.02	33.03	32.92	32.79	33.30	33.49	**33.56**
	3	29.77	29.81	29.66	29.63	30.02	30.51	**30.56**
	4	28.01	28.04	27.81	27.95	28.28	**28.83**	28.69
BSD100	2	31.90	31.90	31.57	31.33	32.09	32.10	**32.17**
	3	28.82	28.85	28.53	28.45	29.00	29.18	**29.24**
	4	27.29	27.29	26.99	27.03	27.44	**27.69**	27.53
Urban100	2	30.76	30.74	30.28	29.81	31.50	31.79	**31.85**
	3	27.14	27.15	26.66	26.56	27.61	28.38	**28.42**
	4	25.18	25.20	24.74	25.10	25.53	**26.44**	25.96

表 6-5　高斯下采样情形下不同方法在 Set5 数据集和 Set14 数据集上得到的恢复图像的平均 PSNR 值

数据集	下采样率	IRCNN	DPIR	DPDNN	USRNet	DRED-DUN
Set5	2	35.34	35.79	—	35.87	**35.98**
	3	33.88	33.93	34.22	34.30	**34.42**
	4	30.76	31.12	—	**31.25**	31.18
Set14	2	31.98	32.28	—	32.41	**32.51**
	3	29.63	29.71	29.88	29.93	**30.01**
	4	27.73	27.88	—	**28.02**	27.95

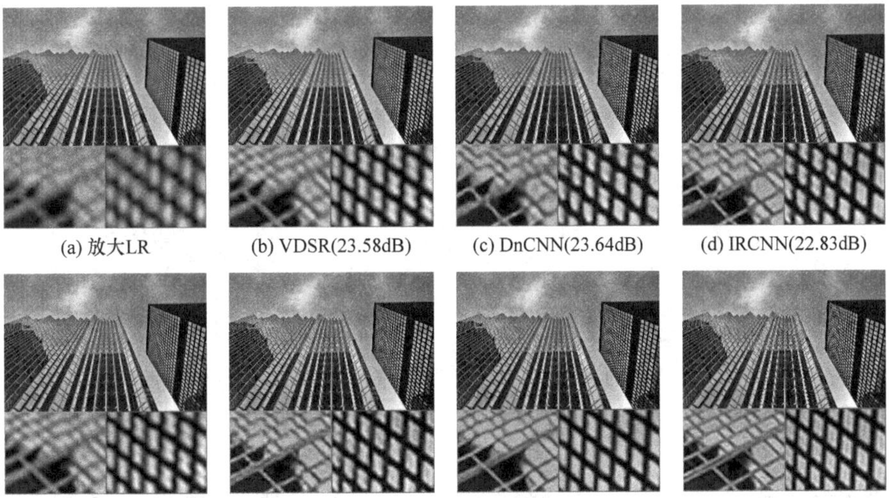

(a) 放大LR　(b) VDSR(23.58dB)　(c) DnCNN(23.64dB)　(d) IRCNN(22.83dB)

(e) DPIR(22.79dB)　(f) DPDNN(24.66dB)　(g) USRNet(24.92dB)　(h) DRED-DUN(25.03dB)

图 6-16　Urban100 数据集中 img019 图像进行下采样率为 2 的双三次下采样后的恢复图像及其 PSNR 值

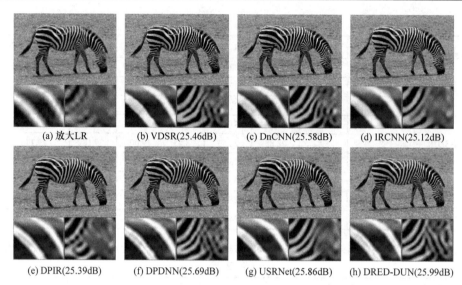

(a) 放大LR　(b) VDSR(25.46dB)　(c) DnCNN(25.58dB)　(d) IRCNN(25.12dB)

(e) DPIR(25.39dB)　(f) DPDNN(25.69dB)　(g) USRNet(25.86dB)　(h) DRED-DUN(25.99dB)

图 6-17　Set14 数据集中 zebra 图像进行下采样率为 4 的双三次下采样后的恢复图像及其 PSNR 值

(a) 放大LR　(b) IRCNN(29.79dB)　(c) DPIR(29.84dB)

(d) DPDNN(30.01dB)　(e) USRNet(30.16dB)　(f) DRED-DUN(30.29dB)

图 6-18　Set14 数据集中 ppt3 图像进行下采样率为 3 的高斯下采样后的恢复图像及其 PSNR 值

本章总结：本章对图像恢复中基于优化算法和基于滤波的深度展开神经网络和即插即用深度神经网络进行了综述，重点讨论了所提出的 DRED-DUN 模型及其收敛性和实验结果。在非盲/盲去模糊和单个图像超分辨率的广泛实验表明，所提方法 DRED-DUN 优于当前流行的基准方法。

参 考 文 献

[1] KONG S, WANG W, FENG X, et al. Deep red unfolding network for image restoration[J]. IEEE Transactions on Image Processing, 2021, 31: 852-867.

[2] YANG C, WANG W, FENG X, et al. Weighted-l_1-method-noise regularization for image deblurring[J]. Signal Processing, 2019, 157:14-24.

[3] AUBERT G, KORNPROBST P. Mathematical Problems in Image Processing: Partial Differential Equations and the Calculus of Variations[M]. New York: Springer, 2006.

[4] FOI A. Clipped noisy images: Heteroskedastic modeling and practical denoising[J]. Signal Processing, 2009, 89(12): 2609-2629.

[5] ABDELHAMED A, BRUBAKER M, BROWN M. Noise flow: Noise modeling with conditional normalizing flows[C]. IEEE/CVF International Conference on Computer Vision, Seoul, 2019: 3165-3173.

[6] VAUHKONEN M, VADÁSZ D, KARJALAINEN P A, et al. Tikhonov regularization and prior information in electrical impedance tomography[J]. IEEE Transactions on Medical Imaging, 1998, 17(2): 285-293.

[7] RUDIN L I, OSHER S, FATEMI E. Nonlinear total variation based noise removal algorithms[J]. Physica D Nonlinear Phenomena, 1992, 60(1-4):259-268.

[8] CHAN R H,TAO M,YUAN X. Constrained total variation deblurring models and fast algorithms based on alternating direction method of multipliers[J]. Siam Journal on Imaging Sciences, 2013, 6(1): 680-697.

[9] CHAN T F,SHEN J, ZHOU H M. Total variation wavelet inpainting[J]. Journal of Mathematical Imaging & Vision, 2006, 25(1):107-125.

[10] DAUBECHIES I. The wavelet transform, time-frequency localization and signal analysis[J]. IEEE Transactions on Information Theory, 1990, 36(5):961-1005.

[11] ESLAHI N, AGHAGOLZADEH A. Compressive sensing image restoration using adaptive curvelet thresholding and nonlocal sparse regularization[J]. IEEE Transactions on Image Processing, 2016, 25(7): 3126-3140.

[12] PENNEC E L, MALLAT S. Bandelet image approximation and compression[J]. Siam Journal on Multiscale Modeling and Simulation, 2006, 4(3):992-1039.

[13] LE P E, MALLAT S. Sparse geometric image representations with bandelets[J]. IEEE Transactions on Image Processing, 2005, 14(4): 423-438.

[14] AHARON M, ELAD M, BRUCKSTEIN A. K-SVD: An algorithm for designing overcomplete dictionaries for sparse representation[J]. IEEE Transactions on Signal Processing, 2006,54(11):4311-4322.

[15] ELAD M, AHARON M. Image denoising via sparse and redundant representations over learned dictionaries[J]. IEEE Transactions on Image processing, 2006, 15(12): 3736-3745.

[16] BUADES A, COLL B, MOREL J M. A non-local algorithm for image denoising[C]. 2005 IEEE Computer Society Conference on Computer Vision and Pattern Recognition, San Diego, 2005,2:60-65.

[17] MAIRAL J, BACH F, PONCE J, et al. Non-local sparse models for image restoration[C]. 2009 IEEE 12th International

Conference on Computer Vision, Kyoto, 2009:2272-2279.

[18] DABOV K, FOI A, KATKOVNIK V, et al. Image denoising by sparse 3-D transform-domain collaborative filtering[J]. IEEE Transactions on Image Processing, 2007, 16(8):2080-2095.

[19] DANIELYAN A, KATKOVNIK V, EGIAZARIAN K. BM3D frames and variational image deblurring[J]. IEEE Transactions on Image Processing, 2012, 21(4):1715-1728.

[20] GU S, ZHANG L, ZUO W, et al. Weighted nuclear norm minimization with application to image denoising[C]. 2014 IEEE Conference on Computer Vision and Pattern Recognition, Columbus, 2014:2862-2869.

[21] ZORAN D, WEISS Y. From learning models of natural image patches to whole image restoration[C]. 2011 International Conference on Computer Vision, Barcelona, 2011:479-486.

[22] ROMANO Y, ELAD M, MILANFAR P. The little engine that could: Regularization by denoising (RED)[J]. SIAM Journal on Imaging Sciences, 2017,10(4):1804-1844.

[23] VENKATAKRISHNAN S V, BOUMAN C A, WOHLBERG B. Plug-and-play priors for model based reconstruction[C]. IEEE Global Conference on Signal and Information Processin, Austin, 2013:945-948.

[24] SREEHARI S, VENKATAKRISHNAN S V, WOHLBERG B, et al. Plug-and-Play priors for bright field electron tomography and sparse interpolation[J]. IEEE Transactions on Computational Imaging, 2016, 2(4):408-423.

[25] CHAN S H, WANG X, ELGENDY O A. Plug-and-Play ADMM for image restoration: Fixed-point convergence and applications[J]. IEEE Transactions on Computational Imaging, 2017,3(1): 84-98.

[26] RYU E K, LIU J, WANG S, et al. Plug-and-Play methods provably converge with properly trained denoisers[C]. Proceedings of the 36th International Conference on Machine Learning, California, 2019,97:5546-5557.

[27] GONG D, ZHANG Z, SHI Q, et al. Learning deep gradient descent optimization for image deconvolution[J]. IEEE Transactions on Neural Networks and Learning Systems,2020,31(12):5468-5482.

[28] LOHIT S, LIU D, MANSOUR H, et al. Unrolled projected gradient descent for multi-spectral image fusion[C]. 2019 IEEE International Conference on Acoustics, Speech and Signal Processing, Brighton, 2019:7725-7729.

[29] BOYD S, PARIKH N, CHU E, et al. Distributed optimization and statistical learning via the alternating direction method of multipliers[J]. Foundations and Trends in Machine learning, 2011, 3(1): 1-122.

[30] YANG Y, SUN J, LI H, et al. ADMM-CSNet: A deep learning approach for image compressive sensing[J]. IEEE Transactions on Pattern Analysis and Machine Intelligence, 2018, 42(3): 521-538.

[31] TEODORO A M, BIOUCAS-DIAS J M, FIGUEIREDO M A T. Image restoration and reconstruction using variable splitting and class-adapted image priors[C]. 2016 IEEE International Conference on Image Processing, Phoenix, 2016:3518-3522.

[32] GEMAN D, YANG C. Nonlinear image recovery with half-quadratic regularization[J]. IEEE Transactions on Image Processing, 1995, 4(7): 932-946.

[33] ZHANG K, GOOL L V, TIMOFTE R. Deep unfolding network for image super-resolution[C]. Proceedings of the IEEE/CVF conference on computer vision and pattern recognition, Seattle, 2020: 3217-3226.

[34] DONG W, WANG P, YIN W, et al. Denoising prior driven deep neural network for image restoration[J]. IEEE Transactions on Pattern Analysis and Machine Intelligence, 2018, 41(10): 2305-2318.

[35] ALJADAANY R, PAL D K, SAVVIDES M. Proximal splitting networks for image restoration[C]. Image Analysis and Recognition: 16th International Conference, Waterloo, 2019:3-17.

[36] NAN Y, QUAN Y, JI H. Variational-EM-based deep learning for noise-blind image deblurring[C]. Proceedings of the IEEE/CVF Conference on Computer Vision and Pattern Recognition, Seattle, 2020:3626-3635.

[37] TIRER T, GIRYES R. Image restoration by iterative denoising and backward projections[J]. IEEE Transactions on Image Processing, 2018, 28(3): 1220-1234.

[38] BERTOCCHI C, CHOUZENOUX E, CORBINEAU M C, et al. Deep unfolding of a proximal interior point method for image restoration[J]. Inverse Problems, 2020, 36(3): 034005.

[39] HE K, ZHANG X, REN S, et al. Deep residual learning for image recognition[C]. Proceedings of the IEEE Conference on Computer Vision and Pattern Recognition, Las Vegas, 2016: 770-778.

[40] RONNEBERGER O, FISCHER P, BROX T. U-Net: Convolutional networks for biomedical image segmentation[C]. Medical Image Computing and Computer-Assisted Intervention-MICCAI 2015: 18th International Conference, Munich, 2015: 234-241.

[41] ZUNAIR H, HAMZA A B. Sharp U-Net: Depthwise convolutional network for biomedical image segmentation[J]. Computers in Biology and Medicine, 2021, 136: 104699.

[42] DONG J, ROTH S, SCHIELE B. Deep wiener deconvolution: Wiener meets deep learning for image deblurring[J]. Advances in Neural Information Processing Systems, 2020, 33: 1048-1059.

[43] ZHANG K, LI Y, ZUO W, et al. Plug-and-play image restoration with deep denoiser prior[J]. IEEE Transactions on Pattern Analysis and Machine Intelligence, 2021, 44(10): 6360-6376.

[44] ZHANG K, ZUO W, GU S, et al. Learning deep CNN denoiser prior for image restoration[C]. Proceedings of the IEEE Conference on Computer Vision and Pattern Recognition, Honolulu, 2017: 3929-3938.

[45] AHMAD R, BOUMAN C A, BUZZARD G T, et al. Plug-and-play methods for magnetic resonance imaging: Using denoisers for image recovery[J]. IEEE Signal Processing Magazine, 2020, 37(1): 105-116.

[46] WEI K, AVILES-RIVERO A, LIANG J, et al. Tuning-free plug-and-play proximal algorithm for inverse imaging problems[C]. Proceedings of the 37th International Conference on Machine Learning , Vienna, 2020: 10158-10169.

[47] ULYANOV D, VEDALDI A, LEMPITSKY V. Deep image prior[C].Proceedings of the IEEE Conference on Computer Vision and Pattern Recognition, Salt Lake City, 2018: 9446-9454.

[48] LIU P,ZHANG H,ZHANG K, et al. Multi-level wavelet-CNN for image restoration[C]. Proceedings of the IEEE/CVF Conference on Computer Vision and Pattern Recognition Workshops, Salt Lake City, 2018:773-782.

[49] REEHORST E T, SCHNITER P. Regularization by denoising: Clarifications and new interpretations[J]. IEEE Transactions on Computational Imaging, 2018, 5(1): 52-67.

[50] METZLER C A, SCHNITER P, VEERARAGHAVAN A, et al. prDeep: Robust phase retrieval with a flexible deep network[C]. Proceedings of the 35th International Conference on Machine Learning,Stockholm, 2018,80: 3501-3510.

[51] COHEN R, ELAD M, MILANFAR P. Regularization by denoising via fixed-point projection (RED-PRO)[J]. SIAM Journal on Imaging Sciences, 2021, 14(3): 1374-1406.

[52] MATAEV G, MILANFAR P, ELAD M. DeepRED: Deep image prior powered by RED[C]. Proceedings of the IEEE/CVF International Conference on Computer Vision Workshops,Los Angeles, 2019.

[53] COMBETTES P L. Solving monotone inclusions via compositions of nonexpansive averaged operators[J]. Optimization, 2004, 53(5-6): 475-504.

[54] MARTIN D, FOWLKES C, TAL D, et al. A database of human segmented natural images and its application to evaluating segmentation algorithms and measuring ecological statistics[C]. Proceedings Eighth IEEE International Conference on Computer Vision, Vancouver, 2001, 2: 416-423.

[55] AGUSTSSON E, TIMOFTE R. Ntire 2017 challenge on single image super-resolution: Dataset and study[C].Proceedings of the IEEE Conference on Computer Vision and Pattern Recognition Workshops, Montreal,

2017: 126-135.

[56] SCHMIDT U, JANCSARY J, NOWOZIN S, et al. Cascades of regression tree fields for image restoration[J]. IEEE Transactions on Pattern Analysis and Machine Intelligence, 2015, 38(4): 677-689.

[57] GLOROT X, BENGIO Y. Understanding the difficulty of training deep feedforward neural networks[C]. Proceedings of the Thirteenth International Conference on Artificial Intelligence and Statistics,Florida, 2010,9: 249-256.

[58] KINGMA D P, BA J. Adam: A method for stochastic optimization[C]. The 3rd International Conference for Learning Representations, San Diego, 2014.

[59] LEVIN A, WEISS Y, DURAND F, et al. Efficient marginal likelihood optimization in blind deconvolution[C]. IEEE Conference on Computer Vision and Pattern Recognition, Colorado Springs, 2011:2657-2664.

[60] SUN L, CHO S, WANG J, et al. Edge-based blur kernel estimation using patch priors[C]. IEEE International Conference on Computational Photography, Cambridge, 2013: 1-8.

[61] ZHANG K, ZUO W, ZHANG L. FFDNet: Toward a fast and flexible solution for CNN-based image denoising[J]. IEEE Transactions on Image Processing, 2018, 27(9): 4608-4622.

[62] ZHANG K, ZUO W, CHEN Y, et al. Beyond a gaussian denoiser: Residual learning of deep CNN for image denoising[J]. IEEE Transactions on Image Processing, 2017, 26(7): 3142-3155.

[63] GUO S,YAN Z, ZHANG K, et al. Toward convolutional blind denoising of real photographs[C]. Proceedings of the IEEE/CVF Conference on Computer Vision and Pattern Recognition, Los Angeles, 2019: 1712-1722.

[64] PLOTZ T, ROTH S. Benchmarking denoising algorithms with real photographs[C]. 2017 IEEE Conference on Computer Vision and Pattern Recognition,Montreal, 2017:1586-1595.

[65] RIM J, LEE H, WON J, et al. Real-world blur dataset for learning and benchmarking deblurring algorithms[C]. European Conference on Computer Vision: 16th European Conference, Glasgow, 2020: 184-201.

[66] PAN J,SUN D, PFISTER H, et al. Blind image deblurring using dark channel prior[C].Proceedings of the IEEE Conference on Computer Vision and Pattern Recognition, Las Vegas, 2016: 1628-1636.

[67] BEVILACQUA M, ROUMY A, GUILLEMOT C, et al. Low-complexity single image super-resolution based on nonnegative neighbor embedding[C]. British Machine Vision Conference, Guildford, 2012.

[68] ZEYDE R, ELAD M, PROTTER M. On single image scale-up using sparse-representations[C].Curves and Surfaces: 7th International Conference, Avignon, 2012: 711-730.

[69] HUANG J B, SINGH A, AHUJA N. Single image super-resolution from transformed self-exemplars[C].Proceedings of the IEEE Conference on Computer Vision and Pattern Recognition, Boston, 2015: 5197-5206.

[70] KIM J, LEE J K, LEE K M. Accurate image super-resolution using very deep convolutional networks[C].Proceedings of the IEEE Conference on Computer Vision and Pattern Recognition, Las Vegas, 2016: 1646-1654.

第 7 章　基于合作博弈的联合边缘检测与图像恢复

边缘检测与图像恢复是图像处理中的两个基本而重要的问题，从退化图像中检测边缘更是相当困难的问题。本章给出一个合作博弈模型来联合解决边缘检测与图像恢复问题，它包含两个优化问题，其中一个优化问题是检测出真实的图像边缘，另一个优化问题是在边缘引导下恢复未知真实图像。所提模型的主要优点是它将边缘检测与图像恢复这两个任务联合起来，使得它们相互引导和促进。

7.1　引　　言

图像在采集、存储和处理过程中，质量往往会下降。图像恢复[1-21]旨在从退化的图像中恢复高质量的图像，包括图像去噪、去模糊、修复等，是图像处理的基础。边缘是图像的重要特征，边缘检测[22-34]是图像分割、目标提取和识别等应用的基础。为了从退化的图像中检测出边缘，传统的方法一般是先进行图像恢复，再从恢复图像中检测边缘；反过来，图像恢复过程中若有边缘引导，则有利于恢复出高质量的图像。总之，边缘检测与图像恢复不是两个独立的任务，而是彼此相辅相成。本章给出一个合作博弈模型来联合解决这两个任务，使边缘检测与图像恢复互相引导、互相促进。下面简要介绍与本章内容相关的边缘检测与图像恢复方法。

7.1.1　边缘检测

传统的边缘检测方法通过图像灰度值的梯度或其他差分算子提取边缘[23-26]，虽然这些方法计算简单，但如果图像含有噪声或其他干扰，则传统方法无法取得满意的效果。本章将采用噪声鲁棒的全局稀疏梯度(GSG)边缘检测模型[34]。

给定一个带有噪声的灰度图像：

$$h(x)=u(x)+n(x) \tag{7-1}$$

式中，$x=(x_1,x_2)^{\mathrm{T}}\in R^2$，为像素坐标；$u$ 为理想的原始图像；n 为独立同分布的加性高斯白噪声。在这种情况下，经典的梯度算子对噪声敏感，不能有效地检测出边缘。GSG 边缘检测模型对图像噪声有很强的鲁棒性，具体模型为

$$\min \sum_{j=1}^{N} \frac{1}{N} \sum_{i=1}^{N} \varphi_{ij}^{s} \left(h_i - h_j + \nabla u_j^{\mathrm{T}} \left(x_j - x_i \right) \right)^2 + \lambda_G \left\| \nabla u \right\|_1 \tag{7-2}$$

式中，$x_j=(x_{j,1},x_{j,2})^{\mathrm{T}} \in R^2$，为第 j 个像素点；N 为图像中总的像素个数；$h_j = h\left(x_j\right)$，为图像 h 在像素点 x_j 处的灰度值；$\nabla u_j = \nabla u(x_j) \in R^2$，为原始图像 u 在像素点 x_j 处的近似梯度；$\nabla u = \left(\nabla u_j\right), j = 1,2,\cdots,N$；$\varphi_{ij}^{s} = \exp\left(-\frac{\left\| x_j - x_i \right\|_2^2}{2s^2} \right)$，为权重，其中 $\left\| x_j - x_i \right\|_2$ 为 x_i 与 x_j 之间的欧氏距离，当 x_i 与 x_j 距离远时，φ_{ij}^{s} 小，反之，φ_{ij}^{s} 大；s 为控制衰减速率的参数。模型第一项的内部求和，表示在像素点 x_j 处，用其他像素点上灰度图像 h 的灰度差分来逼近 ∇u_j 的总加权平方误差；外部求和集成了所有像素点处的上述误差。对于一个向量值函数 $g(x)=\left(g^1,g^2\right)^{\mathrm{T}}(x)$，$g_1 = \sum_{j=1}^{N}\left(\left|g_j^1\right|+\left|g_j^2\right|\right)$，其中 $|\cdot|$ 表示实数的绝对值，因此 $\|\nabla u\|_1$ 惩罚 ∇u 的稀疏性。求解模型(7-2)的迭代算法[34]如下：

$$[\nabla u_j]_{t+1} = T_{\lambda_G \alpha_G}\left([q_j]_t\right) \tag{7-3}$$

式中，α_G 为常参数；$[\nabla u_j]_{t+1}$ 为 ∇u_j 在 $t+1$ 次迭代的值；

$$[q_j]_t = [\nabla u_j]_t - \alpha_G \frac{2}{N} \sum_{i=1}^{N} \varphi_{ij}^{s} \left(h_i - h_j + [\nabla u_j]_t \left(x_j - x_i \right) \right) \left(x_j - x_i \right) \tag{7-4}$$

T_λ 为软阈值算子[35]，定义如下：

$$T_\lambda(s) = \max\left\{|s| - \lambda, 0\right\} \odot \operatorname{sgn}(s) \tag{7-5}$$

式中，$\odot$ 表示哈达玛(Hadamard)乘积。

7.1.2　图像恢复

第 5 章综述了许多关于图像恢复的最新研究成果，这里不再赘述，仅简单叙述跟本小节密切相关的图像恢复模型。假设 $f = Au + n$，A 表示模糊算子，u 表示理想的原始图像，f 表示观察图像，n 表示独立同分布的加性高斯白噪声。文献[18]中，作者将 BM3D 去噪器[13]引入下面的广义纳什均衡(GNE)模型：

$$\begin{cases} u^* = \arg\min\limits_{u} \dfrac{1}{2\sigma^2} \left\| f - Au \right\|_2^2 + \dfrac{1}{2\gamma} \left\| u - \psi\omega^* \right\|_2^2 \\ \omega^* = \arg\min\limits_{\omega} \left\| \omega \right\|_p + \dfrac{1}{2\tau} \left\| \omega - \phi u^* \right\|_2^2 \end{cases} \tag{7-6}$$

式中，ϕ 和 ψ 分别表示 BM3D[13]的分析算子和合成算子；ω 表示 u 的三维块组谱系数。ω 的 p 范数正则项中取 $p=1$ 时，Danielyan 等[18]给出如下迭代解耦去模糊 BM3D(IDDBM3D)算法：

$$u^{k+1}=\left(\frac{1}{\sigma^2}A^{\mathrm{T}}A+\frac{1}{\gamma}I\right)^{-1}\left(\frac{1}{\sigma^2}A^{\mathrm{T}}f+\frac{1}{\gamma}\psi\omega^k\right) \tag{7-7}$$

$$\omega^{k+1}=T_\tau(\phi u^{k+1}) \tag{7-8}$$

式中，T_τ 为软阈值算子。

文献[12]中作者利用非局部平均(NLM)定义了方法噪声的概念，并利用方法噪声的 L^2 范数的平方作为图像正则项，用于图像去模糊，其具体模型为

$$\hat{u}=\arg\min_u \|Au-f\|_2^2+\lambda\left\|u-\mathrm{NLM}_f(u)\right\|_2^2 \tag{7-9}$$

方法噪声正则项的一般形式为 $J(u)=\|u-D(u)\|$，其中 $\|\cdot\|$ 为度量方法噪声的范数，$u-D(u)$ 为方法噪声，$D(\cdot)$ 为已知的图像去噪算子，如 NLM[12]和 BM3D[13]等。

文献[17]将现有的图像去噪算法，如 BM3D[13]，引入图像恢复问题的 ADMM[16]，给出即插即用 ADMM(plug-and-play ADMM)算法。该算法主要包括以下步骤：

$$u^{k+1}=\arg\min_u \|Au-f\|_2^2+\frac{\mu^k}{2}\left\|u-(v^k-\overline{y}^k)\right\|_2^2 \tag{7-10}$$

$$v^{k+1}=D_{\tau_k}\left(u^{k+1}+y^k\right) \tag{7-11}$$

$$y^{k+1}=y^k+\left(u^{k+1}-v^{k+1}\right) \tag{7-12}$$

式中，u^k 和 v^k 为中间恢复图像；$\overline{y}^k=y^k/\mu^k$，y^k 为拉格朗日乘子；μ^k 为罚参数；D_{τ_k} 为已有的图像去噪算子。

本质上，这些算法都是将已有的先进去噪器引入图像恢复的模型或图像恢复的优化算法，然后得到图像恢复的新算法，获得了良好的性能。

7.2　联合边缘检测与图像恢复的合作博弈模型

本节给出一种新的联合边缘检测与图像恢复方法。首先，提出边缘检测与图像恢复联合优化的合作博弈模型(简称 CG-IRED)，给出模型的迭代法求解算法，该迭代方案将边缘检测与图像恢复这两个任务解耦，并在迭代过程中相互引导和促进。

具体来说，一个任务从中间恢复图像中检测边缘；另一个任务利用检测到的边缘引导图像恢复。其次，给出在一定条件下迭代收敛到相应不动点的结论。后文将给出大量的实验结果，表明所提方法优于相关的基准方法。

7.2.1　CG-IRED 模型

本小节给出具体模型如下：

$$g^* = \arg\min_{g} J_1\left(g,u^*\right) = \sum_{i,j=1}^{N} \frac{1}{N} \varphi_{ij}^{s}\left({u^*}_i - {u^*}_j + g_j^{\mathrm{T}}\left(x_j - x_i\right)\right) + \lambda_G \|g\|_1 \tag{7-13}$$

$$u^* = \arg\min_{u} J_2\left(u,g^*\right) = \|Au - f\|_2^2 + \lambda \left\| w\left(\left|g^*\right|\right) \odot \left(u - D_\tau\left(u\right)\right) \right\|_1 \tag{7-14}$$

式中，u^* 表示希望恢复的理想图像；g^* 表示 u^* 的全局稀疏梯度向量，用来刻画 u^* 的边缘。模型(7-13)的第一个优化问题利用 GSG 模型[34]从图像 u^* 中提取其全局稀疏梯度向量 g^*；第二个优化问题利用依赖于全局稀疏梯度向量 g^* 的权重定义一个加权稀疏正则项，引导恢复图像 u^*。两个优化问题联合求解，即寻找一对最优策略(u^*, g^*)。

下面详细解释模型(7-14)，其中第 2 个等号右边第一项是数据项，第二项是加权稀疏正则项，权重 $w\left(\left|g^*\right|\right)$ 定义如下：

$$w\left(\left|g^*\right|\right) = 1/(1 + \frac{\left|g^*\right|}{\rho}) \tag{7-15}$$

式中，ρ 为伸缩常数。D_τ 表示一个已有的去噪算子，如 BM3D[13]或 IRCNN[21]等，通常的去噪算子对图像都有平滑作用。正则项的意义如下：若图像 u 是理想的原始图像，图像的平滑区域经 D_τ 作用后变化不大，而边缘经 D_τ 作用后被磨光，因此 $u - D_\tau(u)$ 主要包含图像的边缘。一般自然图像中，边缘是相对稀疏的，因此若 u 是原始自然图像，则 $u - D_\tau(u)$ 应是稀疏的；若图像 u 含有噪声，则 $u - D_\tau(u)$ 主要包含噪声和图像的边缘，即噪声会破坏 $u - D_\tau(u)$ 的稀疏性。综上，$\|u - D_\tau(u)\|_1$ 有利于恢复图像 u，去除噪声的干扰。因此，进一步在此正则项中引入依赖于边缘的权重 w 来保护边缘。由权重的定义看出，在图像的光滑区域，权重 $w \approx 1$，而在图像的边缘区域，权重 $w \approx 0$。因此权重可以增强光滑区域 $u - D_\tau(u)$ 稀疏性的惩罚，同时减弱边缘上 $u - D_\tau(u)$ 稀疏性的惩罚，从而更好地去除光滑区域的噪声，同时保护图像边缘。

模型(7-13)和模型(7-14)的解是否存在是一个困难的问题。经典的纳什定理[36]

假设两个目标函数或准则 J_1 和 J_2 都是凸的，策略集在某种拓扑下是紧的，且准则 J_1 和 J_2 关于相应拓扑是下半连续的。对于本节所提的模型，由于 D_τ 是类似 BM3D[13]或 IRCNN[21]的去噪算子，因此很难保证经典纳什定理假设的条件成立，从而无法直接判断最优策略(u^*,g^*)的存在性。但是，下面给出的迭代算法在一定条件下可以保证最优策略(u^*,g^*)收敛到不动点。

7.2.2　最小化算法

为了求解模型(7-13)和模型(7-14)，采用以下迭代方法：

$$\begin{cases} g^{k+1} = \arg\min\limits_{g} J_1\left(g,u^k\right) \\ u^{k+1} = \arg\min\limits_{u} J_2\left(u,g^{k+1}\right) \end{cases} \tag{7-16}$$

式中，k 为迭代次数；u^k 为中间恢复图像；g^{k+1} 为 u^k 的全局稀疏梯度，可以刻画 u^k 的边缘，计算权重，引导恢复新的图像 u^{k+1} 。式(7-16)中的两个过程交替更新梯度和恢复图像。可以看到，梯度可以作为一种先验的边缘信息来指导图像的恢复。同时，通过对图像质量的改善，可以得到更精确的边缘估计。

令

$$\begin{cases} g^{k+1} = G\left(u^k\right) = \arg\min\limits_{g} J_1\left(g,u^k\right) \\ u^{k+1} = U\left(g^{k+1}\right) = \arg\min\limits_{u} J_2\left(u,g^{k+1}\right) \end{cases} \tag{7-17}$$

则有 $u^{k+1} = U \circ G\left(u^k\right)$ 和 $g^{k+1} = G \circ U\left(g^k\right)$，其中 $\circ$ 代表两个算子的复合。根据文献[37]中的定理 3.5，如果 $U \circ G$ 为 β 平均非膨胀算子，且 $U \circ G$ 有不动点，则对任意的 u^0 ，迭代 $u^{k+1} = U \circ G\left(u^k\right), k = 1,2,\cdots$ 得到的序列 $\left\{u^k\right\}$ 收敛到 $U \circ G$ 的不动点。对于 $\left\{g^k\right\}$ 也有相同的结论。然而，在式(7-17)的迭代方案中，很难验证 $U \circ G$ 和 $G \circ U$ 的非膨胀性。事实上，甚至无法找到式(7-16)中每个子问题的精确解，但是可以用下面的迭代算法分别求解其中每个子问题的近似解。下面给出每个子问题的迭代解法。

更新 g ：给定 u^k ，利用文献[34]中的算法来迭代搜索 J_1 的最小解 g^{k+1} ，这里用 t 表示求解式(7-16)中每个子问题的迭代(内循环)次数，令

$$[q_j]_{k+1}^{(t)} = [g_j]_k^{(t)} - \alpha_G \frac{2}{N} \sum_{i=1}^{N} \varphi_{ij}^s \left(u_i^k - u_j^k + [g_j]_k^{(t)}\left(x_j - x_i\right)\right)\left(x_j - x_i\right)^{\mathrm{T}} \tag{7-18}$$

则

$$[g_j]^{(t+1)} = T_{\lambda_G \alpha_G}\left([q_j]^{(t)}\right) \tag{7-19}$$

式中，α_G 为常参数；$T_{\lambda_G \alpha_G}$ 为软阈值算子。文献[34]表明，式(7-19)中的迭代收敛到其不动点，因此令 $g^{k+1} = \lim_{t\to\infty} g^{(t)}$，实际计算时，迭代有限步，直至满足数值收敛条件为止。g 的更新过程总结在算法 7-1 中。

算法 7-1　根据 u^k 和 g^k 更新 g^{k+1}

输入： 前次迭代结果 u^k 和 g^k。

初始化： α_G、λ_G、$t=1$、$[g]^{k+1} = g^k$、$\text{gtol} = 10^{-4}$。

开始迭代： $t = t+1$，

1) 用模型(7-13)和模型(7-14)更新 $[g_j]_{t+1}^k$。

2) 检查收敛条件：

如果 $\left|\dfrac{\left\|[g_j]_{t+1}^k\right\|_1}{\left\|[g_j]_t^k\right\|_1} - \dfrac{\left\|[g_j]_t^k\right\|_1}{\left\|[g_j]_{t-1}^k\right\|_1}\right| < \text{tol}$，停止；否则，继续执行。

输出： g^{k+1}。

更新 u：给定 g^{k+1}，权重可用式(7-20)计算：

$$w^{k+1} = 1\Bigg/\left(1 + \frac{\left|g^{k+1}\right|}{\rho}\right) \tag{7-20}$$

使用 ADMM[16]求解式(7-16)中的第二个子问题。引入一个辅助变量 v，第二个子问题等价于下面的最小化问题：

$$\left(u^{k+1}, v^{k+1}\right) = \arg\min_{u,v} \|Au - f\|_2^2 + \lambda \left\|w^{k+1} \odot \left(v - D_\tau(v)\right)\right\|_1 \quad \text{s.t. } u = v \tag{7-21}$$

问题(7-21)的增广拉格朗日函数为

$$\mathcal{L}(u,v,y) = \|Au - f\|_2^2 + \lambda \left\|w^{k+1} \odot \left(v - D_\tau(v)\right)\right\|_1 + \frac{\mu}{2}\left\|u - v + \frac{y}{\mu}\right\|_2^2 \tag{7-22}$$

式中，$\mu > 0$，为罚参数；y 为拉格朗日乘子。式(7-22)中增广拉格朗日函数的鞍点可通过以下步骤迭代求解(用 t 表示迭代(内循环)次数)：

$$u^{(t+1)} = \arg\min_u \|Au - f\|_2^2 + \frac{\mu^{(t)}}{2}\left\|u - \left(v^{(t)} - \overline{y}^{(t)}\right)\right\|_2^2 \tag{7-23}$$

$$v^{(t+1)} = \arg\min_{v} \lambda \left\| w^{k+1} \odot \left(v - D_{\tau_{(t)}}(v) \right) \right\|_1 + \frac{\mu^{(t)}}{2} \left\| \tilde{v}^{(t)} - v \right\|_2^2 \tag{7-24}$$

$$\overline{y}^{(t+1)} = \overline{y}^{(t)} + \left(u^{(t+1)} - v^{(t+1)} \right) \tag{7-25}$$

式中，$\overline{y}^{(t)} = y^{(t)} / \mu^{(t)}$；$\tilde{v}^{(t)} = u^{(t+1)} + \overline{y}^{(t)}$；$\tau_{(t)} = \sqrt{\lambda / \mu^{(t)}}$ 且 $\tau_{(t)}$ 为一个可调参数，用来控制去噪器。随着迭代的进行，u 和 v 的质量得到提升，$\tau_{(t)}$ 逐渐减小。

问题(7-23)有以下闭式解：

$$u^{(t+1)} = \left(2A^{\mathrm{T}} A + \mu^{(t)} I \right)^{-1} \left(2A^{\mathrm{T}} f + \mu^{(t)} \left(v^{(t)} - \overline{y}^{(t)} \right) \right) \tag{7-26}$$

问题(7-24)由于含有 $D_{\tau_{(t)}}(v)$ 而求解困难，为了简化，用 $D_{\tau_{(t)}}\left(\tilde{v}^{(t)}\right)$ 近似 $D_{\tau_{(t)}}(v)$，这时问题(7-24)简化为

$$v^{(t+1)} = \arg\min_{v} \lambda \left\| w^{k+1} \odot \left(v - D_{\tau_{(t)}}\left(\tilde{v}^{(t)}\right) \right) \right\|_1 + \frac{\mu^{(t)}}{2} \left\| \tilde{v}^{(t)} - v \right\|_2^2 \tag{7-27}$$

令 $v - D_{\tau_{(t)}}\left(\tilde{v}^{(t)}\right) = p$，这时问题(7-27)转化为

$$p^* = \arg\min_{p} \lambda \left\| w^{k+1} \odot p \right\|_1 + \frac{\mu^{(t)}}{2} \left\| \tilde{v}^{(t)} - D_{\tau_{(t)}}\left(\tilde{v}^{(t)}\right) - p \right\|_2^2 \tag{7-28}$$

式(7-28)的精确解可用软阈值算子得到：

$$p^* = T_{\frac{\lambda w^{k+1}}{\mu^{(t)}}} \left(\tilde{v}^{(t)} - D_{\tau_{(t)}}\left(\tilde{v}^{(t)}\right) \right) \tag{7-29}$$

因此 $v^{(t+1)}$ 为

$$v^{(t+1)} = p^* + D_{\tau_{(t)}}\left(\tilde{v}^{(t)}\right) = T_{\frac{\lambda w^{k+1}}{\mu^{(t)}}} \left(\tilde{v}^{(t)} - D_{\tau_{(t)}}\left(\tilde{v}^{(t)}\right) \right) + D_{\tau_{(t)}}\left(\tilde{v}^{(t)}\right) \tag{7-30}$$

受即插即用 ADMM[17]的启发，这里采用基于相对残差 $\Delta^{(t)}$ 的自适应更新规则来修正 $\mu^{(t)}$，令

$$\Delta^{(t)} = \frac{1}{\sqrt{N}} \left(\left\| u^{(t+1)} - u^{(t)} \right\|_2 + \left\| v^{(t+1)} - v^{(t)} \right\|_2 + \left\| y^{(t+1)} - y^{(t)} \right\|_2 \right) \tag{7-31}$$

根据以下准则有条件地更新 $\mu^{(t)}$：如果 $\Delta^{(t+1)} \geqslant \eta \Delta^{(t)}$，则 $\mu^{(t+1)} = \gamma \mu^{(t)}$，其中 $\gamma \geqslant 1$ 为一个常数且 $\eta \in [0,1)$；否则，$\mu^{(t+1)} = \mu^{(t)}$。

总之，给定 $g^{(k+1)}$，计算 $w^{k+1} = 1\bigg/\left(1+\dfrac{\left|g^{k+1}\right|}{\rho}\right)$(式(7-20))，更新 u 需要做如下迭代：

$$\begin{cases} \overline{y}^{(t)} = y^{(t)} / \mu^{(t)} \\ u^{(t+1)} = (2A^{\mathrm{T}}A + \mu^{(t)}I)^{-1}\left(2A^{\mathrm{T}}f + \mu^{(t)}\left(v^{(t)} - \overline{y}^{(t)}\right)\right) \\ \tilde{v}^{(t)} = u^{(t+1)} + \overline{y}^{(t)} \\ \tau_{(t)} = \sqrt{\lambda / \mu^{(t)}} \end{cases}$$

上面迭代在一定条件下收敛，因此可令 $u^{k+1} = \lim\limits_{t\to\infty} u^{(t)}$。实际计算时，迭代有限步，直至满足数值收敛条件为止。

整个过程总结在算法 7-2 中。为了得到有效的初始梯度，加快模型的收敛速度，可用吉洪诺夫方法[5]来获得初始图像 u^0，并在图像修复中用插值[38]获得 u^0。算法 7-2 的计算复杂度和收敛性分析参见文献[39]。

算法 7-2　CG-IRED

输入： 观察图像 f、卷积算子。

初始化： 初始图像 u^0、v^0、y^0、μ^0、ρ、λ、η、γ、α_G、λ_G、$k=0$、$\tau=10^{-3}$。

开始迭代： $k=k+1$，

1) 给定 u^k，用算法 7-1 更新 g^{k+1}。
2) 用式(7-20)计算权重。
3) 用式(7-26)更新 u^{k+1}。
4) 用式(7-30)更新 v^{k+1}。
5) 用式(7-25)更新 y^{k+1}。
6) 如果 $\Delta_{k+1} \geqslant \eta\Delta_k$，则 $\mu^{k+1} = \gamma\mu^k$；否则，$\mu^{k+1} = \mu^k$。
7) 检查收敛条件：如果 $\Delta_{k+1} < \mathrm{tol}$，停止；否则，继续执行。

输出： u、g。

7.2.3　图像恢复实验结果与分析

本小节考虑两个典型的图像恢复任务：图像去模糊和图像修复。前者从模糊图像 f 中估计原始图像 u，后者从不完整图像 f 中重建缺失像素。在图像去模糊中 A 代表模糊算子，在图像修复中 A 代表遮挡掩模。使用两个测试数据集，一个数据集包含 5 幅常用的灰度测试图像，如图 7-1 所示；另一个是 BSD68 数据集，该数据集包含 68 幅大小为 481 像素×321 像素的灰度图像。

(a) 莱娜　(b) 摄影师　(c) 船　(d) 夫妇　(e) 山

图 7-1　5 幅常用的灰度测试图像

本小节使用两个常用的客观指标：峰值信噪比(PSNR)和结构相似性指标(SSIM)来评价恢复图像的质量。本小节还展示了一些恢复图像及其边缘供视觉评价(注意，为了更好的视觉效果，所有边缘在显示时都被放大了 1.5 倍)。

对 CG-IRED 与四种密切相关的最新方法：plug-and-play ADMM(简称为 P&P)[17]、加权 l_1 方法噪声(简称为 Wl_1)[20]、IDDBM3D[18]、IRCNN[21]进行比较。前三种方法都是解析方法，其中都嵌入了一个已有的去噪器，所提方法与这三种方法进行对比时，四种方法都采用 BM3D[13]作为去噪器；IRCNN[21]采用训练好的神经网络去噪器，因此与之相比时，CG-IRED 也采用 IRCNN 中的神经网络作为去噪器。对上述方法，根据相应文献对其参数进行设定以得到最优结果。在所有方法中，只有 Wl_1[20]和本节提出的 CG-IRED 方法提供了边缘检测，两者都使用 GSG[34] 检测边缘，但具体方法不同：Wl_1[20]利用 GSG 对去模糊图像进行粗略估计来检测边缘；本节所提出的 CG-IRED 方法同时进行图像去模糊和边缘检测，以一种迭代的方式相互促进。其他方法不提供边缘检测，为了公平比较，使用 GSG 从最终恢复的图像中获得边缘。同时利用 GSG 对原始清晰图像进行边缘检测用于比较。

1. 联合图像恢复和边缘检测

本节提出的方法包括四个参数：λ、ρ、λ_G 和 α_G。其中，λ_G 和 α_G 可根据文献[34]设置，以获得最好的结果，参数 λ 和 ρ 在所有的实验中都是固定的。图 7-2 给出了参数 λ 和 ρ 对 7 像素×7 像素莱娜图像的 PSNR 指标的影响。可以看到，本节所提出的 CG-IRED 方法在 $\lambda \in [0.5, 2]$ 和 $\rho \in [350, 400]$ 时效果都很好。因此，在所有的实验中固定 $\lambda = 1$ 和 $\rho = 350$。

首先，在图 7-1 所示的 5 幅常用灰度测试图像上评价 CG-IRED 的联合边缘检测与图像恢复性能。考虑两个模糊场景：平均模糊和运动模糊。对于平均模糊，考虑 7 像素×7 像素和 9 像素×9 像素两种平均模糊。运动模糊包含两个参数：逆时针旋转的角度 θ (以度为单位)和移动的长度 L (以像素为单位)。考虑两种情形：$(\theta, L) = (0°, 10)$ 和 $(\theta, L) = (5°, 10)$。这里仅跟两种最相关的方法 P&P[17]和 Wl_1[20]进

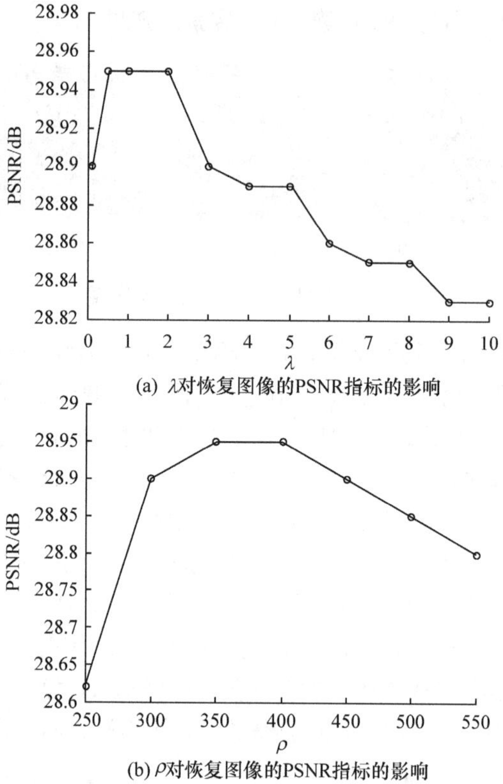

图 7-2　参数 λ 和 ρ 对 7 像素×7 像素莱娜图像的 PSNR 指标的影响

行比较。所有的方法都采用 BM3D 去噪器。表 7-1 给出了恢复图像的 PSNR 和 SSIM 值，最好的结果用黑体表示。可以看到，对所有的测试图像和模糊场景，所提的 CG-IRED 方法都优于对比方法。图 7-3 分别展示了莱娜图像和摄影师图像模糊后的恢复图像和提取的边缘，这里对莱娜图像使用了 9 像素×9 像素的平均模糊，而对摄影师图像使用了参数为 $(\theta, L) = (5°, 10)$ 的运动模糊。可以看到，所提的 CG-IRED 方法产生了最好的视觉效果：恢复图像的边缘和细节更清晰，阴影较少；检测到的边缘在锐度、强度和丰富性方面都更好。这主要是因为所提方法是通过迭代的方式联合交互进行图像去模糊和边缘检测，中间去模糊的图像和检测到的边缘可以相互促进。

表 7-1　恢复图像的 PSNR 和 SSIM 值

去噪器	平均模糊 (7 像素×7 像素)		莱娜	摄影师	船	山	夫妇	均值
BM3D	P&P	PSNR/dB	28.19	26.29	26.75	28.91	26.92	27.41
		SSIM	0.803	0.789	0.778	0.784	0.778	0.786

续表

去噪器	平均模糊 (7 像素×7 像素)		莱娜	摄影师	船	山	夫妇	均值
BM3D	Wl_1	PSNR/dB	28.49	26.64	27.01	29.28	27.27	27.74
		SSIM	0.819	0.824	0.805	0.833	0.824	0.821
	CG-IRED	PSNR/dB	**28.95**	**27.17**	**27.56**	**29.70**	**27.68**	**28.21**
		SSIM	**0.854**	**0.858**	**0.836**	**0.861**	**0.860**	**0.854**
去噪器	平均模糊 (9 像素×9 像素)		莱娜	摄影师	船	山	夫妇	均值
BM3D	P&P	PSNR/dB	27.19	25.22	25.41	27.60	26.09	26.30
		SSIM	0.784	0.781	0.710	0.723	0.726	0.745
	Wl_1	PSNR/dB	27.49	25.53	25.80	27.94	26.40	26.63
		SSIM	0.804	0.804	0.721	0.755	0.756	0.768
	CG-IRED	PSNR/dB	**27.92**	**25.82**	**26.22**	**28.35**	**26.84**	**27.03**
		SSIM	**0.821**	**0.841**	**0.755**	**0.781**	**0.784**	**0.796**
去噪器	运动模糊($(\theta,L)=(0°,10)$)		莱娜	摄影师	船	山	夫妇	均值
BM3D	P&P	PSNR/dB	28.52	26.38	27.29	29.71	26.82	27.74
		SSIM	0.822	0.824	0.819	0.853	0.802	0.824
	Wl_1	PSNR/dB	28.93	26.74	27.66	30.04	27.14	28.10
		SSIM	0.847	0.859	0.852	0.879	0.838	0.855
	CG-IRED	PSNR/dB	**29.47**	**27.20**	**28.01**	**30.37**	**27.58**	**28.53**
		SSIM	**0.891**	**0.892**	**0.880**	**0.899**	**0.872**	**0.887**
去噪器	运动模糊 ($(\theta,L)=(5°,10)$)		莱娜	摄影师	船	山	夫妇	均值
BM3D	P&P	PSNR/dB	28.42	26.31	27.01	29.15	27.29	27.64
		SSIM	0.809	0.808	0.792	0.816	0.758	0.797
	Wl_1	PSNR/dB	28.80	26.67	27.24	29.58	27.74	28.01
		SSIM	0.842	0.840	0.816	0.851	0.805	0.831
	CG-IRED	PSNR/dB	**29.16**	**27.01**	**27.59**	**29.97**	**28.20**	**28.39**
		SSIM	**0.869**	**0.869**	**0.848**	**0.882**	**0.824**	**0.858**

其次，在较大的 BSD68 数据集上评价 CG-IRED 的联合边缘检测与图像恢复性能。考虑不加噪声的 9 像素×9 像素的平均模糊，并与四种方法进行比较，包括：P&P[17]、Wl_1[20]、IDDBM3D[18]和IRCNN[21]。图 7-4 展示了用各种方法恢复的 test011 图像及其边缘。可以看到，所提方法具有较好的视觉效果，如放大的区域保留了更多的细节，而用 P&P 和 IRCNN 恢复的区域过于光滑。

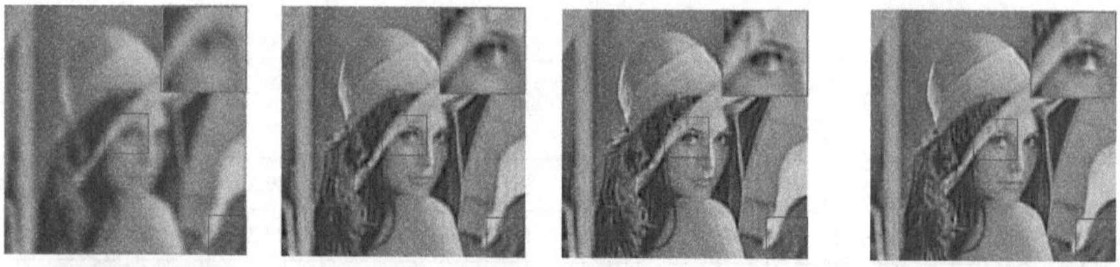

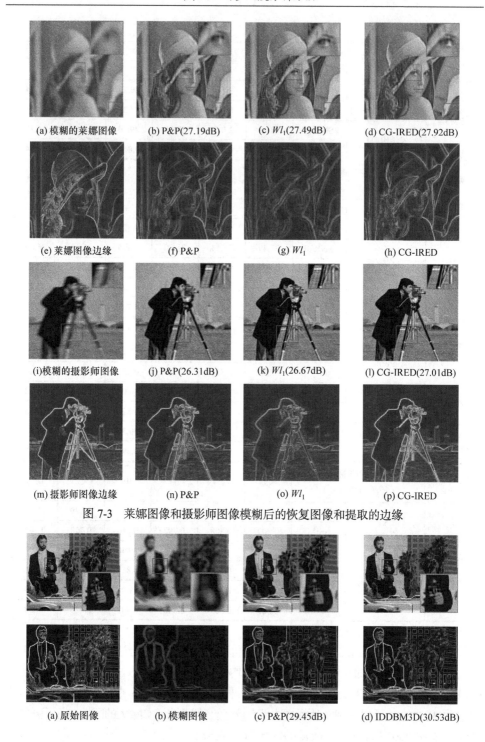

(a) 模糊的莱娜图像　(b) P&P(27.19dB)　(c) Wl_1(27.49dB)　(d) CG-IRED(27.92dB)

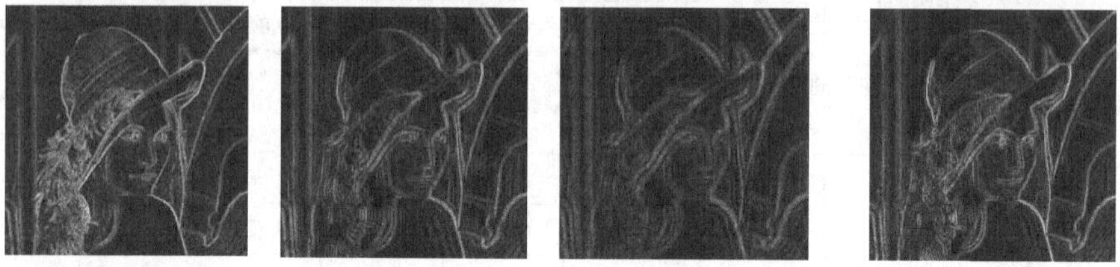

(e) 莱娜图像边缘　(f) P&P　(g) Wl_1　(h) CG-IRED

(i)模糊的摄影师图像　(j) P&P(26.31dB)　(k) Wl_1(26.67dB)　(l) CG-IRED(27.01dB)

(m) 摄影师图像边缘　(n) P&P　(o) Wl_1　(p) CG-IRED

图 7-3　莱娜图像和摄影师图像模糊后的恢复图像和提取的边缘

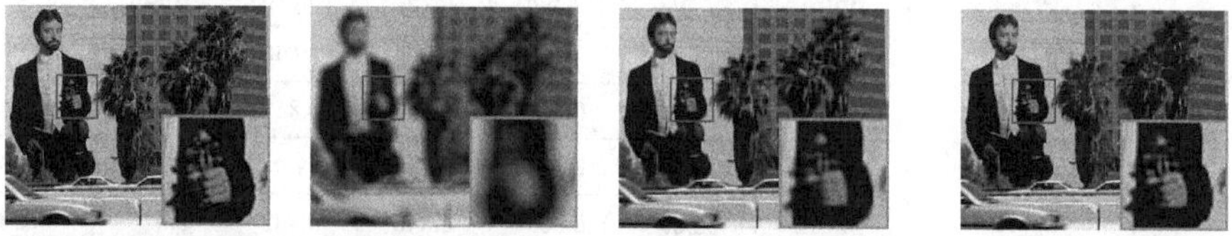

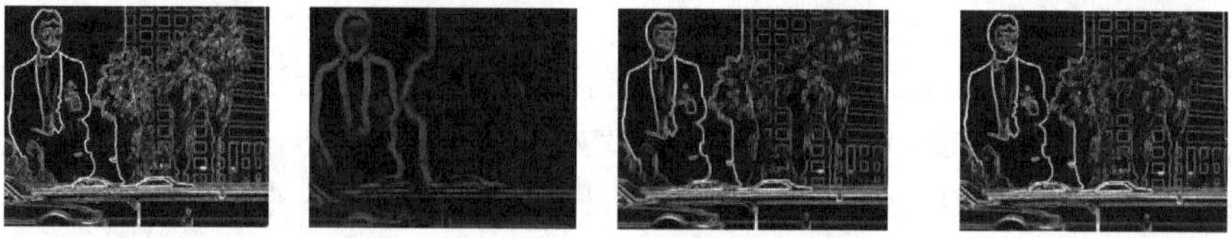

(a) 原始图像　(b) 模糊图像　(c) P&P(29.45dB)　(d) IDDBM3D(30.53dB)

(e) Wl_1(29.53dB)　(f) CG-IRED (BM3D) (33.78dB)　(g) IRCNN (33.41dB)　(h) CG-IRED(CNN) (33.96dB)

图 7-4　各种方法恢复的 test011 图像及其边缘

2. 联合图像修复和边缘检测

考虑随机丢失 40%和 50%像素的两种情况。首先给出 5 幅常用测试图像(图 7-1 所示图像)上的修复结果。表 7-2 给出了 P&P[17]、Wl_1[20]和 CG-IRED[39]的 PSNR 和 SSIM 值，最好的结果用黑体表示。结果表明，对于所有的测试图像和所有的像素丢失情况，本节所提方法优于对比方法。图 7-5 给出了船(随机丢失 50%像素)的修复图像及其边缘，所提方法可以获得更好的修复图像和边缘。例如，图像中天空、云彩和船体等光滑区域，所提 CG-IRED 方法可以完美地恢复这些光滑区域，修复结果看起来自然、平滑、边界清晰；P&P 得到的恢复图像中，光滑区域的内部区域比较杂乱，边界不够清晰。另外，所提方法得到的修复图像中，桅杆、绳索等线状结构修复得更好；P&P 修复的桅杆有断裂，绳索也被背景淹没，看不清楚。

表 7-2　五幅灰度测试图上修复图像的PSNR 和 SSIM 值

去噪器	丢失 40%像素		莱娜	摄影师	船	山	夫妇	均值
BM3D	P&P	PSNR/dB	29.15	26.16	27.65	29.77	28.12	28.17
		SSIM	0.850	0.826	0.847	0.872	0.822	0.843
	Wl_1	PSNR/dB	29.50	26.60	27.92	30.12	28.45	28.52
		SSIM	0.888	0.851	0.870	0.889	0.850	0.870
	CG-IRED	PSNR/dB	**29.86**	**26.95**	**28.24**	**30.42**	**28.85**	**28.86**
		SSIM	**0.899**	**0.879**	**0.883**	**0.909**	**0.867**	**0.887**
去噪器	丢失 50%像素		莱娜	摄影师	船	山	夫妇	均值
BM3D	P&P	PSNR/dB	28.59	25.83	27.20	29.49	27.65	27.75
		SSIM	0.805	0.783	0.811	0.848	0.798	0.809

续表

去噪器	丢失 50%像素		莱娜	摄影师	船	山	夫妇	均值
BM3D	Wl_1	PSNR/dB	28.92	26.11	27.49	29.79	27.99	28.06
		SSIM	0.834	0.815	0.837	0.870	0.824	0.836
	CG-IRED	PSNR/dB	**29.30**	**26.45**	**27.87**	**30.15**	**28.41**	**28.44**
		SSIM	**0.850**	**0.843**	**0.864**	**0.886**	**0.848**	**0.858**

(a) 原始图像及其边缘　(b) P&P　(c) Wl_1　(d) CG-IRED

图 7-5　船(随机丢失 50%像素)的修复图像及其边缘
第一行：待修复图像和修复后的图像；第二行：相应图像的边缘

在较大的 BSD68 数据集上，考虑随机丢失 40%像素。图 7-6 给出 BSD68 数据集上 P&P 和 CG-IRED 的对比。在 PSNR 和 SSIM 两个评价指标上，所提方法始终优于 P&P。图 7-7 中给出一幅修复图像及其边缘。可以看出，所提方法在修复小尺度细节和显著边缘(斑纹结构)方面优于 P&P。

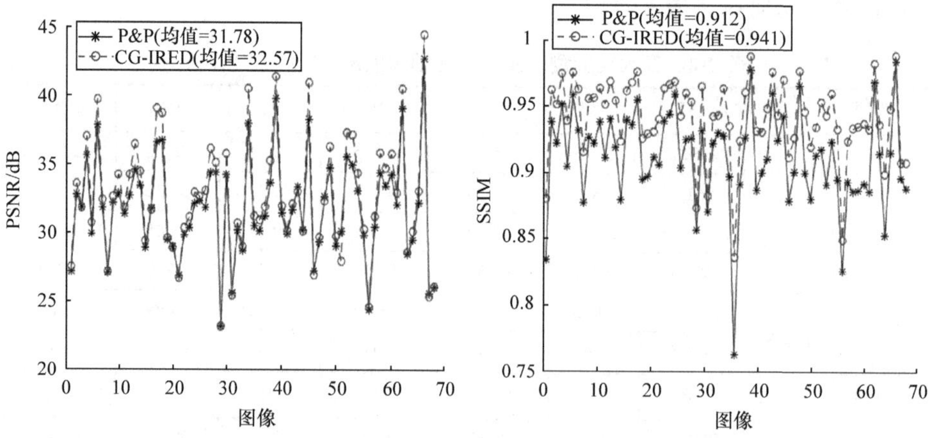

图 7-6　BSD68 数据集上 P&P 和 CG-IRED 的对比
随机丢失 40%像素，两种方法均使用 BM3D 去噪器

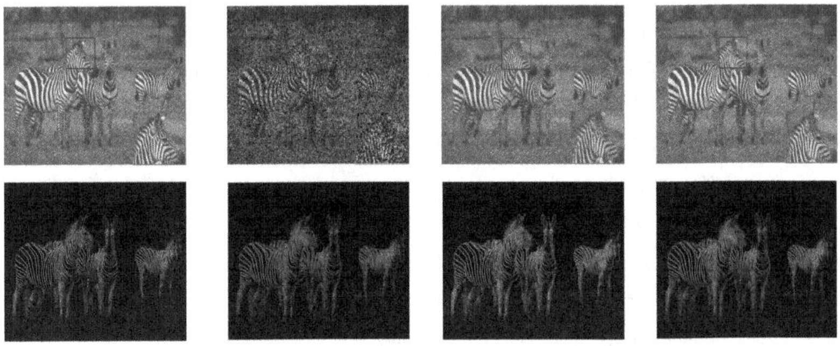

(a) 原始图像及其边缘　(b) 待修复图像及其边缘　(c) P&P　(d) CG-IRED

图 7-7　修复图像及其边缘

第一行：待修复图像和修复后的图像；第二行：相应图像的边缘

本章总结：边缘检测与图像恢复是图像处理中的两个基本问题。本章给出一个合作博弈框架来联合解决这两个任务。主要贡献包括：对于图像恢复，基于即插即用思想，利用现有的图像去噪器定义了一个加权稀疏正则项；对于边缘检测，对 GSG 模型进行了改进；在合作博弈框架下，提出了联合边缘检测与图像恢复方法；给出求解模型的迭代算法。通过大量实验验证了所提方法在边缘检测与图像恢复方面的良好性能。本章的博弈框架可以扩展到其他图像处理问题，如联合图像恢复和分割、图像超分辨率和盲图像去模糊等。

参 考 文 献

[1] ZHANG J, ZHAO D, GAO W. Group-based sparse representation for image restoration[J]. IEEE Transactions on Image Processing, 2014, 23 (8): 3336-3351.

[2] WANG Y, YANG J, YIN W, et al. A new alternating minimization algorithm for total variation image reconstruction[J]. SIAM Journal on Imaging Sciences, 2008,1 (3): 248-272.

[3] YANG H, ZHANG Z, GUAN Y. An adaptive parameter estimation for guided filter based image deconvolution[J]. Signal Processing, 2017, 138: 16-26.

[4] CHAN T F, GOLUB G H, MULET P. A nonlinear primal-dual method for total variation-based image restoration[J]. SIAM Journal on Scientific Computing, 1999, 20 (6): 1964-1977.

[5] VAUHKONEN M, VADASZ D, KARJALAINEN P A,et al. Tikhonov regularization and prior information in electrical impedance tomography[J]. IEEE Transactions on Medical Imaging, 1998, 17 (2): 285-293.

[6] CHAN R H, TAO M, YUAN X M. Constrained total variation deblurring models and fast algorithms based on alternating direction method of multipliers[J]. SIAM Journal on Imaging Sciences, 2013, 6 (1): 680-697.

[7] AHARON M, ELAD M, BRUCKSTEIN A. K-SVD: An algorithm for designing overcomplete dictionaries for sparse representation[J]. IEEE Transactions on Signal Processing, 2006, 54 (11): 4311-4322.

[8] CHAN T, SHEN J, ZHOU H. Total variation wavelet inpainting[J]. Journal of Mathematical Imaging and Vision, 2006, 25 (1): 107-125.

[9] ESLAHI N, AGHAGOLZADEH A. Compressive sensing image restoration using adaptive curvelet thresholding and

nonlocal sparse regularization[J]. IEEE Transactions on Image Processing, 2016, 25 (7): 3126-3140.

[10] PENNEC E, MALLAT S. Bandelet image approximation and compression[J]. Multiscale Modeling & Simulation, 2005, 4 (3): 992-1039.

[11] PENNEC E L, MALLAT S. Sparse geometric image representation with bandelets[J].IEEE Transactions on Image Processing, 2005, 14 (4) : 423-438.

[12] BUADES A, COLL B, MOREL J. A non-local algorithm for image denoising[C]. 2005 IEEE Computer Society Conference on Computer Vision and Pattern Recognition, San Diego, 2005, 2: 60-65.

[13] DABOV K, FOI A, KATKOVNIK V,et al. Image denoising by sparse 3-D transform-domain collaborative filtering[J]. IEEE Transactions on Image Processing, 2007, 16(8): 2080-2095.

[14] VENKATAKRISHNAN S V, BOUMAN C A, WOHLBERG B.Plug-and-play priors for model based reconstruction[C]. IEEE Global Conference on Signal and Information Processing, Austin, 2013:945-948.

[15] SREEHARI S, VENKATAKRISHNAN S V, WOHLBERG B,et al. Plug-and-play priors for bright field electron tomography and sparse interpolation[J]. IEEE Transactions on Computational Imaging, 2016, 2 (4): 408-423.

[16] BOYD S, PARIKH N, CHU E,et al. Distributed optimization and statistical learning via the alternating direction method of multipliers[J]. Foundations and Trends in Machine Learning, 2011,3 (1):1-122.

[17] CHAN S H, WANG X, ELGENDY O A. Plug-and-play ADMM for image restoration: Fixed point convergence and applications[J]. IEEE Transactions on Computational Imaging, 2017,3 (1): 84-98.

[18] DANIELYAN A, KATKOVNIK V, EGIAZARIAN K. BM3D frames and variational image deblurring[J]. IEEE Transactions on Image Processing, 2012, 21 (4): 1715-1728.

[19] WANG Z M, BAO H. A new regularization model based on non-local means for image deblurring[J]. Applied Mechanics and Materials, 2013, 411-414: 1164-1169.

[20] YANG C, WANG W, FENG X,et al. Weighted-l_1-method-noise regularization for image deblurring[J]. Signal Processing, 2019, 157: 14-24.

[21] ZHANG K, ZUO W, GU S,et al. Learning deep CNN denoiser prior for image restoration[C]. 2017 IEEE Conference on Computer Vision and Pattern Recognition, Honolulu, 2017: 3929-3938.

[22] CANDES E, DONOHO D. Recovering edges in ill-posed inverse problems: Optimality of curvelet frames[J]. Annals of Statistics, 2002,30 (3): 784-842.

[23] WANG X. Laplacian operator-based edge detectors[J]. IEEE Transactions on Pattern Analysis and Machine Intelligence, 2007, 29 (5): 886-890.

[24] TORRE V, POGGIO T. On edge detection[J]. IEEE Transactions on Pattern Analysis Machine Intelligence, 1986, 8(2): 147-163.

[25] YI D, LEE S. Fourth-order partial differential equations for image enhancement[J].Applied Mathematics and Computation, 2006, 175(1): 430-440.

[26] WANG Y. Image representations using multiscale differential operators[J]. IEEE Transactions on Image Processing, 1999,8(12):1757-1771.

[27] SHI Y, HUO Z, QIN J, et al.Automatic prior shape selection for image edge detection with modified Mumford-Shah model[J]. Computers and Mathematics with Applications, 2020, 79(6): 1644-1660.

[28] ONTIVEROS-ROBLES E, MELIN P,CASTILLO O,et al. Design and FPGA implementation of real-time edge detectors based on interval type-2 fuzzy systems[J]. Journal of Multiple-Valued Logic and Soft Computing, 2019, 33(4-5): 295-320.

[29] MARTINEZ G E, GONZALEZ C I, MENDOZA O,et al. General type-2 fuzzy sugeno integral for edge detection[J]. Journal of Imaging, 2019,5 (8):71.

[30] GONZALEZ C I, MELIN P, CASTRO J R, et al. Edge detection approach based on type-2 fuzzy images[J]. Journal of Multiple-Valued Logic and Soft Computing, 2019, 33 (4-5): 431-458.

[31] GONZALEZ C I, MELIN P, CASTRO J R, et al. Optimization of interval type-2 fuzzy systems for image edge detection[J]. Applied Soft Computing, 2016, 47: 631-643.

[32] MELIN P, GONZALEZ C I, CASTRO J R,et al. Edge-detection method for image processing based on generalized type-2 fuzzy logic[J]. IEEE Transactions on Fuzzy Systems, 2014, 22 (6): 1515-1525.

[33] RAGHUNATH R, BEN-ARIE J. Optimal edge detection using expansion matching and restoration[J]. IEEE Transactions on Pattern Analysis and Machine Intelligence, 1994, 16 (12): 1169-1182.

[34] ZHANG R, FENG X, YANG L,et al. Global sparse gradient guided variational Retinex model for image enhancement[J]. Signal Processing: Image Communication, 2017, 58: 270-281.

[35] CHEN P Y, SELESNICK I W. Translation-invariant shrinkage/thresholding of group sparse signals[J]. Signal Processing, 2014, 94 (1): 476-489.

[36] KALLEL M, ABOULAICH R, HABBAL A,et al. A Nash-game approach to joint image restoration and segmentation[J]. Applied Mathematical Modelling, 2014, 38(11-12): 3038-3053.

[37] WEN Y W, NG M K, CHING W K. Iterative algorithms based on decoupling of deblurring and denoising for image restoration[J]. SIAM Journal on Scientific Computing, 2009, 30 (5): 2655-2674.

[38] CHANG L, YU C. New interpolation algorithm for image inpainting[J]. Physics Procedia, 2011, 22 (11): 107-111.

[39] YANG C, WANG W, FENG X. Joint image restoration and edge detection in cooperative game formulation[J]. Signal Processing, 2022, 191:108363-108377.